DER ROTSTIFT

Bibliographische Information Der Deutschen Bibliothek: Die Deutsche Bibliothek verzeichnet diese Publikation in der Deutschen Nationalbibliographie; detaillierte bibliographische Daten sind über http://dnb.ddb.de abrufbar.

ISBN: 978-3-00-039329-7

Herausgeber:

WerbeCheck.de
Inhaber Andreas Frank

Hermann-Weller-Strasse 13
73479 Ellwangen

kontakt@WerbeCheck.de
www.WerbeCheck.de
www.AndreasFrank.de

Druck:

www.druckterminal.de
KDD Kompetenzzentrum Digital-Druck GmbH
Leopoldstraße 68 * D-90439 Nürnberg

1. Auflage Pocket-Version Oktober 2012
© Andreas Markus Frank, 73479 Ellwangen

Die Verwendung der Texte und Bilder, auch auszugsweise, ist ohne Zustimmung des Autors urheberrechtswidrig und strafbar. Dies gilt auch für Vervielfältigungen, Übersetzungen, Mikroverfilmung und für die Verarbeitung mit elektronischen Systemen. Alle genannten Marken sind Eigentum ihrer jeweiligen Unternehmen.

Hinweis:

Das Buch wurde sorgfältig erarbeitet. Der Autor und Herausgeber übernimmt keine Haftung für eventuell Nachteile oder Schäden, die aus den im Buch gemachten Hinweisen, Informationen oder Angaben resultieren. Alle Angaben ohne Gewähr.

Einleitung

Wie viel kostet Werbung?

Wie viel kostet denn Werbung - dies ist selbst für erfahrene Werbe- und Marketingleiter immer wieder eine spannende Überlegung.

Auch Werbeagenturen tun sich sehr häufig schwer, diese Frage zu beantworten.

Natürlich, eine pauschale Aussage läßt sich nicht treffen, zu komplex ist dieser Themenbereich.

Mit dem ROTSTIFT haben Sie jedoch ein umfassendes Nachschlagewerk, welches es Ihnen sehr erleichtert, die Dinge etwas greifbarer zu machen.

Mehrere tausend Preise, Kalkulationen, Angebote und Rechnungen haben wir seit 1998 für Sie gesichtet und mit dem WerbeCheck-Scoring analysiert.

Der ROTSTIFT ist der tägliche WerbeCheck auf Ihrem Schreibtisch. Sie können Budgets planen, und die Angebote und Rechnungen Ihrer Werbelieferanten auf Stimmigkeit überprüfen.

Selbstverständlich ist es nicht möglich, alle auch nur erdenklichen Projekte hier in diesem ROTSTIFT zu erfassen. Es gibt immer wieder Projekte, die nicht standardisierbar sind. Jedoch auch dann können Sie, in den meisten Fällen, mit dem ROTSTIFT eine Grobkalkulation erstellen.

Alle Preisangaben in diesem ROTSTIFT sind in Euro und netto zzgl. der gesetzlichen Mehrwertsteuer.

Um eine Gesamtvergütung zu ermitteln, addieren Sie bitte die für Ihr Projekt in Frage kommenden Faktoren wie beispielsweise Gestaltungshonorar, Textarbeiten und Druckkosten.

Hinweis:

Dieser vorliegende ROTSTIFT ist eine verlässliche Arbeitshilfe zur Kostenprognose und Budgetkalkulation für werbetreibende Unternehmen.

Er ist nur zum persönlichen Gebrauch des Käufers oder der Käuferin bestimmt.

Die Veröffentlichung oder Vervielfältigung ist nicht gestattet!

Alle Preise wurden sorgfältig ermittelt, sie sind unverbindlich und haben keinen Richtpreischarakter.

Der ROTSTIFT kann auf Grund der Komplexität des Themengebiets keinen Anspruch auf Vollständigkeit erheben.

Inhaltsverzeichnis

		Kapitel			ab Seite	
Kapitel 1:		1/001	-	1/001	5	Einleitung
		1/002	-	1/002	8	Anwendungshinweise
		1/003	-	1/003	9	Stundensätze (Basis)
Kapitel 2:	Kommunikationsdesign	2/001	-	2/009	11	Anzeigengestaltung
		2/010	-	2/027	22	Aussenwerbung
		2/028	-	2/036	41	Buchdesign
		2/037	-	2/063	52	Corporate Design
		2/064	-	2/072	89	Direktwerbung
		2/073	-	2/081	101	Dokumente
		2/082	-	2/090	113	Kalender
		2/091	-	2/099	125	Katalog
		2/100	-	2/108	137	Kundenmagazin, Firmenzeitschrift
		2/109	-	2/117	149	Orientierungssystem
		2/109	-	2/117	149	Piktogramm
		2/118	-	2/126	161	Produktausstattung
		2/127	-	2/135	173	Prospekt, Imagebroschüre, Unternehmensdarstellung, Geschäftsbericht
		2/136	-	2/144	185	Kalligrafie
Kapitel 3:	Webdesign & Programmierung	3/001	-	3/018	196	
Kapitel 4:	Textarbeiten	4/001	-	4/018	214	
Kapitel 5:	Fotodesign & Fotografie	5/001	-	5/018	232	
Kapitel 6:	Illustration	6/001	-	6/018	250	
Kapitel 7:	Messe- & Ausstellungsdesign	7/001	-	7/009	269	Ausführung mit Standard-Systemmodulen
		7/010	-	7/018	281	Ausführung in individueller Bauweise
Kapitel 8:	Video	8/001	-	8/009	293	
Kapitel 9:	Druckkosten	9/001	-	9/012	304	Klassische Druckereien
		9/013	-	9/015	316	Online-Druckereien

Scoring: ⊗
⊗⊗
⊗⊗⊗ **Bitte beachten Sie zur Nutzung die Anwendungshinweise im Kapitel 1.**

DER ROTSTIFT 2013

Inhaltsverzeichnis

	Kapitel	ab Seite	
Kapitel 10: Musterkalkulationen	10/001 - 10/001	320	Einleitung
	10/002 - 10/002	321	Nutzungshinweise
	10/003 - 10/005	323	Neueröffnung Filiale
		327	Steuerberatungskanzlei
	10/006 - 10/008	331	Verkaufsordner für Aussendienst
	10/009 - 10/011	334	Messestand und Kommunikationsmittel
Kapitel 11: Richtig kalkulieren	11/001 - 11/006	334	Die Sichtweise der Werbeagenturen und Freelancer
Kapitel 12: Checklisten	12/001 - 12/003	340	Agenturauswahl
	12/004 - 12/004	344	Wettbewerbspräsentation
	12/005 - 12/006	346	Briefing
	12/007 - 12/010	350	ImpressumCheck
Kapitel 13: Onlinemarketing	13/001 - 13/002	354	Onlinemarketing
	13/003 - 13/003	356	Suchmaschinen-Optimierung
	13/003 - 13/003	356	Suchmaschinen-Werbung
	13/004 - 13/006	358	Banner-Werbung
	13/007 - 13/009	362	eMail-Marketing
	13/010 - 13/012	366	Affiliate-Marketing
	13/013 - 13/013	370	Performance-Marketing
	13/014 - 13/014	372	Produkt- und Preisportale
	13/015 - 13/016	374	Online-Kooperationen
	13/017 - 13/018	377	Social Media-Marketing
	13/018 - 13/018	378	Domain-Marketing
	13/018 - 13/019	378	Online-Pressearbeit
	13/020 - 13/021	382	Web-Controlling
Kapitel 14: Suchmaschinenmarketing	14/001 - 14/002	384	Begrifflichkeiten
	14/003 - 14/006	387	Suchmaschinenwerbung
	14/007 - 14/008	391	Suchmaschinenoptimierung
	14/009 - 14/010	393	Kosten von Suchmaschineoptimierung
	14/011 - 14/016	395	Häufig gestellte Fragen zu SEO
Kapitel 15: Künstlersozialabgabe	15/001 - 15/015	397	
Spezial: Anbieterverzeichnis		417	
		419	Premium-Einträge

Einleitung

Wie viel kostet Werbung?

Zum Aufbau des Scorings und wie finden den für Sie richtigen Preis.

Grundlage aller Honorarangaben ist die Berücksichtigung der Faktoren

- Agenturbedeutung und -größe
- Aufwand der zu erbringenden Leistung
- Nutzung der erbrachten Leistung

Suchen Sie einen Honorarpreis? Dann schätzen Sie bitte zuerst diese Faktoren anhand dieser Aufstellung ein:

Einschätzung Agentur:

⊗   Dies ist die am weitesten verbreitete Agenturform. Sie ist überwiegend für KMUs tätig, und beschäftigt 1 bis 20 Mitarbeiter.

⊗⊗   Bei Agenturen dieser Kategorie liegt meist eine Beschäftigtenzahl bis 50 vor, sie betreut KMUs sowie größere national tätige Kunden, und hat Preise und Auszeichnungen gewonnen.

⊗⊗⊗   Diese Agenturen zählen von den Beschäftigten- und Umsatzzahlen zu den Top50-Agenturen.

Bitte beachten Sie, dass die Agenturgröße selbstverständlich keine Aussage über die Leistungsfähigkeit im Bezug auf Ihr geplantes Werbeprojekt hat! Die Agentur muss zum Auftraggeber und zum Auftrag passen.

Es wird grundsätzlich der Begriff Agentur verwendet, auch wenn Preise von Einzelpersonen wie beispielsweise Fotografen und Texter genannt sind.

Einschätzung Aufwand:

Dies ist für Sie als werbetreibendes Unternehmen sicherlich der schwierigste Teil, aber für eine richtungsweisende Preisermittlung notwendig.

Bitte überlegen Sie, wie Sie den Aufwand und je nach Projekt auch den Umfang und den Schwierigkeitsgrad der zu erbringenden Leistungen selbst einschätzen.

⊗   normaler Aufwand und Schwierigkeitsgrad

⊗⊗   höherer Aufwand und Schwierigkeitsgrad

⊗⊗⊗   hoher Aufwand und Schwierigkeitsgrad

Einschätzung Nutzung:

Hierbei stellen Sie bitte die Überlegungen an, wo und wie lange wird die von der Agentur für Sie zu erbringende Leistung eingesetzt.

⊗   Nutzung regional; für kurze Dauer

⊗(Nutzung regional; für längere Dauer

⊗⊗   Nutzung national; für kurze Dauer

⊗⊗(Nutzung national; für längere Dauer

⊗⊗(Nutzung international; für kurze Dauer

⊗⊗⊗   Nutzung international; für längere Dauer

DER ROTSTIFT 2013

Einleitung

Stundensätze (Basis):

Auf Grund häufiger Anfragen nach Basis-Stundensätzen listen wir diese nachfolgend auf.

Bitte beachten Sie jedoch, dass Kalkulationen nach der Formel „Aufwand in Stunden x Stundensatz" die elementar wichtigen Faktoren wie geographische Verbreitung, zeitliche Nutzung und Marktpositionen von Agentur und Kunden nicht berücksichtigen! Wir empfehlen daher die Kalkulation mit den ROTSTIFT-Honorarsätzen.

Beratung, Senior:	150 Euro	-	200 Euro
Beratung:	90 Euro	-	120 Euro
Kreation, Senior:	120 Euro	-	200 Euro
Kreation:	70 Euro	-	120 Euro
Text, Senior:	120 Euro	-	200 Euro
Text:	70 Euro	-	120 Euro
Lektorat:	50 Euro	-	90 Euro
Texterfassung:	50 Euro	-	80 Euro
Reinzeichnung:	50 Euro	-	90 Euro
Bildbearbeitung:	70 Euro	-	100 Euro
Online-Umsetzung:	70 Euro	-	150 Euro
Organisation:	50 Euro	-	80 Euro
Verwaltung, Sekretariat:	40 Euro	-	80 Euro
Projektmanagement, Leitung:	90 Euro	-	200 Euro
Projektmanagement, Assistenz:	60 Euro	-	100 Euro

Media:	Durch die häufige Streichung oder Kürzung der AE ein heiß umstrittenes Thema; bei Direktabrechnung Agenturhonorar 70 Euro - 150 Euro.
Druckabnahme:	Diese ist in der Regel mit Druckprovisionen oder ServiceFee abgegolten; bei Abrechnung Druckerei mit Endkunde direkt 50 Euro - 90 Euro.
Datenarchivierung:	Diese Position kann in der Regel seit einigen Jahren nicht mehr gesondert berechnet werden.
Photoshooting:	Hierbei kommt sehr auf die Bekanntheit des Fotografen, die Location, das Produkt (People/Still) an, Tagessätze von 1.200 Euro bis unendlich; zzgl. Material; oft zzgl. Pauschale für Ausrüstung.

Kommunikationsdesign

Anzeigengestaltung

	Agentur ⊗ Aufwand ⊗ Nutzung ⊗	Agentur ⊗ Aufwand ⊗ Nutzung ⊗ ⊗	Agentur ⊗ Aufwand ⊗ Nutzung ⊗ ⊗ ⊗
Tageszeitung, Einzelmotiv	515,00 €	773,00 €	1.030,00 €
Tageszeitung, Serie	258,00 €	386,00 €	515,00 €
Fachzeitschrift, Einzelmotiv	515,00 €	773,00 €	1.030,00 €
Fachzeitschrift, Serie	258,00 €	386,00 €	515,00 €
Publikumszeitschrift, Einzelmotiv	644,00 €	966,00 €	1.288,00 €
Publikumszeitschrift, Serie	258,00 €	386,00 €	515,00 €

Kommunikationsdesign

Anzeigengestaltung

	Agentur ⊗ Aufwand ⊗ ⊗ Nutzung ⊗	Agentur ⊗ Aufwand ⊗ ⊗ Nutzung ⊗ ⊗	Agentur ⊗ Aufwand ⊗ ⊗ Nutzung ⊗ ⊗ ⊗
Tageszeitung, Einzelmotiv	1.159,00 €	1.739,00 €	2.318,00 €
Tageszeitung, Serie	773,00 €	1.159,00 €	1.546,00 €
Fachzeitschrift, Einzelmotiv	1.030,00 €	1.546,00 €	2.061,00 €
Fachzeitschrift, Serie	644,00 €	966,00 €	1.288,00 €
Publikumszeitschrift, Einzelmotiv	1.352,00 €	2.029,00 €	2.705,00 €
Publikumszeitschrift, Serie	902,00 €	1.352,00 €	1.803,00 €

Kommunikationsdesign

Anzeigengestaltung

	Agentur ⊗ Aufwand ⊗ ⊗ ⊗ Nutzung ⊗	Agentur ⊗ Aufwand ⊗ ⊗ ⊗ Nutzung ⊗ ⊗	Agentur ⊗ Aufwand ⊗ ⊗ ⊗ Nutzung ⊗ ⊗ ⊗
Tageszeitung, Einzelmotiv	1.803,00 €	2.705,00 €	3.606,00 €
Tageszeitung, Serie	1.288,00 €	1.932,00 €	2.576,00 €
Fachzeitschrift, Einzelmotiv	1.546,00 €	2.318,00 €	3.091,00 €
Fachzeitschrift, Serie	1.030,00 €	1.546,00 €	2.061,00 €
Publikumszeitschrift, Einzelmotiv	2.061,00 €	3.091,00 €	4.122,00 €
Publikumszeitschrift, Serie	1.546,00 €	2.318,00 €	3.091,00 €

Kommunikationsdesign

Anzeigengestaltung

	Agentur ⊗ ⊗ Aufwand ⊗ Nutzung ⊗	Agentur ⊗ ⊗ Aufwand ⊗ Nutzung ⊗ ⊗	Agentur ⊗ ⊗ Aufwand ⊗ Nutzung ⊗ ⊗ ⊗
Tageszeitung, Einzelmotiv	773,00 €	1.030,00 €	1.288,00 €
Tageszeitung, Serie	386,00 €	515,00 €	644,00 €
Fachzeitschrift, Einzelmotiv	773,00 €	1.030,00 €	1.288,00 €
Fachzeitschrift, Serie	386,00 €	515,00 €	644,00 €
Publikumszeitschrift, Einzelmotiv	966,00 €	1.288,00 €	1.610,00 €
Publikumszeitschrift, Serie	386,00 €	515,00 €	644,00 €

Kommunikationsdesign

Anzeigengestaltung

	Agentur ⊗ ⊗ Aufwand ⊗ ⊗ Nutzung ⊗	Agentur ⊗ ⊗ Aufwand ⊗ ⊗ Nutzung ⊗ ⊗	Agentur ⊗ ⊗ Aufwand ⊗ ⊗ Nutzung ⊗ ⊗ ⊗
Tageszeitung, Einzelmotiv	1.739,00 €	2.318,00 €	2.898,00 €
Tageszeitung, Serie	1.159,00 €	1.546,00 €	1.932,00 €
Fachzeitschrift, Einzelmotiv	1.546,00 €	2.061,00 €	2.576,00 €
Fachzeitschrift, Serie	966,00 €	1.288,00 €	1.610,00 €
Publikumszeitschrift, Einzelmotiv	2.029,00 €	2.705,00 €	3.381,00 €
Publikumszeitschrift, Serie	1.352,00 €	1.803,00 €	2.254,00 €

DER ROTSTIFT 2013

Kommunikationsdesign

Anzeigengestaltung

	Agentur ⊗ ⊗ Aufwand ⊗ ⊗ ⊗ Nutzung ⊗	Agentur ⊗ ⊗ Aufwand ⊗ ⊗ ⊗ Nutzung ⊗ ⊗	Agentur ⊗ ⊗ Aufwand ⊗ ⊗ ⊗ Nutzung ⊗ ⊗ ⊗
Tageszeitung, Einzelmotiv	2.705,00 €	3.606,00 €	4.508,00 €
Tageszeitung, Serie	1.932,00 €	2.576,00 €	3.220,00 €
Fachzeitschrift, Einzelmotiv	2.318,00 €	3.091,00 €	3.864,00 €
Fachzeitschrift, Serie	1.546,00 €	2.061,00 €	2.576,00 €
Publikumszeitschrift, Einzelmotiv	3.091,00 €	4.122,00 €	5.152,00 €
Publikumszeitschrift, Serie	2.318,00 €	3.091,00 €	3.864,00 €

Kommunikationsdesign

Anzeigengestaltung

	Agentur ⊗ ⊗ ⊗ Aufwand ⊗ Nutzung ⊗	Agentur ⊗ ⊗ ⊗ Aufwand ⊗ Nutzung ⊗ ⊗	Agentur ⊗ ⊗ ⊗ Aufwand ⊗ Nutzung ⊗ ⊗ ⊗
Tageszeitung, Einzelmotiv	1.030,00 €	1.288,00 €	1.546,00 €
Tageszeitung, Serie	515,00 €	644,00 €	773,00 €
Fachzeitschrift, Einzelmotiv	1.030,00 €	1.288,00 €	1.546,00 €
Fachzeitschrift, Serie	515,00 €	644,00 €	773,00 €
Publikumszeitschrift, Einzelmotiv	1.288,00 €	1.610,00 €	1.932,00 €
Publikumszeitschrift, Serie	515,00 €	644,00 €	773,00 €

Kommunikationsdesign

Anzeigengestaltung

	Agentur ⊗ ⊗ ⊗ Aufwand ⊗ ⊗ Nutzung ⊗	Agentur ⊗ ⊗ ⊗ Aufwand ⊗ ⊗ Nutzung ⊗ ⊗	Agentur ⊗ ⊗ ⊗ Aufwand ⊗ ⊗ Nutzung ⊗ ⊗ ⊗
Tageszeitung, Einzelmotiv	2.318,00 €	2.898,00 €	3.478,00 €
Tageszeitung, Serie	1.546,00 €	1.932,00 €	2.318,00 €
Fachzeitschrift, Einzelmotiv	2.061,00 €	2.576,00 €	3.091,00 €
Fachzeitschrift, Serie	1.288,00 €	1.610,00 €	1.932,00 €
Publikumszeitschrift, Einzelmotiv	2.705,00 €	3.381,00 €	4.057,00 €
Publikumszeitschrift, Serie	1.803,00 €	2.254,00 €	2.705,00 €

DER ROTSTIFT 2013

Kommunikationsdesign

Anzeigengestaltung

	Agentur ⊗ ⊗ ⊗ Aufwand ⊗ ⊗ ⊗ Nutzung ⊗	Agentur ⊗ ⊗ ⊗ Aufwand ⊗ ⊗ ⊗ Nutzung ⊗ ⊗	Agentur ⊗ ⊗ ⊗ Aufwand ⊗ ⊗ ⊗ Nutzung ⊗ ⊗ ⊗
Tageszeitung, Einzelmotiv	3.606,00 €	4.508,00 €	5.410,00 €
Tageszeitung, Serie	2.576,00 €	3.220,00 €	3.864,00 €
Fachzeitschrift, Einzelmotiv	3.091,00 €	3.864,00 €	4.637,00 €
Fachzeitschrift, Serie	2.061,00 €	2.576,00 €	3.091,00 €
Publikumszeitschrift, Einzelmotiv	4.122,00 €	5.152,00 €	6.182,00 €
Publikumszeitschrift, Serie	3.091,00 €	3.864,00 €	4.637,00 €

Kommunikationsdesign

Aussenwerbung

	Agentur ⊗ Aufwand ⊗ Nutzung ⊗	Agentur ⊗ Aufwand ⊗ Nutzung ⊗ ⊗	Agentur ⊗ Aufwand ⊗ Nutzung ⊗ ⊗ ⊗
Bautafel	521,00 €	781,00 €	1.042,00 €
Bauzaun, je Segment	297,00 €	446,00 €	595,00 €
Citylight-Poster	1.302,00 €	1.953,00 €	2.604,00 €
Fahrzeugbeschriftung, normal	521,00 €	781,00 €	1.042,00 €
Fahrzeugbeschriftung, groß	1.302,00 €	1.953,00 €	2.604,00 €
Fassadengestaltung	2.864,00 €	4.297,00 €	5.729,00 €
Firmenschild	781,00 €	1.172,00 €	1.562,00 €
Flaggen, Banner	1.302,00 €	1.953,00 €	2.604,00 €
Großflächenplakat, einzeln	1.302,00 €	1.953,00 €	2.604,00 €
Großflächenplakat, Serie	744,00 €	1.116,00 €	1.488,00 €

DER ROTSTIFT 2013

Kommunikationsdesign

Aussenwerbung

	Agentur ⊗ Aufwand ⊗ Nutzung ⊗	Agentur ⊗ Aufwand ⊗ Nutzung ⊗ ⊗	Agentur ⊗ Aufwand ⊗ Nutzung ⊗ ⊗ ⊗
Leuchttafel, einzeln	1.302,00 €	1.953,00 €	2.604,00 €
Leuchttafel, Serie	744,00 €	1.116,00 €	1.488,00 €
Plakat, einzeln	911,00 €	1.367,00 €	1.823,00 €
Plakat, Serie	520,00 €	781,00 €	1.041,00 €
Schaufenstergestaltung, normal	911,00 €	1.367,00 €	1.823,00 €
Schaufenstergestaltung, groß	1.302,00 €	1.953,00 €	2.604,00 €

Kommunikationsdesign

Aussenwerbung

	Agentur ⊗ Aufwand ⊗ ⊗ Nutzung ⊗	Agentur ⊗ Aufwand ⊗ ⊗ Nutzung ⊗ ⊗	Agentur ⊗ Aufwand ⊗ ⊗ Nutzung ⊗ ⊗ ⊗
Bautafel	1.172,00 €	1.758,00 €	2.344,00 €
Bauzaun, je Segment	669,00 €	1.004,00 €	1.339,00 €
Citylight-Poster	2.083,00 €	3.125,00 €	4.166,00 €
Fahrzeugbeschriftung, normal	1.172,00 €	1.758,00 €	2.344,00 €
Fahrzeugbeschriftung, groß	1.953,00 €	2.930,00 €	3.906,00 €
Fassadengestaltung	5.599,00 €	8.398,00 €	11.197,00 €
Firmenschild	1.562,00 €	2.344,00 €	3.125,00 €
Flaggen, Banner	2.213,00 €	3.320,00 €	4.427,00 €
Großflächenplakat, einzeln	1.953,00 €	2.930,00 €	3.906,00 €
Großflächenplakat, Serie	1.116,00 €	1.674,00 €	2.232,00 €

DER ROTSTIFT 2013

Kommunikationsdesign

Aussenwerbung

	Agentur ⊗ Aufwand ⊗ ⊗ Nutzung ⊗	Agentur ⊗ Aufwand ⊗ ⊗ Nutzung ⊗ ⊗	Agentur ⊗ Aufwand ⊗ ⊗ Nutzung ⊗ ⊗ ⊗
Leuchttafel, einzeln	2.604,00 €	3.906,00 €	5.208,00 €
Leuchttafel, Serie	1.488,00 €	2.232,00 €	2.976,00 €
Plakat, einzeln	1.758,00 €	2.637,00 €	3.515,00 €
Plakat, Serie	1.004,00 €	1.506,00 €	2.008,00 €
Schaufenstergestaltung, normal	1.367,00 €	2.051,00 €	2.734,00 €
Schaufenstergestaltung, groß	2.604,00 €	3.906,00 €	5.208,00 €

Kommunikationsdesign

Aussenwerbung

	Agentur ⊗ Aufwand ⊗ ⊗ ⊗ Nutzung ⊗	Agentur ⊗ Aufwand ⊗ ⊗ ⊗ Nutzung ⊗ ⊗	Agentur ⊗ Aufwand ⊗ ⊗ ⊗ Nutzung ⊗ ⊗ ⊗
Bautafel	1.823,00 €	2.734,00 €	3.646,00 €
Bauzaun, je Segment	1.041,00 €	1.562,00 €	2.083,00 €
Citylight-Poster	2.864,00 €	4.297,00 €	5.729,00 €
Fahrzeugbeschriftung, normal	1.823,00 €	2.734,00 €	3.646,00 €
Fahrzeugbeschriftung, groß	2.604,00 €	3.906,00 €	5.208,00 €
Fassadengestaltung	8.333,00 €	12.499,00 €	16.666,00 €
Firmenschild	2.344,00 €	3.515,00 €	4.687,00 €
Flaggen, Banner	3.125,00 €	4.687,00 €	6.250,00 €
Großflächenplakat, einzeln	2.604,00 €	3.906,00 €	5.208,00 €
Großflächenplakat, Serie	1.488,00 €	2.232,00 €	2.976,00 €

Kommunikationsdesign

Aussenwerbung

	Agentur ⊗ Aufwand ⊗ ⊗ ⊗ Nutzung ⊗	Agentur ⊗ Aufwand ⊗ ⊗ ⊗ Nutzung ⊗ ⊗	Agentur ⊗ Aufwand ⊗ ⊗ ⊗ Nutzung ⊗ ⊗ ⊗
Leuchttafel, einzeln	3.906,00 €	5.859,00 €	7.812,00 €
Leuchttafel, Serie	2.232,00 €	3.348,00 €	4.464,00 €
Plakat, einzeln	2.604,00 €	3.906,00 €	5.208,00 €
Plakat, Serie	1.488,00 €	2.232,00 €	2.976,00 €
Schaufenstergestaltung, normal	1.823,00 €	2.734,00 €	3.646,00 €
Schaufenstergestaltung, groß	3.906,00 €	5.859,00 €	7.812,00 €

Kommunikationsdesign

Aussenwerbung

	Agentur ⊗ ⊗ Aufwand ⊗ Nutzung ⊗	Agentur ⊗ ⊗ Aufwand ⊗ Nutzung ⊗ ⊗	Agentur ⊗ ⊗ Aufwand ⊗ Nutzung ⊗ ⊗ ⊗
Bautafel	781,00 €	1.042,00 €	1.302,00 €
Bauzaun, je Segment	446,00 €	595,00 €	744,00 €
Citylight-Poster	1.953,00 €	2.604,00 €	3.255,00 €
Fahrzeugbeschriftung, normal	781,00 €	1.042,00 €	1.302,00 €
Fahrzeugbeschriftung, groß	1.953,00 €	2.604,00 €	3.255,00 €
Fassadengestaltung	4.297,00 €	5.729,00 €	7.161,00 €
Firmenschild	1.172,00 €	1.562,00 €	1.953,00 €
Flaggen, Banner	1.953,00 €	2.604,00 €	3.255,00 €
Großflächenplakat, einzeln	1.953,00 €	2.604,00 €	3.255,00 €
Großflächenplakat, Serie	1.116,00 €	1.488,00 €	1.860,00 €

DER ROTSTIFT 2013

Kommunikationsdesign

Aussenwerbung

	Agentur ⊗ ⊗ Aufwand ⊗ Nutzung ⊗	Agentur ⊗ ⊗ Aufwand ⊗ Nutzung ⊗ ⊗	Agentur ⊗ ⊗ Aufwand ⊗ Nutzung ⊗ ⊗ ⊗
Leuchttafel, einzeln	1.953,00 €	2.604,00 €	3.255,00 €
Leuchttafel, Serie	1.116,00 €	1.488,00 €	1.860,00 €
Plakat, einzeln	1.367,00 €	1.823,00 €	2.279,00 €
Plakat, Serie	781,00 €	1.041,00 €	1.302,00 €
Schaufenstergestaltung, normal	1.367,00 €	1.823,00 €	2.279,00 €
Schaufenstergestaltung, groß	1.953,00 €	2.604,00 €	3.255,00 €

Kommunikationsdesign

Aussenwerbung

	Agentur ⊗ ⊗ Aufwand ⊗ ⊗ Nutzung ⊗	Agentur ⊗ ⊗ Aufwand ⊗ ⊗ Nutzung ⊗ ⊗	Agentur ⊗ ⊗ Aufwand ⊗ ⊗ Nutzung ⊗ ⊗ ⊗
Bautafel	1.758,00 €	2.344,00 €	2.930,00 €
Bauzaun, je Segment	1.004,00 €	1.339,00 €	1.674,00 €
Citylight-Poster	3.125,00 €	4.166,00 €	5.208,00 €
Fahrzeugbeschriftung, normal	1.758,00 €	2.344,00 €	2.930,00 €
Fahrzeugbeschriftung, groß	2.930,00 €	3.906,00 €	4.883,00 €
Fassadengestaltung	8.398,00 €	11.197,00 €	13.997,00 €
Firmenschild	2.344,00 €	3.125,00 €	3.906,00 €
Flaggen, Banner	3.320,00 €	4.427,00 €	5.534,00 €
Großflächenplakat, einzeln	2.930,00 €	3.906,00 €	4.883,00 €
Großflächenplakat, Serie	1.674,00 €	2.232,00 €	2.790,00 €

DER ROTSTIFT 2013

Kommunikationsdesign

Aussenwerbung

	Agentur ⊗ ⊗ Aufwand ⊗ ⊗ Nutzung ⊗	Agentur ⊗ ⊗ Aufwand ⊗ ⊗ Nutzung ⊗ ⊗	Agentur ⊗ ⊗ Aufwand ⊗ ⊗ Nutzung ⊗ ⊗ ⊗
Leuchttafel, einzeln	3.906,00 €	5.208,00 €	6.510,00 €
Leuchttafel, Serie	2.232,00 €	2.976,00 €	3.720,00 €
Plakat, einzeln	2.637,00 €	3.515,00 €	4.394,00 €
Plakat, Serie	1.506,00 €	2.008,00 €	2.510,00 €
Schaufenstergestaltung, normal	2.051,00 €	2.734,00 €	3.418,00 €
Schaufenstergestaltung, groß	3.906,00 €	5.208,00 €	6.510,00 €

Kommunikationsdesign

Aussenwerbung

	Agentur ⊗ ⊗ Aufwand ⊗ ⊗ ⊗ Nutzung ⊗	Agentur ⊗ ⊗ Aufwand ⊗ ⊗ ⊗ Nutzung ⊗ ⊗	Agentur ⊗ ⊗ Aufwand ⊗ ⊗ ⊗ Nutzung ⊗ ⊗ ⊗
Bautafel	2.734,00 €	3.646,00 €	4.557,00 €
Bauzaun, je Segment	1.562,00 €	2.083,00 €	2.604,00 €
Citylight-Poster	4.297,00 €	5.729,00 €	7.161,00 €
Fahrzeugbeschriftung, normal	2.734,00 €	3.646,00 €	4.557,00 €
Fahrzeugbeschriftung, groß	3.906,00 €	5.208,00 €	6.510,00 €
Fassadengestaltung	12.499,00 €	16.666,00 €	20.832,00 €
Firmenschild	3.515,00 €	4.687,00 €	5.859,00 €
Flaggen, Banner	4.687,00 €	6.250,00 €	7.812,00 €
Großflächenplakat, einzeln	3.906,00 €	5.208,00 €	6.510,00 €
Großflächenplakat, Serie	2.232,00 €	2.976,00 €	3.720,00 €

DER ROTSTIFT 2013

Kommunikationsdesign

Aussenwerbung

	Agentur ⊗ ⊗ Aufwand ⊗ ⊗ ⊗ Nutzung ⊗	Agentur ⊗ ⊗ Aufwand ⊗ ⊗ ⊗ Nutzung ⊗ ⊗	Agentur ⊗ ⊗ Aufwand ⊗ ⊗ ⊗ Nutzung ⊗ ⊗ ⊗
Leuchttafel, einzeln	5.859,00 €	7.812,00 €	9.765,00 €
Leuchttafel, Serie	3.348,00 €	4.464,00 €	5.580,00 €
Plakat, einzeln	3.906,00 €	5.208,00 €	6.510,00 €
Plakat, Serie	2.232,00 €	2.976,00 €	3.720,00 €
Schaufenstergestaltung, normal	2.734,00 €	3.646,00 €	4.557,00 €
Schaufenstergestaltung, groß	5.859,00 €	7.812,00 €	9.765,00 €

Kommunikationsdesign

Aussenwerbung

	Agentur ⊗ ⊗ ⊗ Aufwand ⊗ Nutzung ⊗	Agentur ⊗ ⊗ ⊗ Aufwand ⊗ Nutzung ⊗ ⊗	Agentur ⊗ ⊗ ⊗ Aufwand ⊗ Nutzung ⊗ ⊗ ⊗
Bautafel	1.042,00 €	1.302,00 €	1.562,00 €
Bauzaun, je Segment	595,00 €	744,00 €	892,00 €
Citylight-Poster	2.604,00 €	3.255,00 €	3.906,00 €
Fahrzeugbeschriftung, normal	1.042,00 €	1.302,00 €	1.562,00 €
Fahrzeugbeschriftung, groß	2.604,00 €	3.255,00 €	3.906,00 €
Fassadengestaltung	5.729,00 €	7.161,00 €	8.593,00 €
Firmenschild	1.562,00 €	1.953,00 €	2.344,00 €
Flaggen, Banner	2.604,00 €	3.255,00 €	3.906,00 €
Großflächenplakat, einzeln	2.604,00 €	3.255,00 €	3.906,00 €
Großflächenplakat, Serie	1.488,00 €	1.860,00 €	2.232,00 €

DER ROTSTIFT 2013

Kommunikationsdesign

Aussenwerbung

	Agentur ⊗ ⊗ ⊗ Aufwand ⊗ Nutzung ⊗	Agentur ⊗ ⊗ ⊗ Aufwand ⊗ Nutzung ⊗ ⊗	Agentur ⊗ ⊗ ⊗ Aufwand ⊗ Nutzung ⊗ ⊗ ⊗
Leuchttafel, einzeln	2.604,00 €	3.255,00 €	3.906,00 €
Leuchttafel, Serie	1.488,00 €	1.860,00 €	2.232,00 €
Plakat, einzeln	1.823,00 €	2.279,00 €	2.734,00 €
Plakat, Serie	1.041,00 €	1.302,00 €	1.562,00 €
Schaufenstergestaltung, normal	1.823,00 €	2.279,00 €	2.734,00 €
Schaufenstergestaltung, groß	2.604,00 €	3.255,00 €	3.906,00 €

Kommunikationsdesign

Aussenwerbung

	Agentur ⊗ ⊗ ⊗ Aufwand ⊗ ⊗ Nutzung ⊗	Agentur ⊗ ⊗ ⊗ Aufwand ⊗ ⊗ Nutzung ⊗ ⊗	Agentur ⊗ ⊗ ⊗ Aufwand ⊗ ⊗ Nutzung ⊗ ⊗ ⊗
Bautafel	2.344,00 €	2.930,00 €	3.515,00 €
Bauzaun, je Segment	1.339,00 €	1.674,00 €	2.008,00 €
Citylight-Poster	4.166,00 €	5.208,00 €	6.250,00 €
Fahrzeugbeschriftung, normal	2.344,00 €	2.930,00 €	3.515,00 €
Fahrzeugbeschriftung, groß	3.906,00 €	4.883,00 €	5.859,00 €
Fassadengestaltung	11.197,00 €	13.997,00 €	16.796,00 €
Firmenschild	3.125,00 €	3.906,00 €	4.687,00 €
Flaggen, Banner	4.427,00 €	5.534,00 €	6.640,00 €
Großflächenplakat, einzeln	3.906,00 €	4.883,00 €	5.859,00 €
Großflächenplakat, Serie	2.232,00 €	2.790,00 €	3.348,00 €

DER ROTSTIFT 2013

Kommunikationsdesign

Aussenwerbung

	Agentur ⊗ ⊗ ⊗ Aufwand ⊗ ⊗ Nutzung ⊗	Agentur ⊗ ⊗ ⊗ Aufwand ⊗ ⊗ Nutzung ⊗ ⊗	Agentur ⊗ ⊗ ⊗ Aufwand ⊗ ⊗ Nutzung ⊗ ⊗ ⊗
Leuchttafel, einzeln	5.208,00 €	6.510,00 €	7.812,00 €
Leuchttafel, Serie	2.976,00 €	3.720,00 €	4.464,00 €
Plakat, einzeln	3.515,00 €	4.394,00 €	5.273,00 €
Plakat, Serie	2.008,00 €	2.510,00 €	3.013,00 €
Schaufenstergestaltung, normal	2.734,00 €	3.418,00 €	4.101,00 €
Schaufenstergestaltung, groß	5.208,00 €	6.510,00 €	7.812,00 €

Kommunikationsdesign

Aussenwerbung

	Agentur ⊗ ⊗ ⊗ Aufwand ⊗ ⊗ ⊗ Nutzung ⊗	Agentur ⊗ ⊗ ⊗ Aufwand ⊗ ⊗ ⊗ Nutzung ⊗ ⊗	Agentur ⊗ ⊗ ⊗ Aufwand ⊗ ⊗ ⊗ Nutzung ⊗ ⊗ ⊗
Bautafel	3.646,00 €	4.557,00 €	5.468,00 €
Bauzaun, je Segment	2.083,00 €	2.604,00 €	3.124,00 €
Citylight-Poster	5.729,00 €	7.161,00 €	8.593,00 €
Fahrzeugbeschriftung, normal	3.646,00 €	4.557,00 €	5.468,00 €
Fahrzeugbeschriftung, groß	5.208,00 €	6.510,00 €	7.812,00 €
Fassadengestaltung	16.666,00 €	20.832,00 €	24.998,00 €
Firmenschild	4.687,00 €	5.859,00 €	7.031,00 €
Flaggen, Banner	6.250,00 €	7.812,00 €	9.374,00 €
Großflächenplakat, einzeln	5.208,00 €	6.510,00 €	7.812,00 €
Großflächenplakat, Serie	2.976,00 €	3.720,00 €	4.464,00 €

DER ROTSTIFT 2013

Kommunikationsdesign

Aussenwerbung

	Agentur ⊗ ⊗ ⊗ Aufwand ⊗ ⊗ ⊗ Nutzung ⊗	Agentur ⊗ ⊗ ⊗ Aufwand ⊗ ⊗ ⊗ Nutzung ⊗ ⊗	Agentur ⊗ ⊗ ⊗ Aufwand ⊗ ⊗ ⊗ Nutzung ⊗ ⊗ ⊗
Leuchttafel, einzeln	7.812,00 €	9.765,00 €	11.718,00 €
Leuchttafel, Serie	4.464,00 €	5.580,00 €	6.696,00 €
Plakat, einzeln	5.208,00 €	6.510,00 €	7.812,00 €
Plakat, Serie	2.976,00 €	3.720,00 €	4.464,00 €
Schaufenstergestaltung, normal	3.646,00 €	4.557,00 €	5.468,00 €
Schaufenstergestaltung, groß	7.812,00 €	9.765,00 €	11.718,00 €

Kommunikationsdesign

Kommunikationsdesign

Buchdesign

	Agentur ⊗ Aufwand ⊗ Nutzung ⊗	Agentur ⊗ Aufwand ⊗ Nutzung ⊗ ⊗	Agentur ⊗ Aufwand ⊗ Nutzung ⊗ ⊗ ⊗
Gestaltungskonzept, grafisch	1.470,00 €	2.205,00 €	2.940,00 €
Gestaltungskonzept, typografisch	1.176,00 €	1.764,00 €	2.352,00 €
Titel	1.176,00 €	1.764,00 €	2.352,00 €
Schutzumschlag	1.470,00 €	2.205,00 €	2.940,00 €
Doppelseite, innen, grafisch	294,00 €	441,00 €	588,00 €
Doppelseite, innen, typografisch	147,00 €	221,00 €	294,00 €

Kommunikationsdesign

Buchdesign

	Agentur ⊗ Aufwand ⊗ ⊗ Nutzung ⊗	Agentur ⊗ Aufwand ⊗ ⊗ Nutzung ⊗ ⊗	Agentur ⊗ Aufwand ⊗ ⊗ Nutzung ⊗ ⊗ ⊗
Gestaltungskonzept, grafisch	1.911,00 €	2.867,00 €	3.822,00 €
Gestaltungskonzept, typografisch	1.470,00 €	2.205,00 €	2.940,00 €
Titel	1.397,00 €	2.095,00 €	2.793,00 €
Schutzumschlag	1.764,00 €	2.646,00 €	3.528,00 €
Doppelseite, innen, grafisch	441,00 €	662,00 €	882,00 €
Doppelseite, innen, typografisch	221,00 €	331,00 €	441,00 €

DER ROTSTIFT 2013

Kommunikationsdesign

Buchdesign

	Agentur ⊗ Aufwand ⊗ ⊗ ⊗ Nutzung ⊗	Agentur ⊗ Aufwand ⊗ ⊗ ⊗ Nutzung ⊗ ⊗	Agentur ⊗ Aufwand ⊗ ⊗ ⊗ Nutzung ⊗ ⊗ ⊗
Gestaltungskonzept, grafisch	2.352,00 €	3.528,00 €	4.704,00 €
Gestaltungskonzept, typografisch	1.764,00 €	2.646,00 €	3.528,00 €
Titel	1.617,00 €	2.426,00 €	3.234,00 €
Schutzumschlag	2.058,00 €	3.087,00 €	4.116,00 €
Doppelseite, innen, grafisch	588,00 €	882,00 €	1.176,00 €
Doppelseite, innen, typografisch	294,00 €	441,00 €	588,00 €

Kommunikationsdesign

Buchdesign

	Agentur ⊗ ⊗ Aufwand ⊗ Nutzung ⊗	Agentur ⊗ ⊗ Aufwand ⊗ Nutzung ⊗ ⊗	Agentur ⊗ ⊗ Aufwand ⊗ Nutzung ⊗ ⊗ ⊗
Gestaltungskonzept, grafisch	2.205,00 €	2.940,00 €	3.675,00 €
Gestaltungskonzept, typografisch	1.764,00 €	2.352,00 €	2.940,00 €
Titel	1.764,00 €	2.352,00 €	2.940,00 €
Schutzumschlag	2.205,00 €	2.940,00 €	3.675,00 €
Doppelseite, innen, grafisch	441,00 €	588,00 €	735,00 €
Doppelseite, innen, typografisch	221,00 €	294,00 €	368,00 €

Kommunikationsdesign

Buchdesign

	Agentur ⊗ ⊗ Aufwand ⊗ ⊗ Nutzung ⊗	Agentur ⊗ ⊗ Aufwand ⊗ ⊗ Nutzung ⊗ ⊗	Agentur ⊗ ⊗ Aufwand ⊗ ⊗ Nutzung ⊗ ⊗ ⊗
Gestaltungskonzept, grafisch	2.867,00 €	3.822,00 €	4.778,00 €
Gestaltungskonzept, typografisch	2.205,00 €	2.940,00 €	3.675,00 €
Titel	2.095,00 €	2.793,00 €	3.491,00 €
Schutzumschlag	2.646,00 €	3.528,00 €	4.410,00 €
Doppelseite, innen, grafisch	662,00 €	882,00 €	1.103,00 €
Doppelseite, innen, typografisch	331,00 €	441,00 €	551,00 €

Kommunikationsdesign

Buchdesign

	Agentur ⊗ ⊗ Aufwand ⊗ ⊗ ⊗ Nutzung ⊗	Agentur ⊗ ⊗ Aufwand ⊗ ⊗ ⊗ Nutzung ⊗ ⊗	Agentur ⊗ ⊗ Aufwand ⊗ ⊗ ⊗ Nutzung ⊗ ⊗ ⊗
Gestaltungskonzept, grafisch	3.528,00 €	4.704,00 €	5.880,00 €
Gestaltungskonzept, typografisch	2.646,00 €	3.528,00 €	4.410,00 €
Titel	2.426,00 €	3.234,00 €	4.043,00 €
Schutzumschlag	3.087,00 €	4.116,00 €	5.145,00 €
Doppelseite, innen, grafisch	882,00 €	1.176,00 €	1.470,00 €
Doppelseite, innen, typografisch	441,00 €	588,00 €	735,00 €

Kommunikationsdesign

Buchdesign

	Agentur ⊗ ⊗ ⊗ Aufwand ⊗ Nutzung ⊗	Agentur ⊗ ⊗ ⊗ Aufwand ⊗ Nutzung ⊗ ⊗	Agentur ⊗ ⊗ ⊗ Aufwand ⊗ Nutzung ⊗ ⊗ ⊗
Gestaltungskonzept, grafisch	2.940,00 €	3.675,00 €	4.410,00 €
Gestaltungskonzept, typografisch	2.352,00 €	2.940,00 €	3.528,00 €
Titel	2.352,00 €	2.940,00 €	3.528,00 €
Schutzumschlag	2.940,00 €	3.675,00 €	4.410,00 €
Doppelseite, innen, grafisch	588,00 €	735,00 €	882,00 €
Doppelseite, innen, typografisch	294,00 €	368,00 €	441,00 €

Kommunikationsdesign

Buchdesign

	Agentur ⊗ ⊗ ⊗ Aufwand ⊗ ⊗ Nutzung ⊗	Agentur ⊗ ⊗ ⊗ Aufwand ⊗ ⊗ Nutzung ⊗ ⊗	Agentur ⊗ ⊗ ⊗ Aufwand ⊗ ⊗ Nutzung ⊗ ⊗ ⊗
Gestaltungskonzept, grafisch	3.822,00 €	4.778,00 €	5.733,00 €
Gestaltungskonzept, typografisch	2.940,00 €	3.675,00 €	4.410,00 €
Titel	2.793,00 €	3.491,00 €	4.190,00 €
Schutzumschlag	3.528,00 €	4.410,00 €	5.292,00 €
Doppelseite, innen, grafisch	882,00 €	1.103,00 €	1.323,00 €
Doppelseite, innen, typografisch	441,00 €	551,00 €	662,00 €

Kommunikationsdesign

Buchdesign

	Agentur ⊗ ⊗ ⊗ Aufwand ⊗ ⊗ ⊗ Nutzung ⊗	Agentur ⊗ ⊗ ⊗ Aufwand ⊗ ⊗ ⊗ Nutzung ⊗ ⊗	Agentur ⊗ ⊗ ⊗ Aufwand ⊗ ⊗ ⊗ Nutzung ⊗ ⊗ ⊗
Gestaltungskonzept, grafisch	4.704,00 €	5.880,00 €	7.056,00 €
Gestaltungskonzept, typografisch	3.528,00 €	4.410,00 €	5.292,00 €
Titel	3.234,00 €	4.043,00 €	4.851,00 €
Schutzumschlag	4.116,00 €	5.145,00 €	6.174,00 €
Doppelseite, innen, grafisch	1.176,00 €	1.470,00 €	1.764,00 €
Doppelseite, innen, typografisch	588,00 €	735,00 €	882,00 €

Kommunikationsdesign

Corporate Design

	Agentur ⊗ Aufwand ⊗ Nutzung ⊗	Agentur ⊗ Aufwand ⊗ Nutzung ⊗ ⊗	Agentur ⊗ Aufwand ⊗ Nutzung ⊗ ⊗ ⊗
CD Grundkonzept	5.096,00 €	7.644,00 €	10.192,00 €
Logo-Neuentwicklung	1.274,00 €	1.911,00 €	2.548,00 €
Logo-Redesign	637,00 €	956,00 €	1.274,00 €
Design-Manual	7.007,00 €	10.511,00 €	14.014,00 €
Briefbogen und Zweitblatt	892,00 €	1.338,00 €	1.784,00 €
Rechnungsformular	127,00 €	191,00 €	255,00 €
Auftragsbestätigung	127,00 €	191,00 €	255,00 €
Faxvorlage	127,00 €	191,00 €	255,00 €
Kurzbrief	76,00 €	114,00 €	152,00 €
Lieferschein	127,00 €	191,00 €	255,00 €

Kommunikationsdesign

Corporate Design

	Agentur ⊗ Aufwand ⊗ Nutzung ⊗	Agentur ⊗ Aufwand ⊗ Nutzung ⊗ ⊗	Agentur ⊗ Aufwand ⊗ Nutzung ⊗ ⊗ ⊗
Visitenkarte	255,00 €	382,00 €	510,00 €
Gruß-, Glückwunschkarte	510,00 €	764,00 €	1.019,00 €
Einladungskarte	382,00 €	573,00 €	764,00 €
Postkarte	637,00 €	956,00 €	1.274,00 €
Briefhülle	382,00 €	573,00 €	764,00 €
Aufkleber	255,00 €	382,00 €	510,00 €
Firmenschild	764,00 €	1.147,00 €	1.529,00 €
Schreibblock	764,00 €	1.147,00 €	1.529,00 €
Schreibtischunterlage	1.784,00 €	2.675,00 €	3.567,00 €
Stempel	255,00 €	382,00 €	510,00 €

Kommunikationsdesign

Corporate Design

	Agentur ⊗ Aufwand ⊗ Nutzung ⊗	Agentur ⊗ Aufwand ⊗ Nutzung ⊗ ⊗	Agentur ⊗ Aufwand ⊗ Nutzung ⊗ ⊗ ⊗
Stempel, Frankiermaschine	510,00 €	764,00 €	1.019,00 €
Präsentationsmappe	764,00 €	1.147,00 €	1.529,00 €
Organisationsformular	127,00 €	191,00 €	255,00 €
Preisliste	382,00 €	573,00 €	764,00 €
Lageplan, Anfahrtskizze	127,00 €	191,00 €	255,00 €
Werbeartikelaufdruck	255,00 €	382,00 €	510,00 €
T-Shirt, Polo-Shirt, Hemd	764,00 €	1.147,00 €	1.529,00 €
Fahrzeugbeschriftung, normal	510,00 €	764,00 €	1.019,00 €
Fahrzeugbeschriftun, groß	1.274,00 €	1.911,00 €	2.548,00 €
Dateivorlage (Template)	255,00 €	382,00 €	510,00 €

DER ROTSTIFT 2013

Kommunikationsdesign

Corporate Design

	Agentur ⊗ Aufwand ⊗ ⊗ Nutzung ⊗	Agentur ⊗ Aufwand ⊗ ⊗ Nutzung ⊗ ⊗	Agentur ⊗ Aufwand ⊗ ⊗ Nutzung ⊗ ⊗ ⊗
CD Grundkonzept	12.740,00 €	19.110,00 €	25.480,00 €
Logo-Neuentwicklung	13.377,00 €	20.066,00 €	26.754,00 €
Logo-Redesign	9.874,00 €	14.810,00 €	19.747,00 €
Design-Manual	9.109,00 €	13.664,00 €	18.218,00 €
Briefbogen und Zweitblatt	1.210,00 €	1.815,00 €	2.421,00 €
Rechnungsformular	319,00 €	478,00 €	637,00 €
Auftragsbestätigung	319,00 €	478,00 €	637,00 €
Faxvorlage	319,00 €	478,00 €	637,00 €
Kurzbrief	191,00 €	286,00 €	381,00 €
Lieferschein	319,00 €	478,00 €	637,00 €

DER ROTSTIFT 2013

Kommunikationsdesign

Corporate Design

	Agentur ⊗ Aufwand ⊗ ⊗ Nutzung ⊗	Agentur ⊗ Aufwand ⊗ ⊗ Nutzung ⊗ ⊗	Agentur ⊗ Aufwand ⊗ ⊗ Nutzung ⊗ ⊗ ⊗
Visitenkarte	446,00 €	669,00 €	892,00 €
Gruß-, Glückwunschkarte	764,00 €	1.147,00 €	1.529,00 €
Einladungskarte	764,00 €	1.147,00 €	1.529,00 €
Postkarte	956,00 €	1.433,00 €	1.911,00 €
Briefhülle	510,00 €	764,00 €	1.019,00 €
Aufkleber	637,00 €	956,00 €	1.274,00 €
Firmenschild	1.529,00 €	2.293,00 €	3.058,00 €
Schreibblock	1.147,00 €	1,720,00 €	2.293,00 €
Schreibtischunterlage	2.230,00 €	3.344,00 €	4.459,00 €
Stempel	319,00 €	478,00 €	637,00 €

Kommunikationsdesign

Corporate Design

	Agentur ⊗ Aufwand ⊗ ⊗ Nutzung ⊗	Agentur ⊗ Aufwand ⊗ ⊗ Nutzung ⊗ ⊗	Agentur ⊗ Aufwand ⊗ ⊗ Nutzung ⊗ ⊗ ⊗
Stempel, Frankiermaschine	637,00 €	956,00 €	1.274,00 €
Präsentationsmappe	1.210,00 €	1.815,00 €	2.421,00 €
Organisationsformular	319,00 €	478,00 €	637,00 €
Preisliste	701,00 €	1.051,00 €	1.401,00 €
Lageplan, Anfahrtskizze	382,00 €	573,00 €	764,00 €
Werbeartikelaufdruck	446,00 €	669,00 €	892,00 €
T-Shirt, Polo-Shirt, Hemd	1.019,00 €	1.529,00 €	2.038,00 €
Fahrzeugbeschriftung, normal	1.147,00 €	1.720,00 €	2.293,00 €
Fahrzeugbeschriftun, groß	1.911,00 €	2.867,00 €	3.822,00 €
Dateivorlage (Template)	446,00 €	669,00 €	892,00 €

DER ROTSTIFT 2013

Kommunikationsdesign

Corporate Design

	Agentur ⊗ Aufwand ⊗ ⊗ ⊗ Nutzung ⊗	Agentur ⊗ Aufwand ⊗ ⊗ ⊗ Nutzung ⊗ ⊗	Agentur ⊗ Aufwand ⊗ ⊗ ⊗ Nutzung ⊗ ⊗ ⊗
CD Grundkonzept	20.384,00 €	30.576,00 €	40.768,00 €
Logo-Neuentwicklung	25.480,00 €	38.220,00 €	50.960,00 €
Logo-Redesign	19.110,00 €	28.665,00 €	38.220,00 €
Design-Manual	11.211,00 €	16.817,00 €	22.422,00 €
Briefbogen und Zweitblatt	1.529,00 €	2.293,00 €	3.058,00 €
Rechnungsformular	510,00 €	764,00 €	1.019,00 €
Auftragsbestätigung	510,00 €	764,00 €	1.019,00 €
Faxvorlage	510,00 €	764,00 €	1.019,00 €
Kurzbrief	305,00 €	457,00 €	610,00 €
Lieferschein	510,00 €	764,00 €	1.019,00 €

Kommunikationsdesign

Corporate Design

	Agentur ⊗ Aufwand ⊗ ⊗ ⊗ Nutzung ⊗	Agentur ⊗ Aufwand ⊗ ⊗ ⊗ Nutzung ⊗ ⊗	Agentur ⊗ Aufwand ⊗ ⊗ ⊗ Nutzung ⊗ ⊗ ⊗
Visitenkarte	637,00 €	956,00 €	1.274,00 €
Gruß-, Glückwunschkarte	1.019,00 €	1.529,00 €	2.038,00 €
Einladungskarte	1.147,00 €	1.720,00 €	2.293,00 €
Postkarte	1.274,00 €	1.911,00 €	2.548,00 €
Briefhülle	637,00 €	956,00 €	1.274,00 €
Aufkleber	1.019,00 €	1.529,00 €	2.038,00 €
Firmenschild	2.293,00 €	3.440,00 €	4.586,00 €
Schreibblock	1.529,00 €	2.293,00 €	3.058,00 €
Schreibtischunterlage	2.675,00 €	4.013,00 €	5.351,00 €
Stempel	382,00 €	573,00 €	764,00 €

Kommunikationsdesign

Corporate Design

	Agentur ⊗ Aufwand ⊗ ⊗ ⊗ Nutzung ⊗	Agentur ⊗ Aufwand ⊗ ⊗ ⊗ Nutzung ⊗ ⊗	Agentur ⊗ Aufwand ⊗ ⊗ ⊗ Nutzung ⊗ ⊗ ⊗
Stempel, Frankiermaschine	764,00 €	1.147,00 €	1.529,00 €
Präsentationsmappe	1.656,00 €	2.484,00 €	3.312,00 €
Organisationsformular	510,00 €	764,00 €	1.019,00 €
Preisliste	1.019,00 €	1.529,00 €	2.038,00 €
Lageplan, Anfahrtskizze	637,00 €	956,00 €	1.274,00 €
Werbeartikelaufdruck	637,00 €	956,00 €	1.274,00 €
T-Shirt, Polo-Shirt, Hemd	1.274,00 €	1.911,00 €	2.548,00 €
Fahrzeugbeschriftung, normal	1.784,00 €	2.675,00 €	3.567,00 €
Fahrzeugbeschriftun, groß	2.548,00 €	3.822,00 €	5.096,00 €
Dateivorlage (Template)	637,00 €	956,00 €	1.274,00 €

DER ROTSTIFT 2013

Kommunikationsdesign

Corporate Design

	Agentur ⊗ ⊗ Aufwand ⊗ Nutzung ⊗	Agentur ⊗ ⊗ Aufwand ⊗ Nutzung ⊗ ⊗	Agentur ⊗ ⊗ Aufwand ⊗ Nutzung ⊗ ⊗ ⊗
CD Grundkonzept	7.644,00 €	10.192,00 €	12.740,00 €
Logo-Neuentwicklung	1.911,00 €	2.548,00 €	3.185,00 €
Logo-Redesign	956,00 €	1.274,00 €	1.593,00 €
Design-Manual	10.511,00 €	14.014,00 €	17.518,00 €
Briefbogen und Zweitblatt	1.338,00 €	1.784,00 €	2.230,00 €
Rechnungsformular	191,00 €	255,00 €	319,00 €
Auftragsbestätigung	191,00 €	255,00 €	319,00 €
Faxvorlage	191,00 €	255,00 €	319,00 €
Kurzbrief	114,00 €	152,00 €	191,00 €
Lieferschein	191,00 €	255,00 €	319,00 €

DER ROTSTIFT 2013

Kommunikationsdesign

Corporate Design

	Agentur ⊗ ⊗ Aufwand ⊗ Nutzung ⊗	Agentur ⊗ ⊗ Aufwand ⊗ Nutzung ⊗ ⊗	Agentur ⊗ ⊗ Aufwand ⊗ Nutzung ⊗ ⊗ ⊗
Visitenkarte	382,00 €	510,00 €	637,00 €
Gruß-, Glückwunschkarte	764,00 €	1.019,00 €	1.274,00 €
Einladungskarte	573,00 €	764,00 €	956,00 €
Postkarte	956,00 €	1.274,00 €	1.593,00 €
Briefhülle	573,00 €	764,00 €	956,00 €
Aufkleber	382,00 €	510,00 €	637,00 €
Firmenschild	1.147,00 €	1.529,00 €	1.911,00 €
Schreibblock	1.147,00 €	1.529,00 €	1.911,00 €
Schreibtischunterlage	2.675,00 €	3.567,00 €	4.459,00 €
Stempel	382,00 €	510,00 €	637,00 €

Kommunikationsdesign

Corporate Design

	Agentur ⊗ ⊗ Aufwand ⊗ Nutzung ⊗	Agentur ⊗ ⊗ Aufwand ⊗ Nutzung ⊗ ⊗	Agentur ⊗ ⊗ Aufwand ⊗ Nutzung ⊗ ⊗ ⊗
Stempel, Frankiermaschine	764,00 €	1.019,00 €	1.274,00 €
Präsentationsmappe	1.147,00 €	1.529,00 €	1.911,00 €
Organisationsformular	191,00 €	255,00 €	319,00 €
Preisliste	573,00 €	764,00 €	956,00 €
Lageplan, Anfahrtskizze	191,00 €	255,00 €	319,00 €
Werbeartikelaufdruck	382,00 €	510,00 €	637,00 €
T-Shirt, Polo-Shirt, Hemd	1.147,00 €	1.529,00 €	1.911,00 €
Fahrzeugbeschriftung, normal	764,00 €	1.019,00 €	1.274,00 €
Fahrzeugbeschriftun, groß	1.911,00 €	2.548,00 €	3.185,00 €
Dateivorlage (Template)	382,00 €	510,00 €	637,00 €

DER ROTSTIFT 2013

Kommunikationsdesign

Corporate Design

	Agentur ⊗ ⊗ Aufwand ⊗ ⊗ Nutzung ⊗	Agentur ⊗ ⊗ Aufwand ⊗ ⊗ Nutzung ⊗ ⊗	Agentur ⊗ ⊗ Aufwand ⊗ ⊗ Nutzung ⊗ ⊗ ⊗
CD Grundkonzept	19.110,00 €	25.480,00 €	31.850,00 €
Logo-Neuentwicklung	20.066,00 €	26.754,00 €	33.443,00 €
Logo-Redesign	14.810,00 €	19.747,00 €	24.684,00 €
Design-Manual	13.664,00 €	18.218,00 €	22.773,00 €
Briefbogen und Zweitblatt	1.815,00 €	2.421,00 €	3.026,00 €
Rechnungsformular	478,00 €	637,00 €	796,00 €
Auftragsbestätigung	478,00 €	637,00 €	796,00 €
Faxvorlage	478,00 €	637,00 €	796,00 €
Kurzbrief	286,00 €	381,00 €	476,00 €
Lieferschein	478,00 €	637,00 €	796,00 €

Kommunikationsdesign

Corporate Design

	Agentur ⊗ ⊗ Aufwand ⊗ ⊗ Nutzung ⊗	Agentur ⊗ ⊗ Aufwand ⊗ ⊗ Nutzung ⊗ ⊗	Agentur ⊗ ⊗ Aufwand ⊗ ⊗ Nutzung ⊗ ⊗ ⊗
Visitenkarte	669,00 €	892,00 €	1.115,00 €
Gruß-, Glückwunschkarte	1.147,00 €	1.529,00 €	1.911,00 €
Einladungskarte	1.147,00 €	1.529,00 €	1.911,00 €
Postkarte	1.433,00 €	1.911,00 €	2.389,00 €
Briefhülle	764,00 €	1.019,00 €	1.274,00 €
Aufkleber	956,00 €	1.274,00 €	1.593,00 €
Firmenschild	2.293,00 €	3.058,00 €	3.822,00 €
Schreibblock	1.720,00 €	2.293,00 €	2.867,00 €
Schreibtischunterlage	3.344,00 €	4.459,00 €	5.574,00 €
Stempel	478,00 €	637,00 €	796,00 €

Kommunikationsdesign

Corporate Design

	Agentur ⊗ ⊗ Aufwand ⊗ ⊗ Nutzung ⊗	Agentur ⊗ ⊗ Aufwand ⊗ ⊗ Nutzung ⊗ ⊗	Agentur ⊗ ⊗ Aufwand ⊗ ⊗ Nutzung ⊗ ⊗ ⊗
Stempel, Frankiermaschine	956,00 €	1.274,00 €	1.593,00 €
Präsentationsmappe	1.815,00 €	2.421,00 €	3.026,00 €
Organisationsformular	478,00 €	637,00 €	796,00 €
Preisliste	1.051,00 €	1.401,00 €	1.752,00 €
Lageplan, Anfahrtskizze	573,00 €	764,00 €	956,00 €
Werbeartikelaufdruck	669,00 €	892,00 €	1.115,00 €
T-Shirt, Polo-Shirt, Hemd	1.529,00 €	2.038,00 €	2.548,00 €
Fahrzeugbeschriftung, normal	1.720,00 €	2.293,00 €	2.867,00 €
Fahrzeugbeschriftun, groß	2.867,00 €	3.822,00 €	4.778,00 €
Dateivorlage (Template)	669,00 €	892,00 €	1.115,00 €

Kommunikationsdesign

Corporate Design

	Agentur ⊗ ⊗ Aufwand ⊗ ⊗ ⊗ Nutzung ⊗	Agentur ⊗ ⊗ Aufwand ⊗ ⊗ ⊗ Nutzung ⊗ ⊗	Agentur ⊗ ⊗ Aufwand ⊗ ⊗ ⊗ Nutzung ⊗ ⊗ ⊗
CD Grundkonzept	30.576,00 €	40.768,00 €	50.960,00 €
Logo-Neuentwicklung	38.220,00 €	50.960,00 €	63.700,00 €
Logo-Redesign	28.665,00 €	38.220,00 €	47.775,00 €
Design-Manual	16.817,00 €	22.422,00 €	28.028,00 €
Briefbogen und Zweitblatt	2.293,00 €	3.058,00 €	3.822,00 €
Rechnungsformular	764,00 €	1.019,00 €	1.274,00 €
Auftragsbestätigung	764,00 €	1.019,00 €	1.274,00 €
Faxvorlage	764,00 €	1.019,00 €	1.274,00 €
Kurzbrief	457,00 €	610,00 €	762,00 €
Lieferschein	764,00 €	1.019,00 €	1.274,00 €

DER ROTSTIFT 2013

Kommunikationsdesign

Corporate Design

	Agentur ⊗ ⊗ Aufwand ⊗ ⊗ ⊗ Nutzung ⊗	Agentur ⊗ ⊗ Aufwand ⊗ ⊗ ⊗ Nutzung ⊗ ⊗	Agentur ⊗ ⊗ Aufwand ⊗ ⊗ ⊗ Nutzung ⊗ ⊗ ⊗
Visitenkarte	956,00 €	1.274,00 €	1.593,00 €
Gruß-, Glückwunschkarte	1.529,00 €	2.038,00 €	2.548,00 €
Einladungskarte	1.720,00 €	2.293,00 €	2.867,00 €
Postkarte	1.911,00 €	2.548,00 €	3.185,00 €
Briefhülle	956,00 €	1.274,00 €	1.593,00 €
Aufkleber	1.529,00 €	2.038,00 €	2.548,00 €
Firmenschild	3.440,00 €	4.586,00 €	5.733,00 €
Schreibblock	2.293,00 €	3.058,00 €	3.822,00 €
Schreibtischunterlage	4.013,00 €	5.351,00 €	6.689,00 €
Stempel	573,00 €	764,00 €	956,00 €

Kommunikationsdesign

Corporate Design

	Agentur ⊗ ⊗ Aufwand ⊗ ⊗ ⊗ Nutzung ⊗	Agentur ⊗ ⊗ Aufwand ⊗ ⊗ ⊗ Nutzung ⊗ ⊗	Agentur ⊗ ⊗ Aufwand ⊗ ⊗ ⊗ Nutzung ⊗ ⊗ ⊗
Stempel, Frankiermaschine	1.147,00 €	1.529,00 €	1.911,00 €
Präsentationsmappe	2.484,00 €	3.312,00 €	4.141,00 €
Organisationsformular	764,00 €	1.019,00 €	1.274,00 €
Preisliste	1.529,00 €	2.038,00 €	2.548,00 €
Lageplan, Anfahrtskizze	956,00 €	1.274,00 €	1.593,00 €
Werbeartikelaufdruck	956,00 €	1.274,00 €	1.593,00 €
T-Shirt, Polo-Shirt, Hemd	1.911,00 €	2.548,00 €	3.185,00 €
Fahrzeugbeschriftung, normal	2.675,00 €	3.567,00 €	4.459,00 €
Fahrzeugbeschriftun, groß	3.822,00 €	5.096,00 €	6.370,00 €
Dateivorlage (Template)	956,00 €	1.274,00 €	1.593,00 €

DER ROTSTIFT 2013

Kommunikationsdesign

Corporate Design

	Agentur ⊗ ⊗ ⊗ Aufwand ⊗ Nutzung ⊗	Agentur ⊗ ⊗ ⊗ Aufwand ⊗ Nutzung ⊗ ⊗	Agentur ⊗ ⊗ ⊗ Aufwand ⊗ Nutzung ⊗ ⊗ ⊗
CD Grundkonzept	10.192,00 €	12.740,00 €	15.288,00 €
Logo-Neuentwicklung	2.548,00 €	3.185,00 €	3.822,00 €
Logo-Redesign	1.274,00 €	1.593,00 €	1.911,00 €
Design-Manual	14.014,00 €	17.518,00 €	21.021,00 €
Briefbogen und Zweitblatt	1.784,00 €	2.230,00 €	2.675,00 €
Rechnungsformular	255,00 €	319,00 €	382,00 €
Auftragsbestätigung	255,00 €	319,00 €	382,00 €
Faxvorlage	255,00 €	319,00 €	382,00 €
Kurzbrief	152,00 €	191,00 €	228,00 €
Lieferschein	255,00 €	319,00 €	382,00 €

Kommunikationsdesign

Corporate Design

	Agentur ⊗ ⊗ ⊗ Aufwand ⊗ Nutzung ⊗	Agentur ⊗ ⊗ ⊗ Aufwand ⊗ Nutzung ⊗ ⊗	Agentur ⊗ ⊗ ⊗ Aufwand ⊗ Nutzung ⊗ ⊗ ⊗
Visitenkarte	510,00 €	637,00 €	764,00 €
Gruß-, Glückwunschkarte	1.019,00 €	1.274,00 €	1.529,00 €
Einladungskarte	764,00 €	956,00 €	1.147,00 €
Postkarte	1.274,00 €	1.593,00 €	1.911,00 €
Briefhülle	764,00 €	956,00 €	1.147,00 €
Aufkleber	510,00 €	637,00 €	764,00 €
Firmenschild	1.529,00 €	1.911,00 €	2.293,00 €
Schreibblock	1.529,00 €	1.911,00 €	2.293,00 €
Schreibtischunterlage	3.567,00 €	4.459,00 €	5.351,00 €
Stempel	510,00 €	637,00 €	764,00 €

Kommunikationsdesign

Corporate Design

	Agentur ⊗ ⊗ ⊗ Aufwand ⊗ Nutzung ⊗	Agentur ⊗ ⊗ ⊗ Aufwand ⊗ Nutzung ⊗ ⊗	Agentur ⊗ ⊗ ⊗ Aufwand ⊗ Nutzung ⊗ ⊗ ⊗
Stempel, Frankiermaschine	1.019,00 €	1.274,00 €	1.529,00 €
Präsentationsmappe	1.529,00 €	1.911,00 €	2.293,00 €
Organisationsformular	255,00 €	319,00 €	382,00 €
Preisliste	764,00 €	956,00 €	1.147,00 €
Lageplan, Anfahrtskizze	255,00 €	319,00 €	382,00 €
Werbeartikelaufdruck	510,00 €	637,00 €	764,00 €
T-Shirt, Polo-Shirt, Hemd	1.529,00 €	1.911,00 €	2.293,00 €
Fahrzeugbeschriftung, normal	1.019,00 €	1.274,00 €	1.529,00 €
Fahrzeugbeschriftun, groß	2.548,00 €	3.185,00 €	3.822,00 €
Dateivorlage (Template)	510,00 €	637,00 €	764,00 €

Kommunikationsdesign

Corporate Design

	Agentur ⊗ ⊗ ⊗ Aufwand ⊗ ⊗ Nutzung ⊗	Agentur ⊗ ⊗ ⊗ Aufwand ⊗ ⊗ Nutzung ⊗ ⊗	Agentur ⊗ ⊗ ⊗ Aufwand ⊗ ⊗ Nutzung ⊗ ⊗ ⊗
CD Grundkonzept	25.480,00 €	31.850,00 €	38.220,00 €
Logo-Neuentwicklung	26.754,00 €	33.443,00 €	40.131,00 €
Logo-Redesign	19.747,00 €	24.684,00 €	29.621,00 €
Design-Manual	18.218,00 €	22.773,00 €	27.327,00 €
Briefbogen und Zweitblatt	2.421,00 €	3.026,00 €	3.631,00 €
Rechnungsformular	637,00 €	796,00 €	956,00 €
Auftragsbestätigung	637,00 €	796,00 €	956,00 €
Faxvorlage	637,00 €	796,00 €	956,00 €
Kurzbrief	381,00 €	476,00 €	572,00 €
Lieferschein	637,00 €	796,00 €	956,00 €

Kommunikationsdesign

Corporate Design

	Agentur ⊗ ⊗ ⊗ Aufwand ⊗ ⊗ Nutzung ⊗	Agentur ⊗ ⊗ ⊗ Aufwand ⊗ ⊗ Nutzung ⊗ ⊗	Agentur ⊗ ⊗ ⊗ Aufwand ⊗ ⊗ Nutzung ⊗ ⊗ ⊗
Visitenkarte	892,00 €	1.115,00 €	1.338,00 €
Gruß-, Glückwunschkarte	1.529,00 €	1.911,00 €	2.293,00 €
Einladungskarte	1.529,00 €	1.911,00 €	2.293,00 €
Postkarte	1.911,00 €	2.389,00 €	2.867,00 €
Briefhülle	1.019,00 €	1.274,00 €	1.529,00 €
Aufkleber	1.274,00 €	1.593,00 €	1.911,00 €
Firmenschild	3.058,00 €	3.822,00 €	4.586,00 €
Schreibblock	2.293,00 €	2.867,00 €	3.440,00 €
Schreibtischunterlage	4.459,00 €	5.574,00 €	6.689,00 €
Stempel	637,00 €	796,00 €	956,00 €

Kommunikationsdesign

Corporate Design

	Agentur ⊗ ⊗ ⊗ Aufwand ⊗ ⊗ Nutzung ⊗	Agentur ⊗ ⊗ ⊗ Aufwand ⊗ ⊗ Nutzung ⊗ ⊗	Agentur ⊗ ⊗ ⊗ Aufwand ⊗ ⊗ Nutzung ⊗ ⊗ ⊗
Stempel, Frankiermaschine	1.274,00 €	1.593,00 €	1.911,00 €
Präsentationsmappe	2.421,00 €	3.026,00 €	3.631,00 €
Organisationsformular	637,00 €	796,00 €	956,00 €
Preisliste	1.401,00 €	1.752,00 €	2.102,00 €
Lageplan, Anfahrtskizze	764,00 €	956,00 €	1.147,00 €
Werbeartikelaufdruck	892,00 €	1.115,00 €	1.338,00 €
T-Shirt, Polo-Shirt, Hemd	2.038,00 €	2.548,00 €	3.058,00 €
Fahrzeugbeschriftung, normal	2.293,00 €	2.867,00 €	3.440,00 €
Fahrzeugbeschriftun, groß	3.822,00 €	4.778,00 €	5.733,00 €
Dateivorlage (Template)	892,00 €	1.115,00 €	1.338,00 €

DER ROTSTIFT 2013

Kommunikationsdesign

Corporate Design

	Agentur ⊗ ⊗ ⊗ Aufwand ⊗ ⊗ ⊗ Nutzung ⊗	Agentur ⊗ ⊗ ⊗ Aufwand ⊗ ⊗ ⊗ Nutzung ⊗ ⊗	Agentur ⊗ ⊗ ⊗ Aufwand ⊗ ⊗ ⊗ Nutzung ⊗ ⊗ ⊗
CD Grundkonzept	40.768,00 €	50.960,00 €	61.152,00 €
Logo-Neuentwicklung	50.960,00 €	63.700,00 €	76.440,00 €
Logo-Redesign	38.220,00 €	47.775,00 €	57.330,00 €
Design-Manual	22.422,00 €	28.028,00 €	33.634,00 €
Briefbogen und Zweitblatt	3.058,00 €	3.822,00 €	4.586,00 €
Rechnungsformular	1.019,00 €	1.274,00 €	1.529,00 €
Auftragsbestätigung	1.019,00 €	1.274,00 €	1.529,00 €
Faxvorlage	1.019,00 €	1.274,00 €	1.529,00 €
Kurzbrief	610,00 €	762,00 €	915,00 €
Lieferschein	1.019,00 €	1.274,00 €	1.529,00 €

Kommunikationsdesign

Corporate Design

	Agentur ⊗ ⊗ ⊗ Aufwand ⊗ ⊗ ⊗ Nutzung ⊗	Agentur ⊗ ⊗ ⊗ Aufwand ⊗ ⊗ ⊗ Nutzung ⊗ ⊗	Agentur ⊗ ⊗ ⊗ Aufwand ⊗ ⊗ ⊗ Nutzung ⊗ ⊗ ⊗
Visitenkarte	1.274,00 €	1.593,00 €	1.911,00 €
Gruß-, Glückwunschkarte	2.038,00 €	2.548,00 €	3.058,00 €
Einladungskarte	2.293,00 €	2.867,00 €	3.440,00 €
Postkarte	2.548,00 €	3.185,00 €	3.822,00 €
Briefhülle	1.274,00 €	1.593,00 €	1.911,00 €
Aufkleber	2.038,00 €	2.548,00 €	3.058,00 €
Firmenschild	4.586,00 €	5.733,00 €	6.880,00 €
Schreibblock	3.058,00 €	3.822,00 €	4.586,00 €
Schreibtischunterlage	5.351,00 €	6.689,00 €	8.026,00 €
Stempel	764,00 €	956,00 €	1.147,00 €

Kommunikationsdesign

Corporate Design

	Agentur ⊗ ⊗ ⊗ Aufwand ⊗ ⊗ ⊗ Nutzung ⊗	Agentur ⊗ ⊗ ⊗ Aufwand ⊗ ⊗ ⊗ Nutzung ⊗ ⊗	Agentur ⊗ ⊗ ⊗ Aufwand ⊗ ⊗ ⊗ Nutzung ⊗ ⊗ ⊗
Stempel, Frankiermaschine	1.529,00 €	1.911,00 €	2.293,00 €
Präsentationsmappe	3.312,00 €	4.141,00 €	4.969,00 €
Organisationsformular	1.019,00 €	1.274,00 €	1.529,00 €
Preisliste	2.038,00 €	2.548,00 €	3.058,00 €
Lageplan, Anfahrtskizze	1.274,00 €	1.593,00 €	1.911,00 €
Werbeartikelaufdruck	1.274,00 €	1.593,00 €	1.911,00 €
T-Shirt, Polo-Shirt, Hemd	2.548,00 €	3.185,00 €	3.822,00 €
Fahrzeugbeschriftung, normal	3.567,00 €	4.459,00 €	5.351,00 €
Fahrzeugbeschriftun, groß	5.096,00 €	6.370,00 €	7.644,00 €
Dateivorlage (Template)	1.274,00 €	1.593,00 €	1.911,00 €

DER ROTSTIFT 2013

Kommunikationsdesign

Direktwerbung

	Agentur ⊗ Aufwand ⊗ Nutzung ⊗	Agentur ⊗ Aufwand ⊗ Nutzung ⊗ ⊗	Agentur ⊗ Aufwand ⊗ Nutzung ⊗ ⊗ ⊗
Konzeption	1.428,00 €	2.142,00 €	2.856,00 €
Anschreiben, Brief	714,00 €	1.071,00 €	1.428,00 €
Response-Karte	428,00 €	643,00 €	857,00 €
Flyer, DIN lang	857,00 €	1.285,00 €	1.714,00 €
Anschreiben + Flyer kombiniert	1.571,00 €	2.356,00 €	3.142,00 €
Postwurfsendung	714,00 €	1.071,00 €	1.428,00 €

Kommunikationsdesign

Direktwerbung

	Agentur ⊗ Aufwand ⊗ ⊗ Nutzung ⊗	Agentur ⊗ Aufwand ⊗ ⊗ Nutzung ⊗ ⊗	Agentur ⊗ Aufwand ⊗ ⊗ Nutzung ⊗ ⊗ ⊗
Konzeption	2.142,00 €	3.213,00 €	4.284,00 €
Anschreiben, Brief	1.071,00 €	1.607,00 €	2.142,00 €
Response-Karte	714,00 €	1.071,00 €	1.428,00 €
Flyer, DIN lang	2.142,00 €	3.213,00 €	4.284,00 €
Anschreiben + Flyer kombiniert	3.213,00 €	4.820,00 €	6.426,00 €
Postwurfsendung	1.214,00 €	1.821,00 €	2.428,00 €

Kommunikationsdesign

Direktwerbung

	Agentur ⊗ Aufwand ⊗ ⊗ ⊗ Nutzung ⊗	Agentur ⊗ Aufwand ⊗ ⊗ ⊗ Nutzung ⊗ ⊗	Agentur ⊗ Aufwand ⊗ ⊗ ⊗ Nutzung ⊗ ⊗ ⊗
Konzeption	2.856,00 €	4.284,00 €	5.712,00 €
Anschreiben, Brief	1.428,00 €	2.142,00 €	2.856,00 €
Response-Karte	1.000,00 €	1.499,00 €	1.999,00 €
Flyer, DIN lang	3.427,00 €	5.141,00 €	6.854,00 €
Anschreiben + Flyer kombiniert	4.855,00 €	7.283,00 €	9.710,00 €
Postwurfsendung	1.714,00 €	2.570,00 €	3.427,00 €

Kommunikationsdesign

Direktwerbung

	Agentur ⊗ ⊗ Aufwand ⊗ Nutzung ⊗	Agentur ⊗ ⊗ Aufwand ⊗ Nutzung ⊗ ⊗	Agentur ⊗ ⊗ Aufwand ⊗ Nutzung ⊗ ⊗ ⊗
Konzeption	2.142,00 €	2.856,00 €	3.570,00 €
Anschreiben, Brief	1.071,00 €	1.428,00 €	1.785,00 €
Response-Karte	643,00 €	857,00 €	1.071,00 €
Flyer, DIN lang	1.285,00 €	1.714,00 €	2.142,00 €
Anschreiben + Flyer kombiniert	2.356,00 €	3.142,00 €	3.927,00 €
Postwurfsendung	1.071,00 €	1.428,00 €	1.785,00 €

Kommunikationsdesign

Direktwerbung

	Agentur ⊗ ⊗ Aufwand ⊗ ⊗ Nutzung ⊗	Agentur ⊗ ⊗ Aufwand ⊗ ⊗ Nutzung ⊗ ⊗	Agentur ⊗ ⊗ Aufwand ⊗ ⊗ Nutzung ⊗ ⊗ ⊗
Konzeption	3.213,00 €	4.284,00 €	5.355,00 €
Anschreiben, Brief	1.607,00 €	2.142,00 €	2.678,00 €
Response-Karte	1.071,00 €	1.428,00 €	1.785,00 €
Flyer, DIN lang	3.213,00 €	4.284,00 €	5.355,00 €
Anschreiben + Flyer kombiniert	4.820,00 €	6.426,00 €	8.033,00 €
Postwurfsendung	1.821,00 €	2.428,00 €	3.035,00 €

Kommunikationsdesign

Direktwerbung

	Agentur ⊗ ⊗ Aufwand ⊗ ⊗ ⊗ Nutzung ⊗	Agentur ⊗ ⊗ Aufwand ⊗ ⊗ ⊗ Nutzung ⊗ ⊗	Agentur ⊗ ⊗ Aufwand ⊗ ⊗ ⊗ Nutzung ⊗ ⊗ ⊗
Konzeption	4.284,00 €	5.712,00 €	7.140,00 €
Anschreiben, Brief	2.142,00 €	2.856,00 €	3.570,00 €
Response-Karte	1.499,00 €	1.999,00 €	2.499,00 €
Flyer, DIN lang	5.141,00 €	6.854,00 €	8.568,00 €
Anschreiben + Flyer kombiniert	7.283,00 €	9.710,00 €	12.138,00 €
Postwurfsendung	2.570,00 €	3.427,00 €	4.284,00 €

Kommunikationsdesign

Direktwerbung

	Agentur ⊗ ⊗ ⊗ Aufwand ⊗ Nutzung ⊗	Agentur ⊗ ⊗ ⊗ Aufwand ⊗ Nutzung ⊗ ⊗	Agentur ⊗ ⊗ ⊗ Aufwand ⊗ Nutzung ⊗ ⊗ ⊗
Konzeption	2.856,00 €	3.570,00 €	4.284,00 €
Anschreiben, Brief	1.428,00 €	1.785,00 €	2.142,00 €
Response-Karte	857,00 €	1.071,00 €	1.285,00 €
Flyer, DIN lang	1.714,00 €	2.142,00 €	2.570,00 €
Anschreiben + Flyer kombiniert	3.142,00 €	3.927,00 €	4.712,00 €
Postwurfsendung	1.428,00 €	1.785,00 €	2.142,00 €

Kommunikationsdesign

Direktwerbung

	Agentur ⊗ ⊗ ⊗ Aufwand ⊗ ⊗ Nutzung ⊗	Agentur ⊗ ⊗ ⊗ Aufwand ⊗ ⊗ Nutzung ⊗ ⊗	Agentur ⊗ ⊗ ⊗ Aufwand ⊗ ⊗ Nutzung ⊗ ⊗ ⊗
Konzeption	4.284,00 €	5.355,00 €	6.426,00 €
Anschreiben, Brief	2.142,00 €	2.678,00 €	3.213,00 €
Response-Karte	1.428,00 €	1.785,00 €	2.142,00 €
Flyer, DIN lang	4.284,00 €	5.355,00 €	6.426,00 €
Anschreiben + Flyer kombiniert	6.426,00 €	8.033,00 €	9.639,00 €
Postwurfsendung	2.428,00 €	3.035,00 €	3.641,00 €

DER ROTSTIFT 2013

Kommunikationsdesign

Direktwerbung

	Agentur ⊗ ⊗ ⊗ Aufwand ⊗ ⊗ ⊗ Nutzung ⊗	Agentur ⊗ ⊗ ⊗ Aufwand ⊗ ⊗ ⊗ Nutzung ⊗ ⊗	Agentur ⊗ ⊗ ⊗ Aufwand ⊗ ⊗ ⊗ Nutzung ⊗ ⊗ ⊗
Konzeption	5.712,00 €	7.140,00 €	8.568,00 €
Anschreiben, Brief	2.856,00 €	3.570,00 €	4.284,00 €
Response-Karte	1.999,00 €	2.499,00 €	2.999,00 €
Flyer, DIN lang	6.854,00 €	8.568,00 €	10.282,00 €
Anschreiben + Flyer kombiniert	9.710,00 €	12.138,00 €	14.566,00 €
Postwurfsendung	3.427,00 €	4.284,00 €	5.141,00 €

Kommunikationsdesign

Dokumente

	Agentur ⊗ Aufwand ⊗ Nutzung ⊗	Agentur ⊗ Aufwand ⊗ Nutzung ⊗ ⊗	Agentur ⊗ Aufwand ⊗ Nutzung ⊗ ⊗ ⊗
Ausweis, Club-Karte	441,00 €	662,00 €	882,00 €
Gutschein	441,00 €	662,00 €	882,00 €
Kreditkarte	1.323,00 €	1.985,00 €	2.646,00 €
Telefonkarte	1.176,00 €	1.764,00 €	2.352,00 €
Urkunde	882,00 €	1.323,00 €	1.764,00 €
Wertmarke	1.176,00 €	1.764,00 €	2.352,00 €
Zertifikat	882,00 €	1.323,00 €	1.764,00 €

Kommunikationsdesign

Dokumente

	Agentur ⊗ Aufwand ⊗ ⊗ Nutzung ⊗	Agentur ⊗ Aufwand ⊗ ⊗ Nutzung ⊗ ⊗	Agentur ⊗ Aufwand ⊗ ⊗ Nutzung ⊗ ⊗ ⊗
Ausweis, Club-Karte	882,00 €	1.323,00 €	1.764,00 €
Gutschein	735,00 €	1.103,00 €	1.470,00 €
Kreditkarte	1.764,00 €	2.646,00 €	3.528,00 €
Telefonkarte	1.764,00 €	2.646,00 €	3.528,00 €
Urkunde	1.176,00 €	1.764,00 €	2.352,00 €
Wertmarke	2.352,00 €	3.528,00 €	4.704,00 €
Zertifikat	1.176,00 €	1.764,00 €	2.352,00 €

Kommunikationsdesign

Dokumente

	Agentur ⊗ Aufwand ⊗ ⊗ ⊗ Nutzung ⊗	Agentur ⊗ Aufwand ⊗ ⊗ ⊗ Nutzung ⊗ ⊗	Agentur ⊗ Aufwand ⊗ ⊗ ⊗ Nutzung ⊗ ⊗ ⊗
Ausweis, Club-Karte	1.323,00 €	1.985,00 €	2.646,00 €
Gutschein	1.029,00 €	1.544,00 €	2.058,00 €
Kreditkarte	2.205,00 €	3.308,00 €	4.410,00 €
Telefonkarte	2.352,00 €	3.528,00 €	4.704,00 €
Urkunde	1.470,00 €	2.205,00 €	2.940,00 €
Wertmarke	3.528,00 €	5.292,00 €	7.056,00 €
Zertifikat	1.470,00 €	2.205,00 €	2.940,00 €

Kommunikationsdesign

Dokumente

	Agentur ⊗ ⊗ Aufwand ⊗ Nutzung ⊗	Agentur ⊗ ⊗ Aufwand ⊗ Nutzung ⊗ ⊗	Agentur ⊗ ⊗ Aufwand ⊗ Nutzung ⊗ ⊗ ⊗
Ausweis, Club-Karte	662,00 €	882,00 €	1.103,00 €
Gutschein	662,00 €	882,00 €	1.103,00 €
Kreditkarte	1.985,00 €	2.646,00 €	3.308,00 €
Telefonkarte	1.764,00 €	2.352,00 €	2.940,00 €
Urkunde	1.323,00 €	1.764,00 €	2.205,00 €
Wertmarke	1.764,00 €	2.352,00 €	2.940,00 €
Zertifikat	1.323,00 €	1.764,00 €	2.205,00 €

Kommunikationsdesign

Dokumente

	Agentur ⊗ ⊗ Aufwand ⊗ ⊗ Nutzung ⊗	Agentur ⊗ ⊗ Aufwand ⊗ ⊗ Nutzung ⊗ ⊗	Agentur ⊗ ⊗ Aufwand ⊗ ⊗ Nutzung ⊗ ⊗ ⊗
Ausweis, Club-Karte	1.323,00 €	1.764,00 €	2.205,00 €
Gutschein	1.103,00 €	1.470,00 €	1.838,00 €
Kreditkarte	2.646,00 €	3.528,00 €	4.410,00 €
Telefonkarte	2.646,00 €	3.528,00 €	4.410,00 €
Urkunde	1.764,00 €	2.352,00 €	2.940,00 €
Wertmarke	3.528,00 €	4.704,00 €	5.880,00 €
Zertifikat	1.764,00 €	2.352,00 €	2.940,00 €

DER ROTSTIFT 2013

Kommunikationsdesign

Dokumente

	Agentur ⊗ ⊗ Aufwand ⊗ ⊗ ⊗ Nutzung ⊗	Agentur ⊗ ⊗ Aufwand ⊗ ⊗ ⊗ Nutzung ⊗ ⊗	Agentur ⊗ ⊗ Aufwand ⊗ ⊗ ⊗ Nutzung ⊗ ⊗ ⊗
Ausweis, Club-Karte	1.985,00 €	2.646,00 €	3.308,00 €
Gutschein	1.544,00 €	2.058,00 €	2.573,00 €
Kreditkarte	3.308,00 €	4.410,00 €	5.513,00 €
Telefonkarte	3.528,00 €	4.704,00 €	5.880,00 €
Urkunde	2.205,00 €	2.940,00 €	3.675,00 €
Wertmarke	5.292,00 €	7.056,00 €	8.820,00 €
Zertifikat	2.205,00 €	2.940,00 €	3.675,00 €

Kommunikationsdesign

Dokumente

	Agentur ⊗ ⊗ ⊗ Aufwand ⊗ Nutzung ⊗	Agentur ⊗ ⊗ ⊗ Aufwand ⊗ Nutzung ⊗ ⊗	Agentur ⊗ ⊗ ⊗ Aufwand ⊗ Nutzung ⊗ ⊗ ⊗
Ausweis, Club-Karte	882,00 €	1.103,00 €	1.323,00 €
Gutschein	882,00 €	1.103,00 €	1.323,00 €
Kreditkarte	2.646,00 €	3.308,00 €	3.969,00 €
Telefonkarte	2.352,00 €	2.940,00 €	3.528,00 €
Urkunde	1.764,00 €	2.205,00 €	2.646,00 €
Wertmarke	2.352,00 €	2.940,00 €	3.528,00 €
Zertifikat	1.764,00 €	2.205,00 €	2.646,00 €

Kommunikationsdesign

Dokumente

	Agentur ⊗ ⊗ ⊗ Aufwand ⊗ ⊗ Nutzung ⊗	Agentur ⊗ ⊗ ⊗ Aufwand ⊗ ⊗ Nutzung ⊗ ⊗	Agentur ⊗ ⊗ ⊗ Aufwand ⊗ ⊗ Nutzung ⊗ ⊗ ⊗
Ausweis, Club-Karte	1.764,00 €	2.205,00 €	2.646,00 €
Gutschein	1.470,00 €	1.838,00 €	2.205,00 €
Kreditkarte	3.528,00 €	4.410,00 €	5.292,00 €
Telefonkarte	3.528,00 €	4.410,00 €	5.292,00 €
Urkunde	2.352,00 €	2.940,00 €	3.528,00 €
Wertmarke	4.704,00 €	5.880,00 €	7.056,00 €
Zertifikat	2.352,00 €	2.940,00 €	3.528,00 €

Kommunikationsdesign

Dokumente

	Agentur ⊗ ⊗ ⊗ Aufwand ⊗ ⊗ ⊗ Nutzung ⊗	Agentur ⊗ ⊗ ⊗ Aufwand ⊗ ⊗ ⊗ Nutzung ⊗ ⊗	Agentur ⊗ ⊗ ⊗ Aufwand ⊗ ⊗ ⊗ Nutzung ⊗ ⊗ ⊗
Ausweis, Club-Karte	2.646,00 €	3.308,00 €	3.969,00 €
Gutschein	2.058,00 €	2.573,00 €	3.087,00 €
Kreditkarte	4.410,00 €	5.513,00 €	6.615,00 €
Telefonkarte	4.704,00 €	5.880,00 €	7.056,00 €
Urkunde	2.940,00 €	3.675,00 €	4.410,00 €
Wertmarke	7.056,00 €	8.820,00 €	10.584,00 €
Zertifikat	2.940,00 €	3.675,00 €	4.410,00 €

Kommunikationsdesign

Kalender

	Agentur ⊗ Aufwand ⊗ Nutzung ⊗	Agentur ⊗ Aufwand ⊗ Nutzung ⊗ ⊗	Agentur ⊗ Aufwand ⊗ Nutzung ⊗ ⊗ ⊗
Wandkalender, 12 Blätter	2.884,00 €	4.326,00 €	5.768,00 €
Taschenkalender, Titel	433,00 €	649,00 €	865,00 €
Tischkalender	865,00 €	1.298,00 €	1.730,00 €
3-Monatskalender, Titelleiste	144,00 €	216,00 €	288,00 €

Kommunikationsdesign

Kalender

	Agentur ⊗ Aufwand ⊗ ⊗ Nutzung ⊗	Agentur ⊗ Aufwand ⊗ ⊗ Nutzung ⊗ ⊗	Agentur ⊗ Aufwand ⊗ ⊗ Nutzung ⊗ ⊗ ⊗
Wandkalender, 12 Blätter	6.489,00 €	9.734,00 €	12.978,00 €
Taschenkalender, Titel	793,00 €	1.190,00 €	1.586,00 €
Tischkalender	1.875,00 €	2.812,00 €	3.749,00 €
3-Monatskalender, Titelleiste	361,00 €	541,00 €	721,00 €

Kommunikationsdesign

Kalender

	Agentur ⊗ Aufwand ⊗ ⊗ ⊗ Nutzung ⊗	Agentur ⊗ Aufwand ⊗ ⊗ ⊗ Nutzung ⊗ ⊗	Agentur ⊗ Aufwand ⊗ ⊗ ⊗ Nutzung ⊗ ⊗ ⊗
Wandkalender, 12 Blätter	10.094,00 €	15.141,00 €	20.188,00 €
Taschenkalender, Titel	1.154,00 €	1.730,00 €	2.307,00 €
Tischkalender	2.884,00 €	4.326,00 €	5.768,00 €
3-Monatskalender, Titelleiste	577,00 €	865,00 €	1.154,00 €

Kommunikationsdesign

Kalender

	Agentur ⊗ ⊗ Aufwand ⊗ Nutzung ⊗	Agentur ⊗ ⊗ Aufwand ⊗ Nutzung ⊗ ⊗	Agentur ⊗ ⊗ Aufwand ⊗ Nutzung ⊗ ⊗ ⊗
Wandkalender, 12 Blätter	4.326,00 €	5.768,00 €	7.210,00 €
Taschenkalender, Titel	649,00 €	865,00 €	1.082,00 €
Tischkalender	1.298,00 €	1.730,00 €	2.163,00 €
3-Monatskalender, Titelleiste	216,00 €	288,00 €	361,00 €

Kommunikationsdesign

Kalender

	Agentur ⊗ ⊗ Aufwand ⊗ ⊗ Nutzung ⊗	Agentur ⊗ ⊗ Aufwand ⊗ ⊗ Nutzung ⊗ ⊗	Agentur ⊗ ⊗ Aufwand ⊗ ⊗ Nutzung ⊗ ⊗ ⊗
Wandkalender, 12 Blätter	9.734,00 €	12.978,00 €	16.223,00 €
Taschenkalender, Titel	1.190,00 €	1.586,00 €	1.983,00 €
Tischkalender	2.812,00 €	3.749,00 €	4.687,00 €
3-Monatskalender, Titelleiste	541,00 €	721,00 €	901,00 €

Kommunikationsdesign

Kalender

	Agentur ⊗ ⊗ Aufwand ⊗ ⊗ ⊗ Nutzung ⊗	Agentur ⊗ ⊗ Aufwand ⊗ ⊗ ⊗ Nutzung ⊗ ⊗	Agentur ⊗ ⊗ Aufwand ⊗ ⊗ ⊗ Nutzung ⊗ ⊗ ⊗
Wandkalender, 12 Blätter	15.141,00 €	20.188,00 €	25.235,00 €
Taschenkalender, Titel	1.730,00 €	2.307,00 €	2.884,00 €
Tischkalender	4.326,00 €	5.768,00 €	7.210,00 €
3-Monatskalender, Titelleiste	865,00 €	1.154,00 €	1.442,00 €

Kommunikationsdesign

Kalender

	Agentur ⊗ ⊗ ⊗ Aufwand ⊗ Nutzung ⊗	Agentur ⊗ ⊗ ⊗ Aufwand ⊗ Nutzung ⊗ ⊗	Agentur ⊗ ⊗ ⊗ Aufwand ⊗ Nutzung ⊗ ⊗ ⊗
Wandkalender, 12 Blätter	5.768,00 €	7.210,00 €	8.652,00 €
Taschenkalender, Titel	865,00 €	1.082,00 €	1.298,00 €
Tischkalender	1.730,00 €	2.163,00 €	2.596,00 €
3-Monatskalender, Titelleiste	288,00 €	361,00 €	433,00 €

Kommunikationsdesign

Kalender

	Agentur ⊗ ⊗ ⊗ Aufwand ⊗ ⊗ Nutzung ⊗	Agentur ⊗ ⊗ ⊗ Aufwand ⊗ ⊗ Nutzung ⊗ ⊗	Agentur ⊗ ⊗ ⊗ Aufwand ⊗ ⊗ Nutzung ⊗ ⊗ ⊗
Wandkalender, 12 Blätter	12.978,00 €	16.223,00 €	19.467,00 €
Taschenkalender, Titel	1.586,00 €	1.983,00 €	2.379,00 €
Tischkalender	3.749,00 €	4.687,00 €	5.624,00 €
3-Monatskalender, Titelleiste	721,00 €	901,00 €	1.082,00 €

Kommunikationsdesign

Kalender

	Agentur ⊗ ⊗ ⊗ Aufwand ⊗ ⊗ ⊗ Nutzung ⊗	Agentur ⊗ ⊗ ⊗ Aufwand ⊗ ⊗ ⊗ Nutzung ⊗ ⊗	Agentur ⊗ ⊗ ⊗ Aufwand ⊗ ⊗ ⊗ Nutzung ⊗ ⊗ ⊗
Wandkalender, 12 Blätter	20.188,00 €	25.235,00 €	30.282,00 €
Taschenkalender, Titel	2.307,00 €	2.884,00 €	3.461,00 €
Tischkalender	5.768,00 €	7.210,00 €	8.652,00 €
3-Monatskalender, Titelleiste	1.154,00 €	1.442,00 €	1.730,00 €

Kommunikationsdesign

Katalog

	Agentur ⊗ Aufwand ⊗ Nutzung ⊗	Agentur ⊗ Aufwand ⊗ Nutzung ⊗ ⊗	Agentur ⊗ Aufwand ⊗ Nutzung ⊗ ⊗ ⊗
Grundkonzept	2.419,00 €	3.629,00 €	4.838,00 €
Titelseite	986,00 €	1.478,00 €	1.971,00 €
Doppelseite, innen	493,00 €	739,00 €	986,00 €
Rückseite	246,00 €	370,00 €	493,00 €

Kommunikationsdesign

Katalog

	Agentur ⊗ Aufwand ⊗ ⊗ Nutzung ⊗	Agentur ⊗ Aufwand ⊗ ⊗ Nutzung ⊗ ⊗	Agentur ⊗ Aufwand ⊗ ⊗ Nutzung ⊗ ⊗ ⊗
Grundkonzept	4.876,00 €	7.314,00 €	9.752,00 €
Titelseite	1.478,00 €	2.218,00 €	2.957,00 €
Doppelseite, innen	739,00 €	1.109,00 €	1.478,00 €
Rückseite	370,00 €	554,00 €	739,00 €

Kommunikationsdesign

Katalog

	Agentur ⊗ Aufwand ⊗ ⊗ ⊗ Nutzung ⊗	Agentur ⊗ Aufwand ⊗ ⊗ ⊗ Nutzung ⊗ ⊗	Agentur ⊗ Aufwand ⊗ ⊗ ⊗ Nutzung ⊗ ⊗ ⊗
Grundkonzept	7.333,00 €	11.000,00 €	14.666,00 €
Titelseite	1.971,00 €	2.957,00 €	3.942,00 €
Doppelseite, innen	986,00 €	1.478,00 €	1.971,00 €
Rückseite	493,00 €	739,00 €	986,00 €

Kommunikationsdesign

Katalog

	Agentur ⊗ ⊗ Aufwand ⊗ Nutzung ⊗	Agentur ⊗ ⊗ Aufwand ⊗ Nutzung ⊗ ⊗	Agentur ⊗ ⊗ Aufwand ⊗ Nutzung ⊗ ⊗ ⊗
Grundkonzept	3.629,00 €	4.838,00 €	6.048,00 €
Titelseite	1.478,00 €	1.971,00 €	2.464,00 €
Doppelseite, innen	739,00 €	986,00 €	1.232,00 €
Rückseite	370,00 €	493,00 €	616,00 €

Kommunikationsdesign

Katalog

	Agentur ⊗ ⊗ Aufwand ⊗ ⊗ Nutzung ⊗	Agentur ⊗ ⊗ Aufwand ⊗ ⊗ Nutzung ⊗ ⊗	Agentur ⊗ ⊗ Aufwand ⊗ ⊗ Nutzung ⊗ ⊗ ⊗
Grundkonzept	7.314,00 €	9.752,00 €	12.190,00 €
Titelseite	2.218,00 €	2.957,00 €	3.696,00 €
Doppelseite, innen	1.109,00 €	1.478,00 €	1.848,00 €
Rückseite	554,00 €	739,00 €	924,00 €

DER ROTSTIFT 2013

Kommunikationsdesign

Katalog

	Agentur ⊗ ⊗ Aufwand ⊗ ⊗ ⊗ Nutzung ⊗	Agentur ⊗ ⊗ Aufwand ⊗ ⊗ ⊗ Nutzung ⊗ ⊗	Agentur ⊗ ⊗ Aufwand ⊗ ⊗ ⊗ Nutzung ⊗ ⊗ ⊗
Grundkonzept	11.000,00 €	14.666,00 €	18.333,00 €
Titelseite	2.957,00 €	3.942,00 €	4.928,00 €
Doppelseite, innen	1.478,00 €	1.971,00 €	2.464,00 €
Rückseite	739,00 €	986,00 €	1.232,00 €

Kommunikationsdesign

Katalog

	Agentur ⊗ ⊗ ⊗ Aufwand ⊗ Nutzung ⊗	Agentur ⊗ ⊗ ⊗ Aufwand ⊗ Nutzung ⊗ ⊗	Agentur ⊗ ⊗ ⊗ Aufwand ⊗ Nutzung ⊗ ⊗ ⊗
Grundkonzept	4.838,00 €	6.048,00 €	7.257,00 €
Titelseite	1.971,00 €	2.464,00 €	2.957,00 €
Doppelseite, innen	986,00 €	1.232,00 €	1.478,00 €
Rückseite	493,00 €	616,00 €	739,00 €

Kommunikationsdesign

Katalog

	Agentur ⊗ ⊗ ⊗ Aufwand ⊗ ⊗ Nutzung ⊗	Agentur ⊗ ⊗ ⊗ Aufwand ⊗ ⊗ Nutzung ⊗ ⊗	Agentur ⊗ ⊗ ⊗ Aufwand ⊗ ⊗ Nutzung ⊗ ⊗ ⊗
Grundkonzept	9.752,00 €	12.190,00 €	14.628,00 €
Titelseite	2.957,00 €	3.696,00 €	4.435,00 €
Doppelseite, innen	1.478,00 €	1.848,00 €	2.218,00 €
Rückseite	739,00 €	924,00 €	1.109,00 €

Kommunikationsdesign

Katalog

	Agentur ⊗ ⊗ ⊗ Aufwand ⊗ ⊗ ⊗ Nutzung ⊗	Agentur ⊗ ⊗ ⊗ Aufwand ⊗ ⊗ ⊗ Nutzung ⊗ ⊗	Agentur ⊗ ⊗ ⊗ Aufwand ⊗ ⊗ ⊗ Nutzung ⊗ ⊗ ⊗
Grundkonzept	14.671,00 €	18.333,00 €	21.999,00 €
Titelseite	3.942,00 €	4.928,00 €	5.914,00 €
Doppelseite, innen	1.971,00 €	2.464,00 €	2.957,00 €
Rückseite	986,00 €	1.232,00 €	1.478,00 €

Kommunikationsdesign

Kundenmagazin, Firmenzeitschrift

	Agentur ⊗ Aufwand ⊗ Nutzung ⊗	Agentur ⊗ Aufwand ⊗ Nutzung ⊗ ⊗	Agentur ⊗ Aufwand ⊗ Nutzung ⊗ ⊗ ⊗
Grundkonzept	3.276,00 €	4.914,00 €	6.552,00 €
Titel	882,00 €	1.323,00 €	1.764,00 €
Doppelseite, innen	252,00 €	378,00 €	504,00 €
Rückseite	252,00 €	378,00 €	504,00 €

Kommunikationsdesign

Kundenmagazin, Firmenzeitschrift

	Agentur ⊗ Aufwand ⊗ ⊗ Nutzung ⊗	Agentur ⊗ Aufwand ⊗ ⊗ Nutzung ⊗ ⊗	Agentur ⊗ Aufwand ⊗ ⊗ Nutzung ⊗ ⊗ ⊗
Grundkonzept	4.284,00 €	6.426,00 €	8.568,00 €
Titel	1.323,00 €	1.985,00 €	2.646,00 €
Doppelseite, innen	378,00 €	567,00 €	756,00 €
Rückseite	504,00 €	756,00 €	1.008,00 €

Kommunikationsdesign

Kundenmagazin, Firmenzeitschrift

	Agentur ⊗ Aufwand ⊗ ⊗ ⊗ Nutzung ⊗	Agentur ⊗ Aufwand ⊗ ⊗ ⊗ Nutzung ⊗ ⊗	Agentur ⊗ Aufwand ⊗ ⊗ ⊗ Nutzung ⊗ ⊗ ⊗
Grundkonzept	5.292,00 €	7.938,00 €	10.584,00 €
Titel	1.764,00 €	2.646,00 €	3.528,00 €
Doppelseite, innen	504,00 €	756,00 €	1.008,00 €
Rückseite	756,00 €	1.134,00 €	1.512,00 €

ns
Kommunikationsdesign

Kundenmagazin, Firmenzeitschrift

	Agentur ⊗ ⊗ Aufwand ⊗ Nutzung ⊗	Agentur ⊗ ⊗ Aufwand ⊗ Nutzung ⊗ ⊗	Agentur ⊗ ⊗ Aufwand ⊗ Nutzung ⊗ ⊗ ⊗
Grundkonzept	4.914,00 €	6.552,00 €	8.190,00 €
Titel	1.323,00 €	1.764,00 €	2.205,00 €
Doppelseite, innen	378,00 €	504,00 €	630,00 €
Rückseite	378,00 €	504,00 €	630,00 €

Kommunikationsdesign

Kundenmagazin, Firmenzeitschrift

	Agentur ⊗ ⊗ Aufwand ⊗ ⊗ Nutzung ⊗	Agentur ⊗ ⊗ Aufwand ⊗ ⊗ Nutzung ⊗ ⊗	Agentur ⊗ ⊗ Aufwand ⊗ ⊗ Nutzung ⊗ ⊗ ⊗
Grundkonzept	6.426,00 €	8.568,00 €	10.710,00 €
Titel	1.985,00 €	2.646,00 €	3.308,00 €
Doppelseite, innen	567,00 €	756,00 €	945,00 €
Rückseite	756,00 €	1.008,00 €	1.260,00 €

DER ROTSTIFT 2013

Kommunikationsdesign

Kundenmagazin, Firmenzeitschrift

	Agentur ⊗ ⊗ Aufwand ⊗ ⊗ ⊗ Nutzung ⊗	Agentur ⊗ ⊗ Aufwand ⊗ ⊗ ⊗ Nutzung ⊗ ⊗	Agentur ⊗ ⊗ Aufwand ⊗ ⊗ ⊗ Nutzung ⊗ ⊗ ⊗
Grundkonzept	7.938,00 €	10.584,00 €	13.230,00 €
Titel	2.646,00 €	3.528,00 €	4.410,00 €
Doppelseite, innen	756,00 €	1.008,00 €	1.260,00 €
Rückseite	1.134,00 €	1.512,00 €	1.890,00 €

Kommunikationsdesign

Kundenmagazin, Firmenzeitschrift

	Agentur ⊗ ⊗ ⊗ Aufwand ⊗ Nutzung ⊗	Agentur ⊗ ⊗ ⊗ Aufwand ⊗ Nutzung ⊗ ⊗	Agentur ⊗ ⊗ ⊗ Aufwand ⊗ Nutzung ⊗ ⊗ ⊗
Grundkonzept	6.552,00 €	8.190,00 €	9.828,00 €
Titel	1.764,00 €	2.205,00 €	2.646,00 €
Doppelseite, innen	504,00 €	630,00 €	756,00 €
Rückseite	504,00 €	630,00 €	756,00 €

Kommunikationsdesign

Kundenmagazin, Firmenzeitschrift

	Agentur ⊗ ⊗ ⊗ Aufwand ⊗ ⊗ Nutzung ⊗	Agentur ⊗ ⊗ ⊗ Aufwand ⊗ ⊗ Nutzung ⊗ ⊗	Agentur ⊗ ⊗ ⊗ Aufwand ⊗ ⊗ Nutzung ⊗ ⊗ ⊗
Grundkonzept	8.568,00 €	10.710,00 €	12.852,00 €
Titel	2.646,00 €	3.308,00 €	3.969,00 €
Doppelseite, innen	756,00 €	945,00 €	1.134,00 €
Rückseite	1.008,00 €	1.260,00 €	1.512,00 €

DER ROTSTIFT 2013

Kommunikationsdesign

Kundenmagazin, Firmenzeitschrift

	Agentur ⊗ ⊗ ⊗ Aufwand ⊗ ⊗ ⊗ Nutzung ⊗	Agentur ⊗ ⊗ ⊗ Aufwand ⊗ ⊗ ⊗ Nutzung ⊗ ⊗	Agentur ⊗ ⊗ ⊗ Aufwand ⊗ ⊗ ⊗ Nutzung ⊗ ⊗ ⊗
Grundkonzept	10.584,00 €	13.230,00 €	15.876,00 €
Titel	3.528,00 €	4.410,00 €	5.292,00 €
Doppelseite, innen	1.008,00 €	1.260,00 €	1.512,00 €
Rückseite	1.512,00 €	1.890,00 €	2.268,00 €

Kommunikationsdesign

Orientierungssystem

	Agentur ⊗ Aufwand ⊗ Nutzung ⊗	Agentur ⊗ Aufwand ⊗ € Nutzung ⊗ ⊗	Agentur ⊗ Aufwand ⊗ Nutzung ⊗ ⊗ ⊗
Orientierungssystem	4.074,00 €	6.111,00 €	8.148,00 €

Piktogramm

	Agentur ⊗ Aufwand ⊗ Nutzung ⊗	Agentur ⊗ Aufwand ⊗ Nutzung ⊗ ⊗	Agentur ⊗ Aufwand ⊗ Nutzung ⊗ ⊗ ⊗
Einzelzeichen	1.075,00 €	1.613,00 €	2.150,00 €
Serie, je Zeichen	538,00 €	806,00 €	1.075,00 €

Kommunikationsdesign

Orientierungssystem

	Agentur ⊗ Aufwand ⊗ ⊗ Nutzung ⊗	Agentur ⊗ Aufwand ⊗ ⊗ Nutzung ⊗ ⊗	Agentur ⊗ Aufwand ⊗ ⊗ Nutzung ⊗ ⊗ ⊗
Orientierungssystem	8.148,00 €	12.222,00 €	16.296,00 €

Piktogramm

	Agentur ⊗ Aufwand ⊗ ⊗ Nutzung ⊗	Agentur ⊗ Aufwand ⊗ ⊗ Nutzung ⊗ ⊗	Agentur ⊗ Aufwand ⊗ ⊗ Nutzung ⊗ ⊗ ⊗
Einzelzeichen	1.478,00 €	2.218,00 €	2.957,00 €
Serie, je Zeichen	941,00 €	1.411,00 €	1.882,00 €

Kommunikationsdesign

Orientierungssystem

Agentur ⊗ Aufwand ⊗ ⊗ ⊗ Nutzung ⊗	Agentur ⊗ Aufwand ⊗ ⊗ ⊗ Nutzung ⊗ ⊗	Agentur ⊗ Aufwand ⊗ ⊗ ⊗ Nutzung ⊗ ⊗ ⊗

Orientierungssystem	12.222,00 €	18.333,00 €	24.444,00 €

Piktogramm

Agentur ⊗ Aufwand ⊗ ⊗ ⊗ Nutzung ⊗	Agentur ⊗ Aufwand ⊗ ⊗ ⊗ Nutzung ⊗ ⊗	Agentur ⊗ Aufwand ⊗ ⊗ ⊗ Nutzung ⊗ ⊗ ⊗

Einzelzeichen	1.882,00 €	2.822,00 €	3.763,00 €

Serie, je Zeichen	1.344,00 €	2.016,00 €	2.688,00 €

Kommunikationsdesign

Orientierungssystem

	Agentur ⊗ ⊗ Aufwand ⊗ Nutzung ⊗	Agentur ⊗ ⊗ Aufwand ⊗ Nutzung ⊗ ⊗	Agentur ⊗ ⊗ Aufwand ⊗ Nutzung ⊗ ⊗ ⊗
Orientierungssystem	6.111,00 €	8.148,00 €	10.185,00 €

Piktogramm

	Agentur ⊗ ⊗ Aufwand ⊗ Nutzung ⊗	Agentur ⊗ ⊗ Aufwand ⊗ Nutzung ⊗ ⊗	Agentur ⊗ ⊗ Aufwand ⊗ Nutzung ⊗ ⊗ ⊗
Einzelzeichen	1.613,00 €	2.150,00 €	2.688,00 €
Serie, je Zeichen	806,00 €	1.075,00 €	1.344,00 €

Kommunikationsdesign

Orientierungssystem

	Agentur ⊗ ⊗ Aufwand ⊗ ⊗ Nutzung ⊗	Agentur ⊗ ⊗ Aufwand ⊗ ⊗ Nutzung ⊗ ⊗	Agentur ⊗ ⊗ Aufwand ⊗ ⊗ Nutzung ⊗ ⊗ ⊗
Orientierungssystem	12.222,00 €	16.296,00 €	20.370,00 €

Piktogramm

	Agentur ⊗ ⊗ Aufwand ⊗ ⊗ Nutzung ⊗	Agentur ⊗ ⊗ Aufwand ⊗ ⊗ Nutzung ⊗ ⊗	Agentur ⊗ ⊗ Aufwand ⊗ ⊗ Nutzung ⊗ ⊗ ⊗
Einzelzeichen	2.218,00 €	2.957,00 €	3.696,00 €
Serie, je Zeichen	1.411,00 €	1.882,00 €	2.352,00 €

DER ROTSTIFT 2013

Kommunikationsdesign

Orientierungssystem

Agentur ⊗ ⊗	Agentur ⊗ ⊗	Agentur ⊗ ⊗
Aufwand ⊗ ⊗ ⊗	Aufwand ⊗ ⊗ ⊗	Aufwand ⊗ ⊗ ⊗
Nutzung ⊗	Nutzung ⊗ ⊗	Nutzung ⊗ ⊗ ⊗

Orientierungssystem	18.333,00 €	24.444,00 €	30.555,00 €

Piktogramm

Agentur ⊗ ⊗	Agentur ⊗ ⊗	Agentur ⊗ ⊗
Aufwand ⊗ ⊗ ⊗	Aufwand ⊗ ⊗ ⊗	Aufwand ⊗ ⊗ ⊗
Nutzung ⊗	Nutzung ⊗ ⊗	Nutzung ⊗ ⊗ ⊗

Einzelzeichen	2.822,00 €	3.763,00 €	4.704,00 €

Serie, je Zeichen	2.016,00 €	2.688,00 €	3.360,00 €

Kommunikationsdesign

Orientierungssystem

	Agentur ⊗ ⊗ ⊗ Aufwand ⊗ Nutzung ⊗	Agentur ⊗ ⊗ ⊗ Aufwand ⊗ Nutzung ⊗ ⊗	Agentur ⊗ ⊗ ⊗ Aufwand ⊗ Nutzung ⊗ ⊗ ⊗
Orientierungssystem	8.148,00 €	10.185,00 €	12.222,00 €

Piktogramm

	Agentur ⊗ ⊗ ⊗ Aufwand ⊗ Nutzung ⊗	Agentur ⊗ ⊗ ⊗ Aufwand ⊗ Nutzung ⊗ ⊗	Agentur ⊗ ⊗ ⊗ Aufwand ⊗ Nutzung ⊗ ⊗ ⊗
Einzelzeichen	2.150,00 €	2.688,00 €	3.226,00 €
Serie, je Zeichen	1.075,00 €	1.344,00 €	1.613,00 €

Kommunikationsdesign

Orientierungssystem

	Agentur ⊗ ⊗ ⊗ Aufwand ⊗ ⊗ Nutzung ⊗	Agentur ⊗ ⊗ ⊗ Aufwand ⊗ ⊗ Nutzung ⊗ ⊗	Agentur ⊗ ⊗ ⊗ Aufwand ⊗ ⊗ Nutzung ⊗ ⊗ ⊗
Orientierungssystem	16.296,00 €	20.370,00 €	24.444,00 €

Piktogramm

	Agentur ⊗ ⊗ ⊗ Aufwand ⊗ ⊗ Nutzung ⊗	Agentur ⊗ ⊗ ⊗ Aufwand ⊗ ⊗ Nutzung ⊗ ⊗	Agentur ⊗ ⊗ ⊗ Aufwand ⊗ ⊗ Nutzung ⊗ ⊗ ⊗
Einzelzeichen	2.957,00 €	3.696,00 €	4.435,00 €
Serie, je Zeichen	1.882,00 €	2.352,00 €	2.822,00 €

DER ROTSTIFT 2013

Kommunikationsdesign

Orientierungssystem

	Agentur ⊗ ⊗ ⊗ Aufwand ⊗ ⊗ ⊗ Nutzung ⊗	Agentur ⊗ ⊗ ⊗ Aufwand ⊗ ⊗ ⊗ Nutzung ⊗ ⊗	Agentur ⊗ ⊗ ⊗ Aufwand ⊗ ⊗ ⊗ Nutzung ⊗ ⊗ ⊗
Orientierungssystem	24.444,00 €	30.555,00 €	36.666,00 €

Piktogramm

	Agentur ⊗ ⊗ ⊗ Aufwand ⊗ ⊗ ⊗ Nutzung ⊗	Agentur ⊗ ⊗ ⊗ Aufwand ⊗ ⊗ ⊗ Nutzung ⊗ ⊗	Agentur ⊗ ⊗ ⊗ Aufwand ⊗ ⊗ ⊗ Nutzung ⊗ ⊗ ⊗
Einzelzeichen	3.763,00 €	4.704,00 €	5.645,00 €
Serie, je Zeichen	2.688,00 €	3.360,00 €	4.032,00 €

Kommunikationsdesign

Produktausstattung

	Agentur ⊗ Aufwand ⊗ Nutzung ⊗	Agentur ⊗ Aufwand ⊗ Nutzung ⊗ ⊗	Agentur ⊗ Aufwand ⊗ Nutzung ⊗ ⊗ ⊗
Anhänger	644,00 €	966,00 €	1.288,00 €
Beipackzettel	386,00 €	580,00 €	773,00 €
Blisterpackung	773,00 €	1.159,00 €	1.546,00 €
Display	773,00 €	1.159,00 €	1.546,00 €
Etikett	515,00 €	773,00 €	1.030,00 €
Faltschachtel	1.932,00 €	2.898,00 €	3.864,00 €
Verkaufsverpackung	1.546,00 €	2.318,00 €	3.091,00 €
Tasche, Tüte	773,00 €	1.159,00 €	1.546,00 €
Video-, CD-Hülle, Titel	773,00 €	1.159,00 €	1.546,00 €
Video, CD, Booklet	1.932,00 €	2.898,00 €	3.864,00 €

Kommunikationsdesign

Produktausstattung

	Agentur ⊗ Aufwand ⊗ ⊗ Nutzung ⊗	Agentur ⊗ Aufwand ⊗ ⊗ Nutzung ⊗ ⊗	Agentur ⊗ Aufwand ⊗ ⊗ Nutzung ⊗ ⊗ ⊗
Anhänger	902,00 €	1.352,00 €	1.803,00 €
Beipackzettel	580,00 €	869,00 €	1.159,00 €
Blisterpackung	1.288,00 €	1.932,00 €	2.576,00 €
Display	2.190,00 €	3.284,00 €	4.379,00 €
Etikett	1.030,00 €	1.546,00 €	2.061,00 €
Faltschachtel	2.898,00 €	4.347,00 €	5.796,00 €
Verkaufsverpackung	3.091,00 €	4.637,00 €	6.182,00 €
Tasche, Tüte	1.030,00 €	1.546,00 €	2.061,00 €
Video-, CD-Hülle, Titel	1.159,00 €	1.739,00 €	2.318,00 €
Video, CD, Booklet	2.318,00 €	3.478,00 €	4.637,00 €

DER ROTSTIFT 2013

Kommunikationsdesign

Produktausstattung

	Agentur ⊗ Aufwand ⊗ ⊗ ⊗ Nutzung ⊗	Agentur ⊗ Aufwand ⊗ ⊗ ⊗ Nutzung ⊗ ⊗	Agentur ⊗ Aufwand ⊗ ⊗ ⊗ Nutzung ⊗ ⊗ ⊗
Anhänger	1.159,00 €	1.739,00 €	2.318,00 €
Beipackzettel	773,00 €	1.159,00 €	1.546,00 €
Blisterpackung	1.803,00 €	2.705,00 €	3.606,00 €
Display	3.606,00 €	5.410,00 €	7.213,00 €
Etikett	1.546,00 €	2.318,00 €	3.091,00 €
Faltschachtel	3.864,00 €	5.796,00 €	7.728,00 €
Verkaufsverpackung	4.637,00 €	6.955,00 €	9.274,00 €
Tasche, Tüte	1.288,00 €	1.932,00 €	2.576,00 €
Video-, CD-Hülle, Titel	1.546,00 €	2.318,00 €	3.091,00 €
Video, CD, Booklet	2.705,00 €	4.057,00 €	5.410,00 €

Kommunikationsdesign

Produktausstattung

	Agentur ⊗ ⊗ Aufwand ⊗ Nutzung ⊗	Agentur ⊗ ⊗ Aufwand ⊗ Nutzung ⊗ ⊗	Agentur ⊗ ⊗ Aufwand ⊗ Nutzung ⊗ ⊗ ⊗
Anhänger	966,00 €	1.288,00 €	1.610,00 €
Beipackzettel	580,00 €	773,00 €	966,00 €
Blisterpackung	1.159,00 €	1.546,00 €	1.932,00 €
Display	1.159,00 €	1.546,00 €	1.932,00 €
Etikett	773,00 €	1.030,00 €	1.288,00 €
Faltschachtel	2.898,00 €	3.864,00 €	4.830,00 €
Verkaufsverpackung	2.318,00 €	3.091,00 €	3.864,00 €
Tasche, Tüte	1.159,00 €	1.546,00 €	1.932,00 €
Video-, CD-Hülle, Titel	1.159,00 €	1.546,00 €	1.932,00 €
Video, CD, Booklet	2.898,00 €	3.864,00 €	4.830,00 €

Produktausstattung

	Agentur ⊗ ⊗ Aufwand ⊗ ⊗ Nutzung ⊗	Agentur ⊗ ⊗ Aufwand ⊗ ⊗ Nutzung ⊗ ⊗	Agentur ⊗ ⊗ Aufwand ⊗ ⊗ Nutzung ⊗ ⊗ ⊗
Anhänger	1.352,00 €	1.803,00 €	2.254,00 €
Beipackzettel	869,00 €	1.159,00 €	1.449,00 €
Blisterpackung	1.932,00 €	2.576,00 €	3.220,00 €
Display	3.284,00 €	4.379,00 €	5.474,00 €
Etikett	1.546,00 €	2.061,00 €	2.576,00 €
Faltschachtel	4.347,00 €	5.796,00 €	7.245,00 €
Verkaufsverpackung	4.637,00 €	6.182,00 €	7.728,00 €
Tasche, Tüte	1.546,00 €	2.061,00 €	2.576,00 €
Video-, CD-Hülle, Titel	1.739,00 €	2.318,00 €	2.898,00 €
Video, CD, Booklet	3.478,00 €	4.637,00 €	5.796,00 €

Kommunikationsdesign

Produktausstattung

	Agentur ⊗ ⊗ Aufwand ⊗ ⊗ ⊗ Nutzung ⊗	Agentur ⊗ ⊗ Aufwand ⊗ ⊗ ⊗ Nutzung ⊗ ⊗	Agentur ⊗ ⊗ Aufwand ⊗ ⊗ ⊗ Nutzung ⊗ ⊗ ⊗
Anhänger	1.739,00 €	2.318,00 €	2.898,00 €
Beipackzettel	1.159,00 €	1.546,00 €	1.932,00 €
Blisterpackung	2.705,00 €	3.606,00 €	4.508,00 €
Display	5.410,00 €	7.213,00 €	9.016,00 €
Etikett	2.318,00 €	3.091,00 €	3.864,00 €
Faltschachtel	5.796,00 €	7.728,00 €	9.660,00 €
Verkaufsverpackung	6.955,00 €	9.274,00 €	11.592,00 €
Tasche, Tüte	1.932,00 €	2.576,00 €	3.220,00 €
Video-, CD-Hülle, Titel	2.318,00 €	3.091,00 €	3.864,00 €
Video, CD, Booklet	4.057,00 €	5.410,00 €	6.762,00 €

Kommunikationsdesign

Produktausstattung

	Agentur ⊗ ⊗ ⊗ Aufwand ⊗ Nutzung ⊗	Agentur ⊗ ⊗ ⊗ Aufwand ⊗ Nutzung ⊗ ⊗	Agentur ⊗ ⊗ ⊗ Aufwand ⊗ Nutzung ⊗ ⊗ ⊗
Anhänger	1.288,00 €	1.610,00 €	1.932,00 €
Beipackzettel	773,00 €	966,00 €	1.159,00 €
Blisterpackung	1.546,00 €	1.932,00 €	2.318,00 €
Display	1.546,00 €	1.932,00 €	2.318,00 €
Etikett	1.030,00 €	1.288,00 €	1.546,00 €
Faltschachtel	3.864,00 €	4.830,00 €	5.796,00 €
Verkaufsverpackung	3.091,00 €	3.864,00 €	4.637,00 €
Tasche, Tüte	1.546,00 €	1.932,00 €	2.318,00 €
Video-, CD-Hülle, Titel	1.546,00 €	1.932,00 €	2.318,00 €
Video, CD, Booklet	3.864,00 €	4.830,00 €	5.796,00 €

Kommunikationsdesign

Produktausstattung

	Agentur ⊗ ⊗ ⊗ Aufwand ⊗ ⊗ Nutzung ⊗	Agentur ⊗ ⊗ ⊗ Aufwand ⊗ ⊗ Nutzung ⊗ ⊗	Agentur ⊗ ⊗ ⊗ Aufwand ⊗ ⊗ Nutzung ⊗ ⊗ ⊗
Anhänger	1.803,00 €	2.254,00 €	2.705,00 €
Beipackzettel	1.159,00 €	1.449,00 €	1.739,00 €
Blisterpackung	2.576,00 €	3.220,00 €	3.864,00 €
Display	4.379,00 €	5.474,00 €	6.569,00 €
Etikett	2.061,00 €	2.576,00 €	3.091,00 €
Faltschachtel	5.796,00 €	7.245,00 €	8.694,00 €
Verkaufsverpackung	6.182,00 €	7.728,00 €	9.274,00 €
Tasche, Tüte	2.061,00 €	2.576,00 €	3.091,00 €
Video-, CD-Hülle, Titel	2.318,00 €	2.898,00 €	3.478,00 €
Video, CD, Booklet	4.637,00 €	5.796,00 €	6.955,00 €

DER ROTSTIFT 2013

Kommunikationsdesign

Produktausstattung

	Agentur ⊗ ⊗ ⊗ Aufwand ⊗ ⊗ ⊗ Nutzung ⊗	Agentur ⊗ ⊗ ⊗ Aufwand ⊗ ⊗ ⊗ Nutzung ⊗ ⊗	Agentur ⊗ ⊗ ⊗ Aufwand ⊗ ⊗ ⊗ Nutzung ⊗ ⊗ ⊗
Anhänger	2.318,00 €	2.898,00 €	3.478,00 €
Beipackzettel	1.546,00 €	1.932,00 €	2.318,00 €
Blisterpackung	3.606,00 €	4.508,00 €	5.410,00 €
Display	7.213,00 €	9.016,00 €	10.819,00 €
Etikett	3.091,00 €	3.864,00 €	4.637,00 €
Faltschachtel	7.728,00 €	9.660,00 €	11.592,00 €
Verkaufsverpackung	9.274,00 €	11.592,00 €	13.910,00 €
Tasche, Tüte	2.576,00 €	3.220,00 €	3.864,00 €
Video-, CD-Hülle, Titel	3.091,00 €	3.864,00 €	4.637,00 €
Video, CD, Booklet	5.410,00 €	6.762,00 €	8.114,00 €

Kommunikationsdesign

Prospekt, Imagebroschüre, Unternehmensdarstellung, Geschäftsbericht

	Agentur ⊗ Aufwand ⊗ Nutzung ⊗	Agentur ⊗ Aufwand ⊗ Nutzung ⊗ ⊗	Agentur ⊗ Aufwand ⊗ Nutzung ⊗ ⊗ ⊗
Konzept	1.562,00 €	2.344,00 €	3.125,00 €
Titel	1.042,00 €	1.562,00 €	2.083,00 €
Doppelseite, innen	521,00 €	781,00 €	1.042,00 €
Rückseite	260,00 €	391,00 €	521,00 €
Prospektblatt	651,00 €	977,00 €	1.302,00 €

Kommunikationsdesign

Prospekt, Imagebroschüre, Unternehmensdarstellung, Geschäftsbericht

	Agentur ⊗ Aufwand ⊗ ⊗ Nutzung ⊗	Agentur ⊗ Aufwand ⊗ ⊗ Nutzung ⊗ ⊗	Agentur ⊗ Aufwand ⊗ ⊗ Nutzung ⊗ ⊗ ⊗
Konzept	5.468,00 €	8.203,00 €	10.937,00 €
Titel	1.562,00 €	2.344,00 €	3.125,00 €
Doppelseite, innen	781,00 €	1.172,00 €	1.562,00 €
Rückseite	521,00 €	781,00 €	1.042,00 €
Prospektblatt	977,00 €	1.465,00 €	1.953,00 €

DER ROTSTIFT 2013

Kommunikationsdesign

Prospekt, Imagebroschüre, Unternehmensdarstellung, Geschäftsbericht

	Agentur ⊗ Aufwand ⊗ ⊗ ⊗ Nutzung ⊗	Agentur ⊗ Aufwand ⊗ ⊗ ⊗ Nutzung ⊗ ⊗	Agentur ⊗ Aufwand ⊗ ⊗ ⊗ Nutzung ⊗ ⊗ ⊗
Konzept	9.374,00 €	14.062,00 €	18.749,00 €
Titel	2.083,00 €	3.125,00 €	4.166,00 €
Doppelseite, innen	1.042,00 €	1.562,00 €	2.083,00 €
Rückseite	781,00 €	1.172,00 €	1.562,00 €
Prospektblatt	1.302,00 €	1.953,00 €	2.604,00 €

Kommunikationsdesign

Prospekt, Imagebroschüre, Unternehmensdarstellung, Geschäftsbericht

	Agentur ⊗ ⊗ Aufwand ⊗ Nutzung ⊗	Agentur ⊗ ⊗ Aufwand ⊗ Nutzung ⊗ ⊗	Agentur ⊗ ⊗ Aufwand ⊗ Nutzung ⊗ ⊗ ⊗
Konzept	2.344,00 €	3.125,00 €	3.906,00 €
Titel	1.562,00 €	2.083,00 €	2.604,00 €
Doppelseite, innen	781,00 €	1.042,00 €	1.302,00 €
Rückseite	391,00 €	521,00 €	651,00 €
Prospektblatt	977,00 €	1.302,00 €	1.628,00 €

Kommunikationsdesign

**Prospekt, Imagebroschüre,
Unternehmensdarstellung,
Geschäftsbericht**

	Agentur ⊗ ⊗ Aufwand ⊗ ⊗ Nutzung ⊗	Agentur ⊗ ⊗ Aufwand ⊗ ⊗ Nutzung ⊗ ⊗	Agentur ⊗ ⊗ Aufwand ⊗ ⊗ Nutzung ⊗ ⊗ ⊗
Konzept	8.203,00 €	10.937,00 €	13.671,00 €
Titel	2.344,00 €	3.125,00 €	3.906,00 €
Doppelseite, innen	1.172,00 €	1.562,00 €	1.953,00 €
Rückseite	781,00 €	1.042,00 €	1.302,00 €
Prospektblatt	1.465,00 €	1.953,00 €	2.441,00 €

DER ROTSTIFT 2013

Kommunikationsdesign

Prospekt, Imagebroschüre, Unternehmensdarstellung, Geschäftsbericht

	Agentur ⊗ ⊗ Aufwand ⊗ ⊗ ⊗ Nutzung ⊗	Agentur ⊗ ⊗ Aufwand ⊗ ⊗ ⊗ Nutzung ⊗ ⊗	Agentur ⊗ ⊗ Aufwand ⊗ ⊗ ⊗ Nutzung ⊗ ⊗ ⊗
Konzept	14.062,00 €	18.749,00 €	23.436,00 €
Titel	3.125,00 €	4.166,00 €	5.208,00 €
Doppelseite, innen	1.562,00 €	2.083,00 €	2.604,00 €
Rückseite	1.172,00 €	1.562,00 €	1.953,00 €
Prospektblatt	1.953,00 €	2.604,00 €	3.255,00 €

Kommunikationsdesign

Prospekt, Imagebroschüre, Unternehmensdarstellung, Geschäftsbericht

	Agentur ⊗ ⊗ ⊗ Aufwand ⊗ Nutzung ⊗	Agentur ⊗ ⊗ ⊗ Aufwand ⊗ Nutzung ⊗ ⊗	Agentur ⊗ ⊗ ⊗ Aufwand ⊗ Nutzung ⊗ ⊗ ⊗
Konzept	3.125,00 €	3.906,00 €	4.687,00 €
Titel	2.083,00 €	2.604,00 €	3.125,00 €
Doppelseite, innen	1.042,00 €	1.302,00 €	1.562,00 €
Rückseite	521,00 €	651,00 €	781,00 €
Prospektblatt	1.302,00 €	1.628,00 €	1.953,00 €

Kommunikationsdesign

Prospekt, Imagebroschüre, Unternehmensdarstellung, Geschäftsbericht

	Agentur ⊗ ⊗ ⊗ Aufwand ⊗ ⊗ Nutzung ⊗	Agentur ⊗ ⊗ ⊗ Aufwand ⊗ ⊗ Nutzung ⊗ ⊗	Agentur ⊗ ⊗ ⊗ Aufwand ⊗ ⊗ Nutzung ⊗ ⊗ ⊗
Konzept	10.937,00 €	13.671,00 €	16.405,00 €
Titel	3.125,00 €	3.906,00 €	4.687,00 €
Doppelseite, innen	1.562,00 €	1.953,00 €	2.344,00 €
Rückseite	1.042,00 €	1.302,00 €	1.562,00 €
Prospektblatt	1.953,00 €	2.441,00 €	2.930,00 €

Kommunikationsdesign

Prospekt, Imagebroschüre, Unternehmensdarstellung, Geschäftsbericht

	Agentur ⊗ ⊗ ⊗ Aufwand ⊗ ⊗ ⊗ Nutzung ⊗	Agentur ⊗ ⊗ ⊗ Aufwand ⊗ ⊗ ⊗ Nutzung ⊗ ⊗	Agentur ⊗ ⊗ ⊗ Aufwand ⊗ ⊗ ⊗ Nutzung ⊗ ⊗ ⊗
Konzept	18.749,00 €	23.436,00 €	28.123,00 €
Titel	4.166,00 €	5.208,00 €	6.250,00 €
Doppelseite, innen	2.083,00 €	2.604,00 €	3.125,00 €
Rückseite	1.562,00 €	1.953,00 €	2.344,00 €
Prospektblatt	2.604,00 €	3.255,00 €	3.906,00 €

Kommunikationsdesign

Kalligrafie

	Agentur ⊗ Aufwand ⊗ Nutzung ⊗	Agentur ⊗ Aufwand ⊗ Nutzung ⊗ ⊗	Agentur ⊗ Aufwand ⊗ Nutzung ⊗ ⊗ ⊗
Einzelblatt	764,00 €	1.147,00 €	1.529,00 €
Urkunde	510,00 €	764,00 €	1.019,00 €
Firmenschriftzug	1.784,00 €	2.675,00 €	3.567,00 €

Kommunikationsdesign

Kalligrafie

	Agentur ⊗ Aufwand ⊗ ⊗ Nutzung ⊗	Agentur ⊗ Aufwand ⊗ ⊗ Nutzung ⊗ ⊗	Agentur ⊗ Aufwand ⊗ ⊗ Nutzung ⊗ ⊗ ⊗
Einzelblatt	1.019,00 €	1.529,00 €	2.038,00 €
Urkunde	1.401,00 €	2.102,00 €	2.803,00 €
Firmenschriftzug	2.548,00 €	3.822,00 €	5.096,00 €

DER ROTSTIFT 2013

Kommunikationsdesign

Kalligrafie

	Agentur ⊗ Aufwand ⊗ ⊗ ⊗ Nutzung ⊗	Agentur ⊗ Aufwand ⊗ ⊗ ⊗ Nutzung ⊗ ⊗	Agentur ⊗ Aufwand ⊗ ⊗ ⊗ Nutzung ⊗ ⊗ ⊗
Einzelblatt	1.274,00 €	1.911,00 €	2.548,00 €
Urkunde	2.293,00 €	3.440,00 €	4.586,00 €
Firmenschriftzug	3.312,00 €	4.969,00 €	6.625,00 €

Kommunikationsdesign

Kalligrafie

	Agentur ⊗ ⊗ Aufwand ⊗ Nutzung ⊗	Agentur ⊗ ⊗ Aufwand ⊗ Nutzung ⊗ ⊗	Agentur ⊗ ⊗ Aufwand ⊗ Nutzung ⊗ ⊗ ⊗
Einzelblatt	1.147,00 €	1.529,00 €	1.911,00 €
Urkunde	764,00 €	1.019,00 €	1.274,00 €
Firmenschriftzug	2.675,00 €	3.567,00 €	4.459,00 €

Kommunikationsdesign

Kalligrafie

	Agentur ⊗ ⊗ Aufwand ⊗ ⊗ Nutzung ⊗	Agentur ⊗ ⊗ Aufwand ⊗ ⊗ Nutzung ⊗ ⊗	Agentur ⊗ ⊗ Aufwand ⊗ ⊗ Nutzung ⊗ ⊗ ⊗
Einzelblatt	1.529,00 €	2.038,00 €	2.548,00 €
Urkunde	2.102,00 €	2.803,00 €	3.504,00 €
Firmenschriftzug	3.822,00 €	5.096,00 €	6.370,00 €

DER ROTSTIFT 2013

Kommunikationsdesign

Kalligrafie

	Agentur ⊗ ⊗ Aufwand ⊗ ⊗ ⊗ Nutzung ⊗	Agentur ⊗ ⊗ Aufwand ⊗ ⊗ ⊗ Nutzung ⊗ ⊗	Agentur ⊗ ⊗ Aufwand ⊗ ⊗ ⊗ Nutzung ⊗ ⊗ ⊗
Einzelblatt	1.911,00 €	2.548,00 €	3.185,00 €
Urkunde	3.440,00 €	4.586,00 €	5.733,00 €
Firmenschriftzug	4.969,00 €	6.625,00 €	8.281,00 €

Kommunikationsdesign

Kalligrafie

	Agentur ⊗ ⊗ ⊗ Aufwand ⊗ Nutzung ⊗	Agentur ⊗ ⊗ ⊗ Aufwand ⊗ Nutzung ⊗ ⊗	Agentur ⊗ ⊗ ⊗ Aufwand ⊗ Nutzung ⊗ ⊗ ⊗
Einzelblatt	1.529,00 €	1.911,00 €	2.293,00 €
Urkunde	1.019,00 €	1.274,00 €	1.529,00 €
Firmenschriftzug	3.567,00 €	4.459,00 €	5.351,00 €

Kommunikationsdesign

Kalligrafie

	Agentur ⊗ ⊗ ⊗ Aufwand ⊗ ⊗ Nutzung ⊗	Agentur ⊗ ⊗ ⊗ Aufwand ⊗ ⊗ Nutzung ⊗ ⊗	Agentur ⊗ ⊗ ⊗ Aufwand ⊗ ⊗ Nutzung ⊗ ⊗ ⊗
Einzelblatt	2.038,00 €	2.548,00 €	3.058,00 €
Urkunde	2.803,00 €	3.504,00 €	4.204,00 €
Firmenschriftzug	5.096,00 €	6.370,00 €	7.644,00 €

DER ROTSTIFT 2013

Kommunikationsdesign

Kalligrafie

	Agentur ⊗ ⊗ ⊗ Aufwand ⊗ ⊗ ⊗ Nutzung ⊗	Agentur ⊗ ⊗ ⊗ Aufwand ⊗ ⊗ ⊗ Nutzung ⊗ ⊗	Agentur ⊗ ⊗ ⊗ Aufwand ⊗ ⊗ ⊗ Nutzung ⊗ ⊗ ⊗
Einzelblatt	2.548,00 €	3.185,00 €	3.822,00 €
Urkunde	4.586,00 €	5.733,00 €	6.880,00 €
Firmenschriftzug	6.625,00 €	8.281,00 €	9.937,00 €

Webdesign und Programmierung

	Agentur ⊗ Aufwand ⊗ Nutzung ⊗	Agentur ⊗ Aufwand ⊗ Nutzung ⊗ ⊗	Agentur ⊗ Aufwand ⊗ Nutzung ⊗ ⊗ ⊗
Banner, statisch	129,00 €	193,00 €	258,00 €
Banner, animiert	515,00 €	773,00 €	1.030,00 €
Grundkonzept, grafisch	1.546,00 €	2.318,00 €	3.091,00 €
Grundkonzept, Navigation	1.288,00 €	1.932,00 €	2.576,00 €
Umsetzung je Seite, statisch	258,00 €	386,00 €	515,00 €
Umsetzung je Seite, animiert	773,00 €	1.159,00 €	1.546,00 €
Formularseite	129,00 €	193,00 €	258,00 €

Webdesign und Programmierung

	Agentur ⊗ Aufwand ⊗ Nutzung ⊗	Agentur ⊗ Aufwand ⊗ Nutzung ⊗ ⊗	Agentur ⊗ Aufwand ⊗ Nutzung ⊗ ⊗ ⊗
Integration Shop-System	3.864,00 €	5.796,00 €	7.728,00 €
Integration Newsletter-System	644,00 €	966,00 €	1.288,00 €
Geschützter Bereich, allgemein	129,00 €	193,00 €	258,00 €
Geschützter Bereich, individuell	644,00 €	966,00 €	1.288,00 €
Integration Video	258,00 €	386,00 €	515,00 €
Integration Sounds	129,00 €	193,00 €	258,00 €
Integration Redaktionssystem	1.932,00 €	2.898,00 €	3.864,00 €

Webdesign und Programmierung

	Agentur ⊗ Aufwand ⊗ ⊗ Nutzung ⊗	Agentur ⊗ Aufwand ⊗ ⊗ Nutzung ⊗ ⊗	Agentur ⊗ Aufwand ⊗ ⊗ Nutzung ⊗ ⊗ ⊗
Banner, statisch	258,00 €	386,00 €	515,00 €
Banner, animiert	902,00 €	1.352,00 €	1.803,00 €
Grundkonzept, grafisch	5.281,00 €	7.921,00 €	10.562,00 €
Grundkonzept, Navigation	1.932,00 €	2.898,00 €	3.864,00 €
Umsetzung je Seite, statisch	902,00 €	1.352,00 €	1.803,00 €
Umsetzung je Seite, animiert	1.159,00 €	1.739,00 €	2.318,00 €
Formularseite	386,00 €	580,00 €	773,00 €

Webdesign und Programmierung

	Agentur ⊗ Aufwand ⊗ ⊗ Nutzung ⊗	Agentur ⊗ Aufwand ⊗ ⊗ Nutzung ⊗ ⊗	Agentur ⊗ Aufwand ⊗ ⊗ Nutzung ⊗ ⊗ ⊗
Integration Shop-System	16.100,00 €	24.150,00 €	32.200,00 €
Integration Newsletter-System	773,00 €	1.159,00 €	1.546,00 €
Geschützter Bereich, allgemein	386,00 €	580,00 €	773,00 €
Geschützter Bereich, individuell	1.288,00 €	1.932,00 €	2.576,00 €
Integration Video	1.417,00 €	2.125,00 €	2.834,00 €
Integration Sounds	386,00 €	580,00 €	773,00 €
Integration Redaktionssystem	7.406,00 €	11.109,00 €	14.812,00 €

Webdesign und Programmierung

	Agentur ⊗ Aufwand ⊗ ⊗ ⊗ Nutzung ⊗	Agentur ⊗ Aufwand ⊗ ⊗ ⊗ Nutzung ⊗ ⊗	Agentur ⊗ Aufwand ⊗ ⊗ ⊗ Nutzung ⊗ ⊗ ⊗
Banner, statisch	386,00 €	580,00 €	773,00 €
Banner, animiert	1.288,00 €	1.932,00 €	2.576,00 €
Grundkonzept, grafisch	9.016,00 €	13.524,00 €	18.032,00 €
Grundkonzept, Navigation	2.576,00 €	3.864,00 €	5.152,00 €
Umsetzung je Seite, statisch	1.546,00 €	2.318,00 €	3.091,00 €
Umsetzung je Seite, animiert	1.546,00 €	2.318,00 €	3.091,00 €
Formularseite	644,00 €	966,00 €	1.288,00 €

DER ROTSTIFT 2013

Webdesign und Programmierung

	Agentur ⊗ Aufwand ⊗ ⊗ ⊗ Nutzung ⊗	Agentur ⊗ Aufwand ⊗ ⊗ ⊗ Nutzung ⊗ ⊗	Agentur ⊗ Aufwand ⊗ ⊗ ⊗ Nutzung ⊗ ⊗ ⊗
Integration Shop-System	28.336,00 €	42.504,00 €	56.672,00 €
Integration Newsletter-System	902,00 €	1.352,00 €	1.803,00 €
Geschützter Bereich, allgemein	644,00 €	966,00 €	1.288,00 €
Geschützter Bereich, individuell	1.932,00 €	2.898,00 €	3.864,00 €
Integration Video	2.576,00 €	3.864,00 €	5.152,00 €
Integration Sounds	644,00 €	966,00 €	1.288,00 €
Integration Redaktionssystem	12.880,00 €	19.320,00 €	25.760,00 €

Webdesign und Programmierung

	Agentur ⊗ ⊗ Aufwand ⊗ Nutzung ⊗	Agentur ⊗ ⊗ Aufwand ⊗ Nutzung ⊗ ⊗	Agentur ⊗ ⊗ Aufwand ⊗ Nutzung ⊗ ⊗ ⊗
Banner, statisch	193,00 €	258,00 €	322,00 €
Banner, animiert	773,00 €	1.030,00 €	1.288,00 €
Grundkonzept, grafisch	2.318,00 €	3.091,00 €	3.864,00 €
Grundkonzept, Navigation	1.932,00 €	2.576,00 €	3.220,00 €
Umsetzung je Seite, statisch	386,00 €	515,00 €	644,00 €
Umsetzung je Seite, animiert	1.159,00 €	1.546,00 €	1.932,00 €
Formularseite	193,00 €	258,00 €	322,00 €

Webdesign und Programmierung

	Agentur ⊗ ⊗ Aufwand ⊗ Nutzung ⊗	Agentur ⊗ ⊗ Aufwand ⊗ Nutzung ⊗ ⊗	Agentur ⊗ ⊗ Aufwand ⊗ Nutzung ⊗ ⊗ ⊗
Integration Shop-System	5.796,00 €	7.728,00 €	9.660,00 €
Integration Newsletter-System	966,00 €	1.288,00 €	1.610,00 €
Geschützter Bereich, allgemein	193,00 €	258,00 €	322,00 €
Geschützter Bereich, individuell	966,00 €	1.288,00 €	1.610,00 €
Integration Video	386,00 €	515,00 €	644,00 €
Integration Sounds	193,00 €	258,00 €	322,00 €
Integration Redaktionssystem	2.898,00 €	3.864,00 €	4.830,00 €

Webdesign und Programmierung

	Agentur ⊗ ⊗ Aufwand ⊗ ⊗ Nutzung ⊗	Agentur ⊗ ⊗ Aufwand ⊗ ⊗ Nutzung ⊗ ⊗	Agentur ⊗ ⊗ Aufwand ⊗ ⊗ Nutzung ⊗ ⊗ ⊗
Banner, statisch	386,00 €	515,00 €	644,00 €
Banner, animiert	1.352,00 €	1.803,00 €	2.254,00 €
Grundkonzept, grafisch	7.921,00 €	10.562,00 €	13.202,00 €
Grundkonzept, Navigation	2.898,00 €	3.864,00 €	4.830,00 €
Umsetzung je Seite, statisch	1.352,00 €	1.803,00 €	2.254,00 €
Umsetzung je Seite, animiert	1.739,00 €	2.318,00 €	2.898,00 €
Formularseite	580,00 €	773,00 €	966,00 €

DER ROTSTIFT 2013

Webdesign und Programmierung

	Agentur ⊗ ⊗ Aufwand ⊗ ⊗ Nutzung ⊗	Agentur ⊗ ⊗ Aufwand ⊗ ⊗ Nutzung ⊗ ⊗	Agentur ⊗ ⊗ Aufwand ⊗ ⊗ Nutzung ⊗ ⊗ ⊗
Integration Shop-System	24.150,00 €	32.200,00 €	40.250,00 €
Integration Newsletter-System	1.159,00 €	1.546,00 €	1.932,00 €
Geschützter Bereich, allgemein	580,00 €	773,00 €	966,00 €
Geschützter Bereich, individuell	1.932,00 €	2.576,00 €	3.220,00 €
Integration Video	2.125,00 €	2.834,00 €	3.542,00 €
Integration Sounds	580,00 €	773,00 €	966,00 €
Integration Redaktionssystem	11.109,00 €	14.812,00 €	18.515,00 €

Webdesign und Programmierung

	Agentur ⊗ ⊗ Aufwand ⊗ ⊗ ⊗ Nutzung ⊗	Agentur ⊗ ⊗ Aufwand ⊗ ⊗ ⊗ Nutzung ⊗ ⊗	Agentur ⊗ ⊗ Aufwand ⊗ ⊗ ⊗ Nutzung ⊗ ⊗ ⊗
Banner, statisch	580,00 €	773,00 €	966,00 €
Banner, animiert	1.932,00 €	2.576,00 €	3.220,00 €
Grundkonzept, grafisch	13.524,00 €	18.032,00 €	22.540,00 €
Grundkonzept, Navigation	3.864,00 €	5.152,00 €	6.440,00 €
Umsetzung je Seite, statisch	2.318,00 €	3.091,00 €	3.864,00 €
Umsetzung je Seite, animiert	2.318,00 €	3.091,00 €	3.864,00 €
Formularseite	966,00 €	1.288,00 €	1.610,00 €

Webdesign und Programmierung

	Agentur ⊗ ⊗ Aufwand ⊗ ⊗ ⊗ Nutzung ⊗	Agentur ⊗ ⊗ Aufwand ⊗ ⊗ ⊗ Nutzung ⊗ ⊗	Agentur ⊗ ⊗ Aufwand ⊗ ⊗ ⊗ Nutzung ⊗ ⊗ ⊗
Integration Shop-System	42.504,00 €	56.672,00 €	70.840,00 €
Integration Newsletter-System	1.352,00 €	1.803,00 €	2.254,00 €
Geschützter Bereich, allgemein	966,00 €	1.288,00 €	1.610,00 €
Geschützter Bereich, individuell	2.898,00 €	3.864,00 €	4.830,00 €
Integration Video	3.864,00 €	5.152,00 €	6.440,00 €
Integration Sounds	966,00 €	1.288,00 €	1.610,00 €
Integration Redaktionssystem	19.320,00 €	25.760,00 €	32.200,00 €

Webdesign und Programmierung

	Agentur ⊗ ⊗ ⊗ Aufwand ⊗ Nutzung ⊗	Agentur ⊗ ⊗ ⊗ Aufwand ⊗ Nutzung ⊗ ⊗	Agentur ⊗ ⊗ ⊗ Aufwand ⊗ Nutzung ⊗ ⊗ ⊗
Banner, statisch	258,00 €	322,00 €	386,00 €
Banner, animiert	1.030,00 €	1.288,00 €	1.546,00 €
Grundkonzept, grafisch	3.091,00 €	3.864,00 €	4.637,00 €
Grundkonzept, Navigation	2.576,00 €	3.220,00 €	3.864,00 €
Umsetzung je Seite, statisch	515,00 €	644,00 €	773,00 €
Umsetzung je Seite, animiert	1.546,00 €	1.932,00 €	2.318,00 €
Formularseite	258,00 €	322,00 €	386,00 €

Webdesign und Programmierung

	Agentur ⊗ ⊗ ⊗ Aufwand ⊗ Nutzung ⊗	Agentur ⊗ ⊗ ⊗ Aufwand ⊗ Nutzung ⊗ ⊗	Agentur ⊗ ⊗ ⊗ Aufwand ⊗ Nutzung ⊗ ⊗ ⊗
Integration Shop-System	7.728,00 €	9.660,00 €	11.592,00 €
Integration Newsletter-System	1.288,00 €	1.610,00 €	1.932,00 €
Geschützter Bereich, allgemein	258,00 €	322,00 €	386,00 €
Geschützter Bereich, individuell	1.288,00 €	1.610,00 €	1.932,00 €
Integration Video	515,00 €	644,00 €	773,00 €
Integration Sounds	258,00 €	322,00 €	386,00 €
Integration Redaktionssystem	3.864,00 €	4.830,00 €	5.796,00 €

Webdesign und Programmierung

	Agentur ⊗ ⊗ ⊗ Aufwand ⊗ ⊗ Nutzung ⊗	Agentur ⊗ ⊗ ⊗ Aufwand ⊗ ⊗ Nutzung ⊗ ⊗	Agentur ⊗ ⊗ ⊗ Aufwand ⊗ ⊗ Nutzung ⊗ ⊗ ⊗
Banner, statisch	515,00 €	644,00 €	773,00 €
Banner, animiert	1.803,00 €	2.254,00 €	2.705,00 €
Grundkonzept, grafisch	10.562,00 €	13.202,00 €	15.842,00 €
Grundkonzept, Navigation	3.864,00 €	4.830,00 €	5.796,00 €
Umsetzung je Seite, statisch	1.803,00 €	2.254,00 €	2.705,00 €
Umsetzung je Seite, animiert	2.318,00 €	2.898,00 €	3.478,00 €
Formularseite	773,00 €	966,00 €	1.159,00 €

Webdesign und Programmierung

	Agentur ⊗ ⊗ ⊗ Aufwand ⊗ ⊗ Nutzung ⊗	Agentur ⊗ ⊗ ⊗ Aufwand ⊗ ⊗ Nutzung ⊗ ⊗	Agentur ⊗ ⊗ ⊗ Aufwand ⊗ ⊗ Nutzung ⊗ ⊗ ⊗
Integration Shop-System	32.200,00 €	40.250,00 €	48.300,00 €
Integration Newsletter-System	1.546,00 €	1.932,00 €	2.318,00 €
Geschützter Bereich, allgemein	773,00 €	966,00 €	1.159,00 €
Geschützter Bereich, individuell	2.576,00 €	3.220,00 €	3.864,00 €
Integration Video	2.834,00 €	3.542,00 €	4.250,00 €
Integration Sounds	773,00 €	966,00 €	1.159,00 €
Integration Redaktionssystem	14.812,00 €	18.515,00 €	22.025,00 €

Webdesign und Programmierung

	Agentur ⊗ ⊗ ⊗ Aufwand ⊗ ⊗ ⊗ Nutzung ⊗	Agentur ⊗ ⊗ ⊗ Aufwand ⊗ ⊗ ⊗ Nutzung ⊗ ⊗	Agentur ⊗ ⊗ ⊗ Aufwand ⊗ ⊗ ⊗ Nutzung ⊗ ⊗ ⊗
Banner, statisch	773,00 €	966,00 €	1.159,00 €
Banner, animiert	2.576,00 €	3.220,00 €	3.864,00 €
Grundkonzept, grafisch	18.032,00 €	22.540,00 €	27.048,00 €
Grundkonzept, Navigation	5.152,00 €	6.440,00 €	7.728,00 €
Umsetzung je Seite, statisch	3.091,00 €	3.864,00 €	4.637,00 €
Umsetzung je Seite, animiert	3.091,00 €	3.864,00 €	4.637,00 €
Formularseite	1.288,00 €	1.610,00 €	1.932,00 €

DER ROTSTIFT 2013

Webdesign und Programmierung

	Agentur ⊗ ⊗ ⊗ Aufwand ⊗ ⊗ ⊗ Nutzung ⊗	Agentur ⊗ ⊗ ⊗ Aufwand ⊗ ⊗ ⊗ Nutzung ⊗ ⊗	Agentur ⊗ ⊗ ⊗ Aufwand ⊗ ⊗ ⊗ Nutzung ⊗ ⊗ ⊗
Integration Shop-System	56.672,00 €	70.840,00 €	85.008,00 €
Integration Newsletter-System	1.803,00 €	2.254,00 €	2.705,00 €
Geschützter Bereich, allgemein	1.288,00 €	1.610,00 €	1.932,00 €
Geschützter Bereich, individuell	3.864,00 €	4.830,00 €	5.796,00 €
Integration Video	5.152,00 €	6.440,00 €	7.728,00 €
Integration Sounds	1.288,00 €	1.610,00 €	1.932,00 €
Integration Redaktionssystem	25.760,00 €	32.200,00 €	38.640,00 €

Textarbeiten

	Agentur ⊗ Aufwand ⊗ Nutzung ⊗	Agentur ⊗ Aufwand ⊗ Nutzung ⊗ ⊗	Agentur ⊗ Aufwand ⊗ Nutzung ⊗ ⊗ ⊗
Anzeigen	493,00 €	739,00 €	986,00 €
Direktwerbung, gesamt	1.848,00 €	2.772,00 €	3.696,00 €
Direktwerbung, Werbebrief	246,00 €	370,00 €	493,00 €
Funkspot, einzeln	616,00 €	924,00 €	1.232,00 €
Funkspot, Serie	246,00 €	370,00 €	493,00 €
Ghostwriting	7.392,00 €	11.088,00 €	14.784,00 €
Handzettel, Flyer	986,00 €	1.478,00 €	1.971,00 €
Hauszeitung (Seite)	493,00 €	739,00 €	986,00 €
Internet-Bannerwerbung	246,00 €	370,00 €	493,00 €
Internet-Text (Seite)	123,00 €	185,00 €	246,00 €

DER ROTSTIFT 2013

Textarbeiten

	Agentur ⊗ Aufwand ⊗ Nutzung ⊗	Agentur ⊗ Aufwand ⊗ Nutzung ⊗ ⊗	Agentur ⊗ Aufwand ⊗ Nutzung ⊗ ⊗ ⊗
Katalog (Seite)	123,00 €	185,00 €	246,00 €
Marken- / Produktname	1.971,00 €	2.957,00 €	3.942,00 €
Plakat	739,00 €	1.109,00 €	1.478,00 €
Pressekonferenz	1.232,00 €	1.848,00 €	2.464,00 €
Pressemitteilung	493,00 €	739,00 €	986,00 €
Produktbeschreibung	370,00 €	554,00 €	739,00 €
Prospekt, Broschüre (Seite)	370,00 €	554,00 €	739,00 €
Slogan	986,00 €	1.478,00 €	1.971,00 €
Vortragsmanuskript (Seite)	370,00 €	554,00 €	739,00 €

Textarbeiten

	Agentur ⊗ Aufwand ⊗ ⊗ Nutzung ⊗	Agentur ⊗ Aufwand ⊗ ⊗ Nutzung ⊗ ⊗	Agentur ⊗ Aufwand ⊗ ⊗ Nutzung ⊗ ⊗ ⊗
Anzeigen	862,00 €	1.294,00 €	1.725,00 €
Direktwerbung, gesamt	2.772,00 €	4.158,00 €	5.544,00 €
Direktwerbung, Werbebrief	493,00 €	739,00 €	986,00 €
Funkspot, einzeln	924,00 €	1.386,00 €	1.848,00 €
Funkspot, Serie	493,00 €	739,00 €	986,00 €
Ghostwriting	18.480,00 €	27.720,00 €	36.960,00 €
Handzettel, Flyer	1.355,00 €	2.033,00 €	2.710,00 €
Hauszeitung (Seite)	678,00 €	1.016,00 €	1.355,00 €
Internet-Bannerwerbung	493,00 €	739,00 €	986,00 €
Internet-Text (Seite)	370,00 €	554,00 €	739,00 €

DER ROTSTIFT 2013

Textarbeiten

	Agentur ⊗ Aufwand ⊗ ⊗ Nutzung ⊗	Agentur ⊗ Aufwand ⊗ ⊗ Nutzung ⊗ ⊗	Agentur ⊗ Aufwand ⊗ ⊗ Nutzung ⊗ ⊗ ⊗
Katalog (Seite)	246,00 €	370,00 €	493,00 €
Marken- / Produktname	3.450,00 €	5.174,00 €	6.899,00 €
Plakat	986,00 €	1.478,00 €	1.971,00 €
Pressekonferenz	1.971,00 €	2.957,00 €	3.942,00 €
Pressemitteilung	678,00 €	1.016,00 €	1.355,00 €
Produktbeschreibung	554,00 €	832,00 €	1.109,00 €
Prospekt, Broschüre (Seite)	493,00 €	739,00 €	986,00 €
Slogan	1.355,00 €	2.033,00 €	2.710,00 €
Vortragsmanuskript (Seite)	678,00 €	1.016,00 €	1.355,00 €

Textarbeiten

	Agentur ⊗ Aufwand ⊗ ⊗ ⊗ Nutzung ⊗	Agentur ⊗ Aufwand ⊗ ⊗ ⊗ Nutzung ⊗ ⊗	Agentur ⊗ Aufwand ⊗ ⊗ ⊗ Nutzung ⊗ ⊗ ⊗
Anzeigen	1.232,00 €	1.848,00 €	2.464,00 €
Direktwerbung, gesamt	3.696,00 €	5.544,00 €	7.392,00 €
Direktwerbung, Werbebrief	739,00 €	1.109,00 €	1.478,00 €
Funkspot, einzeln	1.232,00 €	1.848,00 €	2.464,00 €
Funkspot, Serie	739,00 €	1.109,00 €	1.478,00 €
Ghostwriting	29.568,00 €	44.352,00 €	59.136,00 €
Handzettel, Flyer	1.725,00 €	2.587,00 €	3.450,00 €
Hauszeitung (Seite)	862,00 €	1.294,00 €	1.725,00 €
Internet-Bannerwerbung	739,00 €	1.109,00 €	1.478,00 €
Internet-Text (Seite)	616,00 €	924,00 €	1.232,00 €

DER ROTSTIFT 2013

Textarbeiten

	Agentur ⊗ Aufwand ⊗ ⊗ ⊗ Nutzung ⊗	Agentur ⊗ Aufwand ⊗ ⊗ ⊗ Nutzung ⊗ ⊗	Agentur ⊗ Aufwand ⊗ ⊗ ⊗ Nutzung ⊗ ⊗ ⊗
Katalog (Seite)	370,00 €	554,00 €	739,00 €
Marken- / Produktname	4.928,00 €	7.392,00 €	9.856,00 €
Plakat	1.232,00 €	1.848,00 €	2.464,00 €
Pressekonferenz	2.710,00 €	4.066,00 €	5.421,00 €
Pressemitteilung	862,00 €	1.294,00 €	1.725,00 €
Produktbeschreibung	739,00 €	1.109,00 €	1.478,00 €
Prospekt, Broschüre (Seite)	616,00 €	924,00 €	1.232,00 €
Slogan	1.725,00 €	2.587,00 €	3.450,00 €
Vortragsmanuskript (Seite)	986,00 €	1.478,00 €	1.971,00 €

Textarbeiten

	Agentur ⊗ ⊗ Aufwand ⊗ Nutzung ⊗	Agentur ⊗ ⊗ Aufwand ⊗ Nutzung ⊗ ⊗	Agentur ⊗ ⊗ Aufwand ⊗ Nutzung ⊗ ⊗ ⊗
Anzeigen	739,00 €	986,00 €	1.232,00 €
Direktwerbung, gesamt	2.772,00 €	3.696,00 €	4.620,00 €
Direktwerbung, Werbebrief	370,00 €	493,00 €	616,00 €
Funkspot, einzeln	924,00 €	1.232,00 €	1.540,00 €
Funkspot, Serie	370,00 €	493,00 €	616,00 €
Ghostwriting	11.088,00 €	14.784,00 €	18.480,00 €
Handzettel, Flyer	1.478,00 €	1.971,00 €	2.464,00 €
Hauszeitung (Seite)	739,00 €	986,00 €	1.232,00 €
Internet-Bannerwerbung	370,00 €	493,00 €	616,00 €
Internet-Text (Seite)	185,00 €	246,00 €	308,00 €

DER ROTSTIFT 2013

Textarbeiten

	Agentur ⊗ ⊗ Aufwand ⊗ Nutzung ⊗	Agentur ⊗ ⊗ Aufwand ⊗ Nutzung ⊗ ⊗	Agentur ⊗ ⊗ Aufwand ⊗ Nutzung ⊗ ⊗ ⊗
Katalog (Seite)	185,00 €	246,00 €	308,00 €
Marken- / Produktname	2.957,00 €	3.942,00 €	4.928,00 €
Plakat	1.109,00 €	1.478,00 €	1.848,00 €
Pressekonferenz	1.848,00 €	2.464,00 €	3.080,00 €
Pressemitteilung	739,00 €	986,00 €	1.232,00 €
Produktbeschreibung	554,00 €	739,00 €	924,00 €
Prospekt, Broschüre (Seite)	554,00 €	739,00 €	924,00 €
Slogan	1.478,00 €	1.971,00 €	2.464,00 €
Vortragsmanuskript (Seite)	554,00 €	739,00 €	924,00 €

Textarbeiten

	Agentur ⊗ ⊗ Aufwand ⊗ ⊗ Nutzung ⊗	Agentur ⊗ ⊗ Aufwand ⊗ ⊗ Nutzung ⊗ ⊗	Agentur ⊗ ⊗ Aufwand ⊗ ⊗ Nutzung ⊗ ⊗ ⊗
Anzeigen	1.294,00 €	1.725,00 €	2.156,00 €
Direktwerbung, gesamt	4.158,00 €	5.544,00 €	6.930,00 €
Direktwerbung, Werbebrief	739,00 €	986,00 €	1.232,00 €
Funkspot, einzeln	1.386,00 €	1.848,00 €	2.310,00 €
Funkspot, Serie	739,00 €	986,00 €	1.232,00 €
Ghostwriting	27.720,00 €	36.960,00 €	46.200,00 €
Handzettel, Flyer	2.033,00 €	2.710,00 €	3.388,00 €
Hauszeitung (Seite)	1.016,00 €	1.355,00 €	1.694,00 €
Internet-Bannerwerbung	739,00 €	986,00 €	1.232,00 €
Internet-Text (Seite)	554,00 €	739,00 €	924,00 €

DER ROTSTIFT 2013

Textarbeiten

	Agentur ⊗ ⊗ Aufwand ⊗ ⊗ Nutzung ⊗	Agentur ⊗ ⊗ Aufwand ⊗ ⊗ Nutzung ⊗ ⊗	Agentur ⊗ ⊗ Aufwand ⊗ ⊗ Nutzung ⊗ ⊗ ⊗
Katalog (Seite)	370,00 €	493,00 €	616,00 €
Marken- / Produktname	5.174,00 €	6.899,00 €	8.624,00 €
Plakat	1.478,00 €	1.971,00 €	2.464,00 €
Pressekonferenz	2.957,00 €	3.942,00 €	4.928,00 €
Pressemitteilung	1.016,00 €	1.355,00 €	1.694,00 €
Produktbeschreibung	832,00 €	1.109,00 €	1.386,00 €
Prospekt, Broschüre (Seite)	739,00 €	986,00 €	1.232,00 €
Slogan	2.033,00 €	2.710,00 €	3.388,00 €
Vortragsmanuskript (Seite)	1.016,00 €	1.355,00 €	1.694,00 €

Textarbeiten

	Agentur ⊗ ⊗ Aufwand ⊗ ⊗ ⊗ Nutzung ⊗	Agentur ⊗ ⊗ Aufwand ⊗ ⊗ ⊗ Nutzung ⊗ ⊗	Agentur ⊗ ⊗ Aufwand ⊗ ⊗ ⊗ Nutzung ⊗ ⊗ ⊗
Anzeigen	1.848,00 €	2.464,00 €	3.080,00 €
Direktwerbung, gesamt	5.544,00 €	7.392,00 €	9.240,00 €
Direktwerbung, Werbebrief	1.109,00 €	1.478,00 €	1.848,00 €
Funkspot, einzeln	1.848,00 €	2.464,00 €	3.080,00 €
Funkspot, Serie	1.109,00 €	1.478,00 €	1.848,00 €
Ghostwriting	44.352,00 €	59.136,00 €	73.920,00 €
Handzettel, Flyer	2.587,00 €	3.450,00 €	4.312,00 €
Hauszeitung (Seite)	1.294,00 €	1.725,00 €	2.156,00 €
Internet-Bannerwerbung	1.109,00 €	1.478,00 €	1.848,00 €
Internet-Text (Seite)	924,00 €	1.232,00 €	1.540,00 €

DER ROTSTIFT 2013

Textarbeiten

	Agentur ⊗ ⊗ Aufwand ⊗ ⊗ ⊗ Nutzung ⊗	Agentur ⊗ ⊗ Aufwand ⊗ ⊗ ⊗ Nutzung ⊗ ⊗	Agentur ⊗ ⊗ Aufwand ⊗ ⊗ ⊗ Nutzung ⊗ ⊗ ⊗
Katalog (Seite)	554,00 €	739,00 €	924,00 €
Marken- / Produktname	7.392,00 €	9.856,00 €	12.320,00 €
Plakat	1.848,00 €	2.464,00 €	3.080,00 €
Pressekonferenz	4.066,00 €	5.421,00 €	6.776,00 €
Pressemitteilung	1.294,00 €	1.725,00 €	2.156,00 €
Produktbeschreibung	1.109,00 €	1.478,00 €	1.848,00 €
Prospekt, Broschüre (Seite)	924,00 €	1.232,00 €	1.540,00 €
Slogan	2.587,00 €	3.450,00 €	4.312,00 €
Vortragsmanuskript (Seite)	1.478,00 €	1.971,00 €	2.464,00 €

Textarbeiten 4/013

	Agentur ⊗ ⊗ ⊗ Aufwand ⊗ Nutzung ⊗	Agentur ⊗ ⊗ ⊗ Aufwand ⊗ Nutzung ⊗ ⊗	Agentur ⊗ ⊗ ⊗ Aufwand ⊗ Nutzung ⊗ ⊗ ⊗
Anzeigen	986,00 €	1.232,00 €	1.478,00 €
Direktwerbung, gesamt	3.696,00 €	4.620,00 €	5.544,00 €
Direktwerbung, Werbebrief	493,00 €	616,00 €	739,00 €
Funkspot, einzeln	1.232,00 €	1.540,00 €	1.848,00 €
Funkspot, Serie	493,00 €	616,00 €	739,00 €
Ghostwriting	14.784,00 €	18.480,00 €	22.176,00 €
Handzettel, Flyer	1.971,00 €	2.464,00 €	2.957,00 €
Hauszeitung (Seite)	986,00 €	1.232,00 €	1.478,00 €
Internet-Bannerwerbung	493,00 €	616,00 €	739,00 €
Internet-Text (Seite)	246,00 €	308,00 €	370,00 €

DER ROTSTIFT 2013

Textarbeiten

	Agentur ⊗ ⊗ ⊗ Aufwand ⊗ Nutzung ⊗	Agentur ⊗ ⊗ ⊗ Aufwand ⊗ Nutzung ⊗ ⊗	Agentur ⊗ ⊗ ⊗ Aufwand ⊗ Nutzung ⊗ ⊗ ⊗
Katalog (Seite)	246,00 €	308,00 €	370,00 €
Marken- / Produktname	3.942,00 €	4.928,00 €	5.914,00 €
Plakat	1.478,00 €	1.848,00 €	2.218,00 €
Pressekonferenz	2.464,00 €	3.080,00 €	3.696,00 €
Pressemitteilung	986,00 €	1.232,00 €	1.478,00 €
Produktbeschreibung	739,00 €	924,00 €	1.109,00 €
Prospekt, Broschüre (Seite)	739,00 €	924,00 €	1.109,00 €
Slogan	1.971,00 €	2.464,00 €	2.957,00 €
Vortragsmanuskript (Seite)	739,00 €	924,00 €	1.109,00 €

Textarbeiten

	Agentur ⊗ ⊗ ⊗ Aufwand ⊗ ⊗ Nutzung ⊗	Agentur ⊗ ⊗ ⊗ Aufwand ⊗ ⊗ Nutzung ⊗ ⊗	Agentur ⊗ ⊗ ⊗ Aufwand ⊗ ⊗ Nutzung ⊗ ⊗ ⊗
Anzeigen	1.725,00 €	2.156,00 €	2.587,00 €
Direktwerbung, gesamt	5.544,00 €	6.930,00 €	8.316,00 €
Direktwerbung, Werbebrief	986,00 €	1.232,00 €	1.478,00 €
Funkspot, einzeln	1.848,00 €	2.310,00 €	2.772,00 €
Funkspot, Serie	986,00 €	1.232,00 €	1.478,00 €
Ghostwriting	36.960,00 €	46.200,00 €	55.440,00 €
Handzettel, Flyer	2.710,00 €	3.388,00 €	4.066,00 €
Hauszeitung (Seite)	1.355,00 €	1.694,00 €	2.033,00 €
Internet-Bannerwerbung	986,00 €	1.232,00 €	1.478,00 €
Internet-Text (Seite)	739,00 €	924,00 €	1.109,00 €

DER ROTSTIFT 2013

Textarbeiten

	Agentur ⊗ ⊗ ⊗ Aufwand ⊗ ⊗ Nutzung ⊗	Agentur ⊗ ⊗ ⊗ Aufwand ⊗ ⊗ Nutzung ⊗ ⊗	Agentur ⊗ ⊗ ⊗ Aufwand ⊗ ⊗ Nutzung ⊗ ⊗ ⊗
Katalog (Seite)	493,00 €	616,00 €	739,00 €
Marken- / Produktname	6.899,00 €	8.624,00 €	10.349,00 €
Plakat	1.971,00 €	2.464,00 €	2.957,00 €
Pressekonferenz	3.942,00 €	4.928,00 €	5.914,00 €
Pressemitteilung	1.355,00 €	1.694,00 €	2.033,00 €
Produktbeschreibung	1.109,00 €	1.386,00 €	1.663,00 €
Prospekt, Broschüre (Seite)	986,00 €	1.232,00 €	1.478,00 €
Slogan	2.710,00 €	3.388,00 €	4.066,00 €
Vortragsmanuskript (Seite)	1.355,00 €	1.694,00 €	2.033,00 €

Textarbeiten

	Agentur ⊗ ⊗ ⊗ Aufwand ⊗ ⊗ ⊗ Nutzung ⊗	Agentur ⊗ ⊗ ⊗ Aufwand ⊗ ⊗ ⊗ Nutzung ⊗ ⊗	Agentur ⊗ ⊗ ⊗ Aufwand ⊗ ⊗ ⊗ Nutzung ⊗ ⊗ ⊗
Anzeigen	2.464,00 €	3.080,00 €	3.696,00 €
Direktwerbung, gesamt	7.392,00 €	9.240,00 €	11.088,00 €
Direktwerbung, Werbebrief	1.478,00 €	1.848,00 €	2.218,00 €
Funkspot, einzeln	2.464,00 €	3.080,00 €	3.696,00 €
Funkspot, Serie	1.478,00 €	1.848,00 €	2.218,00 €
Ghostwriting	59.136,00 €	73.920,00 €	88.704,00 €
Handzettel, Flyer	3.450,00 €	4.312,00 €	5.174,00 €
Hauszeitung (Seite)	1.725,00 €	2.156,00 €	2.587,00 €
Internet-Bannerwerbung	1.478,00 €	1.848,00 €	2.218,00 €
Internet-Text (Seite)	1.232,00 €	1.540,00 €	1.848,00 €

Textarbeiten

	Agentur ⊗ ⊗ ⊗ Aufwand ⊗ ⊗ ⊗ Nutzung ⊗	Agentur ⊗ ⊗ ⊗ Aufwand ⊗ ⊗ ⊗ Nutzung ⊗ ⊗	Agentur ⊗ ⊗ ⊗ Aufwand ⊗ ⊗ ⊗ Nutzung ⊗ ⊗ ⊗
Katalog (Seite)	739,00 €	924,00 €	1.109,00 €
Marken- / Produktname	9.856,00 €	12.320,00 €	14.784,00 €
Plakat	2.464,00 €	3.080,00 €	3.696,00 €
Pressekonferenz	5.421,00 €	6.776,00 €	8.131,00 €
Pressemitteilung	1.725,00 €	2.156,00 €	2.587,00 €
Produktbeschreibung	1.478,00 €	1.848,00 €	2.218,00 €
Prospekt, Broschüre (Seite)	1.232,00 €	1.540,00 €	1.848,00 €
Slogan	3.450,00 €	4.312,00 €	5.174,00 €
Vortragsmanuskript (Seite)	1.971,00 €	2.464,00 €	2.957,00 €

Fotodesign, Fotografie

	Agentur ⊗ Aufwand ⊗ Nutzung ⊗	Agentur ⊗ Aufwand ⊗ Nutzung ⊗ ⊗	Agentur ⊗ Aufwand ⊗ Nutzung ⊗ ⊗ ⊗
Architektur, innen	263,00 €	395,00 €	526,00 €
Architektur, aussen	526,00 €	790,00 €	1.053,00 €
Automobil, innen	526,00 €	790,00 €	1.053,00 €
Automobil, aussen	790,00 €	1.184,00 €	1.579,00 €
Food	263,00 €	395,00 €	526,00 €
Industrie, innen	395,00 €	592,00 €	790,00 €
Industrie, aussen	526,00 €	790,00 €	1.053,00 €
Luftbild	526,00 €	790,00 €	1.053,00 €
Möbel, Einrichtung	263,00 €	395,00 €	526,00 €

DER ROTSTIFT 2013

Fotodesign, Fotografie

	Agentur ⊗ Aufwand ⊗ Nutzung ⊗	Agentur ⊗ Aufwand ⊗ Nutzung ⊗ ⊗	Agentur ⊗ Aufwand ⊗ Nutzung ⊗ ⊗ ⊗
Mode, innen	790,00 €	1.184,00 €	1.579,00 €
Mode, aussen	1.053,00 €	1.579,00 €	2.106,00 €
Portrait	526,00 €	790,00 €	1.053,00 €
Produkt, einzeln	132,00 €	197,00 €	263,00 €
Produkt, Serie, je	75,00 €	112,00 €	150,00 €
Reise	395,00 €	592,00 €	790,00 €
Sport, innen	263,00 €	395,00 €	526,00 €
Sport, aussen	395,00 €	592,00 €	790,00 €

Fotodesign, Fotografie

	Agentur ⊗ Aufwand ⊗ ⊗ Nutzung ⊗	Agentur ⊗ Aufwand ⊗ ⊗ Nutzung ⊗ ⊗	Agentur ⊗ Aufwand ⊗ ⊗ Nutzung ⊗ ⊗ ⊗
Architektur, innen	658,00 €	987,00 €	1.316,00 €
Architektur, aussen	1.053,00 €	1.579,00 €	2.106,00 €
Automobil, innen	921,00 €	1.382,00 €	1.842,00 €
Automobil, aussen	1.316,00 €	1.974,00 €	2.632,00 €
Food	658,00 €	987,00 €	1.316,00 €
Industrie, innen	790,00 €	1.184,00 €	1.579,00 €
Industrie, aussen	1.053,00 €	1.579,00 €	2.106,00 €
Luftbild	658,00 €	987,00 €	1.316,00 €
Möbel, Einrichtung	658,00 €	987,00 €	1.316,00 €

Fotodesign, Fotografie

	Agentur ⊗ Aufwand ⊗ ⊗ Nutzung ⊗	Agentur ⊗ Aufwand ⊗ ⊗ Nutzung ⊗ ⊗	Agentur ⊗ Aufwand ⊗ ⊗ Nutzung ⊗ ⊗ ⊗
Mode, innen	1.184,00 €	1.777,00 €	2.369,00 €
Mode, aussen	1.579,00 €	2.369,00 €	3.158,00 €
Portrait	790,00 €	1.184,00 €	1.579,00 €
Produkt, einzeln	461,00 €	691,00 €	921,00 €
Produkt, Serie, je	263,00 €	395,00 €	526,00 €
Reise	987,00 €	1.481,00 €	1.974,00 €
Sport, innen	395,00 €	592,00 €	790,00 €
Sport, aussen	592,00 €	888,00 €	1.184,00 €

Fotodesign, Fotografie

	Agentur ⊗ Aufwand ⊗ ⊗ ⊗ Nutzung ⊗	Agentur ⊗ Aufwand ⊗ ⊗ ⊗ Nutzung ⊗ ⊗	Agentur ⊗ Aufwand ⊗ ⊗ ⊗ Nutzung ⊗ ⊗ ⊗
Architektur, innen	1.053,00 €	1.579,00 €	2.106,00 €
Architektur, aussen	1.579,00 €	2.369,00 €	3.158,00 €
Automobil, innen	1.316,00 €	1.974,00 €	2.632,00 €
Automobil, aussen	1.842,00 €	2.764,00 €	3.685,00 €
Food	1.053,00 €	1.579,00 €	2.106,00 €
Industrie, innen	1.184,00 €	1.777,00 €	2.369,00 €
Industrie, aussen	1.579,00 €	2.369,00 €	3.158,00 €
Luftbild	790,00 €	1.184,00 €	1.579,00 €
Möbel, Einrichtung	1.053,00 €	1.579,00 €	2.106,00 €

DER ROTSTIFT 2013

Fotodesign, Fotografie

	Agentur ⊗ Aufwand ⊗ ⊗ ⊗ Nutzung ⊗	Agentur ⊗ Aufwand ⊗ ⊗ ⊗ Nutzung ⊗ ⊗	Agentur ⊗ Aufwand ⊗ ⊗ ⊗ Nutzung ⊗ ⊗ ⊗
Mode, innen	1.579,00 €	2.369,00 €	3.158,00 €
Mode, aussen	2.106,00 €	3.158,00 €	4.211,00 €
Portrait	1.053,00 €	1.579,00 €	2.106,00 €
Produkt, einzeln	790,00 €	1.184,00 €	1.579,00 €
Produkt, Serie, je	451,00 €	676,00 €	902,00 €
Reise	1.579,00 €	2.369,00 €	3.158,00 €
Sport, innen	526,00 €	790,00 €	1.053,00 €
Sport, aussen	790,00 €	1.184,00 €	1.579,00 €

Fotodesign, Fotografie

	Agentur ⊗ ⊗ Aufwand ⊗ Nutzung ⊗	Agentur ⊗ ⊗ Aufwand ⊗ Nutzung ⊗ ⊗	Agentur ⊗ ⊗ Aufwand ⊗ Nutzung ⊗ ⊗ ⊗
Architektur, innen	395,00 €	526,00 €	658,00 €
Architektur, aussen	790,00 €	1.053,00 €	1.316,00 €
Automobil, innen	790,00 €	1.053,00 €	1.316,00 €
Automobil, aussen	1.184,00 €	1.579,00 €	1.974,00 €
Food	395,00 €	526,00 €	658,00 €
Industrie, innen	592,00 €	790,00 €	987,00 €
Industrie, aussen	790,00 €	1.053,00 €	1.316,00 €
Luftbild	790,00 €	1.053,00 €	1.316,00 €
Möbel, Einrichtung	395,00 €	526,00 €	658,00 €

DER ROTSTIFT 2013

Fotodesign, Fotografie

	Agentur ⊗ ⊗ Aufwand ⊗ Nutzung ⊗	Agentur ⊗ ⊗ Aufwand ⊗ Nutzung ⊗ ⊗	Agentur ⊗ ⊗ Aufwand ⊗ Nutzung ⊗ ⊗ ⊗
Mode, innen	1.184,00 €	1.579,00 €	1.974,00 €
Mode, aussen	1.579,00 €	2.106,00 €	2.632,00 €
Portrait	790,00 €	1.053,00 €	1.316,00 €
Produkt, einzeln	197,00 €	263,00 €	329,00 €
Produkt, Serie, je	112,00 €	150,00 €	186,00 €
Reise	592,00 €	790,00 €	987,00 €
Sport, innen	395,00 €	526,00 €	658,00 €
Sport, aussen	592,00 €	790,00 €	987,00 €

Fotodesign, Fotografie

	Agentur ⊗ ⊗ Aufwand ⊗ ⊗ Nutzung ⊗	Agentur ⊗ ⊗ Aufwand ⊗ ⊗ Nutzung ⊗ ⊗	Agentur ⊗ ⊗ Aufwand ⊗ ⊗ Nutzung ⊗ ⊗ ⊗
Architektur, innen	987,00 €	1.316,00 €	1.645,00 €
Architektur, aussen	1.579,00 €	2.106,00 €	2.632,00 €
Automobil, innen	1.382,00 €	1.842,00 €	2.303,00 €
Automobil, aussen	1.974,00 €	2.632,00 €	3.290,00 €
Food	987,00 €	1.316,00 €	1.645,00 €
Industrie, innen	1.184,00 €	1.579,00 €	1.974,00 €
Industrie, aussen	1.579,00 €	2.106,00 €	2.632,00 €
Luftbild	987,00 €	1.316,00 €	1.645,00 €
Möbel, Einrichtung	987,00 €	1.316,00 €	1.645,00 €

Fotodesign, Fotografie

	Agentur ⊗ ⊗ Aufwand ⊗ ⊗ Nutzung ⊗	Agentur ⊗ ⊗ Aufwand ⊗ ⊗ Nutzung ⊗ ⊗	Agentur ⊗ ⊗ Aufwand ⊗ ⊗ Nutzung ⊗ ⊗ ⊗
Mode, innen	1.777,00 €	2.369,00 €	2.961,00 €
Mode, aussen	2.369,00 €	3.158,00 €	3.948,00 €
Portrait	1.184,00 €	1.579,00 €	1.974,00 €
Produkt, einzeln	691,00 €	921,00 €	1.152,00 €
Produkt, Serie, je	395,00 €	526,00 €	658,00 €
Reise	1.481,00 €	1.974,00 €	2.468,00 €
Sport, innen	592,00 €	790,00 €	987,00 €
Sport, aussen	888,00 €	1.184,00 €	1.481,00 €

Fotodesign, Fotografie

	Agentur ⊗ ⊗ Aufwand ⊗ ⊗ ⊗ Nutzung ⊗	Agentur ⊗ ⊗ Aufwand ⊗ ⊗ ⊗ Nutzung ⊗ ⊗	Agentur ⊗ ⊗ Aufwand ⊗ ⊗ ⊗ Nutzung ⊗ ⊗ ⊗
Architektur, innen	1.579,00 €	2.106,00 €	2.632,00 €
Architektur, aussen	2.369,00 €	3.158,00 €	3.948,00 €
Automobil, innen	1.974,00 €	2.632,00 €	3.290,00 €
Automobil, aussen	2.764,00 €	3.685,00 €	4.606,00 €
Food	1.579,00 €	2.106,00 €	2.632,00 €
Industrie, innen	1.777,00 €	2.369,00 €	2.961,00 €
Industrie, aussen	2.369,00 €	3.158,00 €	3.948,00 €
Luftbild	1.184,00 €	1.579,00 €	1.974,00 €
Möbel, Einrichtung	1.579,00 €	2.106,00 €	2.632,00 €

DER ROTSTIFT 2013

Fotodesign, Fotografie

	Agentur ⊗ ⊗ Aufwand ⊗ ⊗ ⊗ Nutzung ⊗	Agentur ⊗ ⊗ Aufwand ⊗ ⊗ ⊗ Nutzung ⊗ ⊗	Agentur ⊗ ⊗ Aufwand ⊗ ⊗ ⊗ Nutzung ⊗ ⊗ ⊗
Mode, innen	2.369,00 €	3.158,00 €	3.948,00 €
Mode, aussen	3.158,00 €	4.211,00 €	5.264,00 €
Portrait	1.579,00 €	2.106,00 €	2.632,00 €
Produkt, einzeln	1.184,00 €	1.579,00 €	1.974,00 €
Produkt, Serie, je	676,00 €	902,00 €	1128,00 €
Reise	2.369,00 €	3.158,00 €	3.948,00 €
Sport, innen	790,00 €	1.053,00 €	1.316,00 €
Sport, aussen	1.184,00 €	1.579,00 €	1.974,00 €

Fotodesign, Fotografie

	Agentur ⊗ ⊗ ⊗ Aufwand ⊗ Nutzung ⊗	Agentur ⊗ ⊗ ⊗ Aufwand ⊗ Nutzung ⊗ ⊗	Agentur ⊗ ⊗ ⊗ Aufwand ⊗ Nutzung ⊗ ⊗ ⊗
Architektur, innen	526,00 €	658,00 €	790,00 €
Architektur, aussen	1.053,00 €	1.316,00 €	1.579,00 €
Automobil, innen	1.053,00 €	1.316,00 €	1.579,00 €
Automobil, aussen	1.579,00 €	1.974,00 €	2.369,00 €
Food	526,00 €	658,00 €	790,00 €
Industrie, innen	790,00 €	987,00 €	1.184,00 €
Industrie, aussen	1.053,00 €	1.316,00 €	1.579,00 €
Luftbild	1.053,00 €	1.316,00 €	1.579,00 €
Möbel, Einrichtung	526,00 €	658,00 €	790,00 €

Fotodesign, Fotografie

	Agentur ⊗ ⊗ ⊗ Aufwand ⊗ Nutzung ⊗	Agentur ⊗ ⊗ ⊗ Aufwand ⊗ Nutzung ⊗ ⊗	Agentur ⊗ ⊗ ⊗ Aufwand ⊗ Nutzung ⊗ ⊗ ⊗
Mode, innen	1.579,00 €	1.974,00 €	2.369,00 €
Mode, aussen	2.106,00 €	2.632,00 €	3.158,00 €
Portrait	1.053,00 €	1.316,00 €	1.579,00 €
Produkt, einzeln	263,00 €	329,00 €	395,00 €
Produkt, Serie, je	150,00 €	188,00 €	225,00 €
Reise	790,00 €	987,00 €	1.184,00 €
Sport, innen	526,00 €	658,00 €	790,00 €
Sport, aussen	790,00 €	987,00 €	1.184,00 €

Fotodesign, Fotografie

	Agentur ⊗ ⊗ ⊗ Aufwand ⊗ ⊗ Nutzung ⊗	Agentur ⊗ ⊗ ⊗ Aufwand ⊗ ⊗ Nutzung ⊗ ⊗	Agentur ⊗ ⊗ ⊗ Aufwand ⊗ ⊗ Nutzung ⊗ ⊗ ⊗
Architektur, innen	1.316,00 €	1.645,00 €	1.974,00 €
Architektur, aussen	2.106,00 €	2.632,00 €	3.158,00 €
Automobil, innen	1.842,00 €	2.303,00 €	2.764,00 €
Automobil, aussen	2.632,00 €	3.290,00 €	3.948,00 €
Food	1.316,00 €	1.645,00 €	1.974,00 €
Industrie, innen	1.579,00 €	1.974,00 €	2.369,00 €
Industrie, aussen	2.106,00 €	2.632,00 €	3.158,00 €
Luftbild	1.316,00 €	1.645,00 €	1.974,00 €
Möbel, Einrichtung	1.316,00 €	1.645,00 €	1.974,00 €

DER ROTSTIFT 2013

Fotodesign, Fotografie

	Agentur ⊗ ⊗ ⊗ Aufwand ⊗ ⊗ Nutzung ⊗	Agentur ⊗ ⊗ ⊗ Aufwand ⊗ ⊗ Nutzung ⊗ ⊗	Agentur ⊗ ⊗ ⊗ Aufwand ⊗ ⊗ Nutzung ⊗ ⊗ ⊗
Mode, innen	2.369,00 €	2.961,00 €	3.553,00 €
Mode, aussen	3.158,00 €	3.948,00 €	4.738,00 €
Portrait	1.579,00 €	1.974,00 €	2.369,00 €
Produkt, einzeln	921,00 €	1.152,00 €	1.382,00 €
Produkt, Serie, je	526,00 €	658,00 €	790,00 €
Reise	1.974,00 €	2.468,00 €	2.961,00 €
Sport, innen	790,00 €	987,00 €	1.184,00 €
Sport, aussen	1.184,00 €	1.481,00 €	1.777,00 €

Fotodesign, Fotografie

	Agentur ⊗ ⊗ ⊗ Aufwand ⊗ ⊗ ⊗ Nutzung ⊗	Agentur ⊗ ⊗ ⊗ Aufwand ⊗ ⊗ ⊗ Nutzung ⊗ ⊗	Agentur ⊗ ⊗ ⊗ Aufwand ⊗ ⊗ ⊗ Nutzung ⊗ ⊗ ⊗
Architektur, innen	2.106,00 €	2.632,00 €	3.158,00 €
Architektur, aussen	3.158,00 €	3.948,00 €	4.738,00 €
Automobil, innen	2.632,00 €	3.290,00 €	3.948,00 €
Automobil, aussen	3.685,00 €	4.606,00 €	5.527,00 €
Food	2.106,00 €	2.632,00 €	3.158,00 €
Industrie, innen	2.369,00 €	2.961,00 €	3.553,00 €
Industrie, aussen	3.158,00 €	3.948,00 €	4.738,00 €
Luftbild	1.579,00 €	1.974,00 €	2.369,00 €
Möbel, Einrichtung	2.106,00 €	2.632,00 €	3.158,00 €

DER ROTSTIFT 2013

Fotodesign, Fotografie

	Agentur ⊗ ⊗ ⊗ Aufwand ⊗ ⊗ ⊗ Nutzung ⊗	Agentur ⊗ ⊗ ⊗ Aufwand ⊗ ⊗ ⊗ Nutzung ⊗ ⊗	Agentur ⊗ ⊗ ⊗ Aufwand ⊗ ⊗ ⊗ Nutzung ⊗ ⊗ ⊗
Mode, innen	3.158,00 €	3.948,00 €	4.738,00 €
Mode, aussen	4.211,00 €	5.264,00 €	6.317,00 €
Portrait	2.106,00 €	2.632,00 €	3.158,00 €
Produkt, einzeln	1.579,00 €	1.974,00 €	2.369,00 €
Produkt, Serie, je	902,00 €	1.128,00 €	1.353,00 €
Reise	3.158,00 €	3.948,00 €	4.738,00 €
Sport, innen	1.053,00 €	1.316,00 €	1.579,00 €
Sport, aussen	1.579,00 €	1.974,00 €	2.369,00 €

Illustration

	Agentur ⊗ Aufwand ⊗ Nutzung ⊗	Agentur ⊗ Aufwand ⊗ Nutzung ⊗ ⊗	Agentur ⊗ Aufwand ⊗ Nutzung ⊗ ⊗ ⊗
Architektur	2.285,00 €	3.427,00 €	4.570,00 €
Buch, Titel ohne Typografie	857,00 €	1.285,00 €	1.714,00 €
Buch, Titel mit Typografie	1.142,00 €	1.714,00 €	2.285,00 €
Buch, innen	571,00 €	857,00 €	1.142,00 €
Cartoon, einzeln	286,00 €	428,00 €	571,00 €
Cartoon, Serie	143,00 €	214,00 €	286,00 €
Explosionszeichnung	2.570,00 €	3.856,00 €	5.141,00 €
Foto-Layout	286,00 €	428,00 €	571,00 €
Geschäftsbericht, Titel	571,00 €	857,00 €	1.142,00 €
Geschäftsbericht, Innenseite	428,00 €	643,00 €	857,00 €

DER ROTSTIFT 2013

Illustration

	Agentur ⊗ Aufwand ⊗ Nutzung ⊗	Agentur ⊗ Aufwand ⊗ Nutzung ⊗ ⊗	Agentur ⊗ Aufwand ⊗ Nutzung ⊗ ⊗ ⊗
Broschüre, Prospekt, Titel	571,00 €	857,00 €	1.142,00 €
Broschüre, Prospekt, innen	286,00 €	428,00 €	571,00 €
Mode	143,00 €	214,00 €	286,00 €
Plakat	714,00 €	1.071,00 €	1.428,00 €
Werbefigur, zweidimensional	428,00 €	643,00 €	857,00 €
Werbefigur, dreidimensional	1.142,00 €	1.714,00 €	2.285,00 €

Illustration

	Agentur ⊗ Aufwand ⊗ ⊗ Nutzung ⊗	Agentur ⊗ Aufwand ⊗ ⊗ Nutzung ⊗ ⊗	Agentur ⊗ Aufwand ⊗ ⊗ Nutzung ⊗ ⊗ ⊗
Architektur	5.141,00 €	7.711,00 €	10.282,00 €
Buch, Titel ohne Typografie	1.142,00 €	1.714,00 €	2.285,00 €
Buch, Titel mit Typografie	1.428,00 €	2.142,00 €	2.856,00 €
Buch, innen	857,00 €	1.285,00 €	1.714,00 €
Cartoon, einzeln	428,00 €	643,00 €	857,00 €
Cartoon, Serie	214,00 €	321,00 €	428,00 €
Explosionszeichnung	6.426,00 €	9.639,00 €	12.852,00 €
Foto-Layout	857,00 €	1.285,00 €	1.714,00 €
Geschäftsbericht, Titel	857,00 €	1.285,00 €	1.714,00 €
Geschäftsbericht, Innenseite	643,00 €	964,00 €	1.285,00 €

DER ROTSTIFT 2013

Illustration

	Agentur ⊗ Aufwand ⊗ ⊗ Nutzung ⊗	Agentur ⊗ Aufwand ⊗ ⊗ Nutzung ⊗ ⊗	Agentur ⊗ Aufwand ⊗ ⊗ Nutzung ⊗ ⊗ ⊗
Broschüre, Prospekt, Titel	857,00 €	1.285,00 €	1.714,00 €
Broschüre, Prospekt, innen	571,00 €	857,00 €	1.142,00 €
Mode	785,00 €	1.178,00 €	1.571,00 €
Plakat	1.214,00 €	1.821,00 €	2.428,00 €
Werbefigur, zweidimensional	1.499,00 €	2.249,00 €	2.999,00 €
Werbefigur, dreidimensional	2.570,00 €	3.856,00 €	5.141,00 €

Illustration

	Agentur ⊗ Aufwand ⊗ ⊗ ⊗ Nutzung ⊗	Agentur ⊗ Aufwand ⊗ ⊗ ⊗ Nutzung ⊗ ⊗	Agentur ⊗ Aufwand ⊗ ⊗ ⊗ Nutzung ⊗ ⊗ ⊗
Architektur	7.997,00 €	11.995,00 €	15.994,00 €
Buch, Titel ohne Typografie	1.428,00 €	2.142,00 €	2.856,00 €
Buch, Titel mit Typografie	1.714,00 €	2.570,00 €	3.427,00 €
Buch, innen	1.142,00 €	1.714,00 €	2.285,00 €
Cartoon, einzeln	571,00 €	857,00 €	1.142,00 €
Cartoon, Serie	286,00 €	428,00 €	571,00 €
Explosionszeichnung	10.282,00 €	15.422,00 €	20.563,00 €
Foto-Layout	1.428,00 €	2.142,00 €	2.856,00 €
Geschäftsbericht, Titel	1.142,00 €	1.714,00 €	2.285,00 €
Geschäftsbericht, Innenseite	857,00 €	1.285,00 €	1.714,00 €

DER ROTSTIFT 2013

Illustration

	Agentur ⊗ Aufwand ⊗ ⊗ ⊗ Nutzung ⊗	Agentur ⊗ Aufwand ⊗ ⊗ ⊗ Nutzung ⊗ ⊗	Agentur ⊗ Aufwand ⊗ ⊗ ⊗ Nutzung ⊗ ⊗ ⊗
Broschüre, Prospekt, Titel	1.142,00 €	1.714,00 €	2.285,00 €
Broschüre, Prospekt, innen	857,00 €	1.285,00 €	1.714,00 €
Mode	1.428,00 €	2.142,00 €	2.856,00 €
Plakat	1.714,00 €	2.570,00 €	3.427,00 €
Werbefigur, zweidimensional	2.570,00 €	3.856,00 €	5.141,00 €
Werbefigur, dreidimensional	3.998,00 €	5.998,00 €	7.997,00 €

Illustration

	Agentur ⊗ ⊗ Aufwand ⊗ Nutzung ⊗	Agentur ⊗ ⊗ Aufwand ⊗ Nutzung ⊗ ⊗	Agentur ⊗ ⊗ Aufwand ⊗ Nutzung ⊗ ⊗ ⊗
Architektur	3.427,00 €	4.570,00 €	5.712,00 €
Buch, Titel ohne Typografie	1.285,00 €	1.714,00 €	2.142,00 €
Buch, Titel mit Typografie	1.714,00 €	2.285,00 €	2.856,00 €
Buch, innen	857,00 €	1.142,00 €	1.428,00 €
Cartoon, einzeln	428,00 €	571,00 €	714,00 €
Cartoon, Serie	214,00 €	286,00 €	357,00 €
Explosionszeichnung	3.856,00 €	5.141,00 €	6.426,00 €
Foto-Layout	428,00 €	571,00 €	714,00 €
Geschäftsbericht, Titel	857,00 €	1.142,00 €	1.428,00 €
Geschäftsbericht, Innenseite	643,00 €	857,00 €	1.071,00 €

DER ROTSTIFT 2013

Illustration

	Agentur ⊗ ⊗ Aufwand ⊗ Nutzung ⊗	Agentur ⊗ ⊗ Aufwand ⊗ Nutzung ⊗ ⊗	Agentur ⊗ ⊗ Aufwand ⊗ Nutzung ⊗ ⊗ ⊗
Broschüre, Prospekt, Titel	857,00 €	1.142,00 €	1.428,00 €
Broschüre, Prospekt, innen	428,00 €	571,00 €	714,00 €
Mode	214,00 €	286,00 €	357,00 €
Plakat	1.071,00 €	1.428,00 €	1.785,00 €
Werbefigur, zweidimensional	643,00 €	857,00 €	1.071,00 €
Werbefigur, dreidimensional	1.714,00 €	2.285,00 €	2.856,00 €

Illustration

	Agentur ⊗ ⊗ Aufwand ⊗ ⊗ Nutzung ⊗	Agentur ⊗ ⊗ Aufwand ⊗ ⊗ Nutzung ⊗ ⊗	Agentur ⊗ ⊗ Aufwand ⊗ ⊗ Nutzung ⊗ ⊗ ⊗
Architektur	7.711,00 €	10.282,00 €	12.852,00 €
Buch, Titel ohne Typografie	1.714,00 €	2.285,00 €	2.856,00 €
Buch, Titel mit Typografie	2.142,00 €	2.856,00 €	3.570,00 €
Buch, innen	1.285,00 €	1.714,00 €	2.142,00 €
Cartoon, einzeln	643,00 €	857,00 €	1.071,00 €
Cartoon, Serie	321,00 €	428,00 €	536,00 €
Explosionszeichnung	9.639,00 €	12.852,00 €	16.065,00 €
Foto-Layout	1.285,00 €	1.714,00 €	2.142,00 €
Geschäftsbericht, Titel	1.285,00 €	1.714,00 €	2.142,00 €
Geschäftsbericht, Innenseite	964,00 €	1.285,00 €	1.607,00 €

Illustration

	Agentur ⊗ ⊗ Aufwand ⊗ ⊗ Nutzung ⊗	Agentur ⊗ ⊗ Aufwand ⊗ ⊗ Nutzung ⊗ ⊗	Agentur ⊗ ⊗ Aufwand ⊗ ⊗ Nutzung ⊗ ⊗ ⊗
Broschüre, Prospekt, Titel	1.285,00 €	1.714,00 €	2.142,00 €
Broschüre, Prospekt, innen	857,00 €	1.142,00 €	1.428,00 €
Mode	1.178,00 €	1.571,00 €	1.964,00 €
Plakat	1.821,00 €	2.428,00 €	3.035,00 €
Werbefigur, zweidimensional	2.249,00 €	2.999,00 €	3.749,00 €
Werbefigur, dreidimensional	3.856,00 €	5.141,00 €	6.426,00 €

Illustration

	Agentur ⊗ ⊗ Aufwand ⊗ ⊗ ⊗ Nutzung ⊗	Agentur ⊗ ⊗ Aufwand ⊗ ⊗ ⊗ Nutzung ⊗ ⊗	Agentur ⊗ ⊗ Aufwand ⊗ ⊗ ⊗ Nutzung ⊗ ⊗ ⊗
Architektur	11.995,00 €	15.994,00 €	19.992,00 €
Buch, Titel ohne Typografie	2.142,00 €	2.856,00 €	3.570,00 €
Buch, Titel mit Typografie	2.570,00 €	3.427,00 €	4.284,00 €
Buch, innen	1.714,00 €	2.285,00 €	2.856,00 €
Cartoon, einzeln	857,00 €	1.142,00 €	1.428,00 €
Cartoon, Serie	428,00 €	571,00 €	714,00 €
Explosionszeichnung	15.422,00 €	20.563,00 €	25.704,00 €
Foto-Layout	2.142,00 €	2.856,00 €	3.570,00 €
Geschäftsbericht, Titel	1.714,00 €	2.285,00 €	2.856,00 €
Geschäftsbericht, Innenseite	1.285,00 €	1.714,00 €	2.142,00 €

DER ROTSTIFT 2013

Illustration

	Agentur ⊗ ⊗ Aufwand ⊗ ⊗ ⊗ Nutzung ⊗	Agentur ⊗ ⊗ Aufwand ⊗ ⊗ ⊗ Nutzung ⊗ ⊗	Agentur ⊗ ⊗ Aufwand ⊗ ⊗ ⊗ Nutzung ⊗ ⊗ ⊗
Broschüre, Prospekt, Titel	1.714,00 €	2.285,00 €	2.856,00 €
Broschüre, Prospekt, innen	1.285,00 €	1.714,00 €	2.142,00 €
Mode	2.142,00 €	2.856,00 €	3.570,00 €
Plakat	2.570,00 €	3.427,00 €	4.284,00 €
Werbefigur, zweidimensional	3.856,00 €	5.141,00 €	6.426,00 €
Werbefigur, dreidimensional	5.998,00 €	7.997,00 €	9.996,00 €

Illustration

	Agentur ⊗ ⊗ ⊗ Aufwand ⊗ Nutzung ⊗	Agentur ⊗ ⊗ ⊗ Aufwand ⊗ Nutzung ⊗ ⊗	Agentur ⊗ ⊗ ⊗ Aufwand ⊗ Nutzung ⊗ ⊗ ⊗
Architektur	4.570,00 €	5.712,00 €	6.854,00 €
Buch, Titel ohne Typografie	1.714,00 €	2.142,00 €	2.570,00 €
Buch, Titel mit Typografie	2.285,00 €	2.856,00 €	3.427,00 €
Buch, innen	1.142,00 €	1.428,00 €	1.714,00 €
Cartoon, einzeln	571,00 €	714,00 €	857,00 €
Cartoon, Serie	286,00 €	357,00 €	428,00 €
Explosionszeichnung	5.141,00 €	6.426,00 €	7.711,00 €
Foto-Layout	571,00 €	714,00 €	857,00 €
Geschäftsbericht, Titel	1.142,00 €	1.428,00 €	1.714,00 €
Geschäftsbericht, Innenseite	857,00 €	1.071,00 €	1.285,00 €

DER ROTSTIFT 2013

Illustration

	Agentur ⊗ ⊗ ⊗ Aufwand ⊗ Nutzung ⊗	Agentur ⊗ ⊗ ⊗ Aufwand ⊗ Nutzung ⊗ ⊗	Agentur ⊗ ⊗ ⊗ Aufwand ⊗ Nutzung ⊗ ⊗ ⊗
Broschüre, Prospekt, Titel	1.142,00 €	1.428,00 €	1.714,00 €
Broschüre, Prospekt, innen	571,00 €	714,00 €	857,00 €
Mode	286,00 €	357,00 €	428,00 €
Plakat	1.428,00 €	1.785,00 €	2.142,00 €
Werbefigur, zweidimensional	857,00 €	1.071,00 €	1.285,00 €
Werbefigur, dreidimensional	2.285,00 €	2.856,00 €	3.427,00 €

Illustration

	Agentur ⊗ ⊗ ⊗ Aufwand ⊗ ⊗ Nutzung ⊗	Agentur ⊗ ⊗ ⊗ Aufwand ⊗ ⊗ Nutzung ⊗ ⊗	Agentur ⊗ ⊗ ⊗ Aufwand ⊗ ⊗ Nutzung ⊗ ⊗ ⊗
Architektur	10.282,00 €	12.852,00 €	15.422,00 €
Buch, Titel ohne Typografie	2.285,00 €	2.856,00 €	3.427,00 €
Buch, Titel mit Typografie	2.856,00 €	3.570,00 €	4.284,00 €
Buch, innen	1.714,00 €	2.142,00 €	2.570,00 €
Cartoon, einzeln	857,00 €	1.071,00 €	1.285,00 €
Cartoon, Serie	428,00 €	536,00 €	643,00 €
Explosionszeichnung	12.852,00 €	16.065,00 €	19.278,00 €
Foto-Layout	1.714,00 €	2.142,00 €	2.570,00 €
Geschäftsbericht, Titel	1.714,00 €	2.142,00 €	2.570,00 €
Geschäftsbericht, Innenseite	1.285,00 €	1.607,00 €	1.928,00 €

DER ROTSTIFT 2013

Illustration

	Agentur ⊗ ⊗ ⊗ Aufwand ⊗ ⊗ Nutzung ⊗	Agentur ⊗ ⊗ ⊗ Aufwand ⊗ ⊗ Nutzung ⊗ ⊗	Agentur ⊗ ⊗ ⊗ Aufwand ⊗ ⊗ Nutzung ⊗ ⊗ ⊗
Broschüre, Prospekt, Titel	1.714,00 €	2.142,00 €	2.570,00 €
Broschüre, Prospekt, innen	1.142,00 €	1.428,00 €	1.714,00 €
Mode	1.571,00 €	1.964,00 €	2.356,00 €
Plakat	2.428,00 €	3.035,00 €	3.641,00 €
Werbefigur, zweidimensional	2.999,00 €	3.749,00 €	4.498,00 €
Werbefigur, dreidimensional	5.141,00 €	6.426,00 €	7.711,00 €

Illustration

	Agentur ⊗ ⊗ ⊗ Aufwand ⊗ ⊗ ⊗ Nutzung ⊗	Agentur ⊗ ⊗ ⊗ Aufwand ⊗ ⊗ ⊗ Nutzung ⊗ ⊗	Agentur ⊗ ⊗ ⊗ Aufwand ⊗ ⊗ ⊗ Nutzung ⊗ ⊗ ⊗
Architektur	15.994,00 €	19.992,00 €	23.990,00 €
Buch, Titel ohne Typografie	2.856,00 €	3.570,00 €	4.284,00 €
Buch, Titel mit Typografie	3.427,00 €	4.284,00 €	5.141,00 €
Buch, innen	2.285,00 €	2.856,00 €	3.427,00 €
Cartoon, einzeln	1.142,00 €	1.428,00 €	1.714,00 €
Cartoon, Serie	571,00 €	714,00 €	857,00 €
Explosionszeichnung	20.563,00 €	25.704,00 €	30.845,00 €
Foto-Layout	2.856,00 €	3.570,00 €	4.284,00 €
Geschäftsbericht, Titel	2.285,00 €	2.856,00 €	3.427,00 €
Geschäftsbericht, Innenseite	1.714,00 €	2.142,00 €	2.570,00 €

Illustration

	Agentur ⊗ ⊗ ⊗ Aufwand ⊗ ⊗ ⊗ Nutzung ⊗	Agentur ⊗ ⊗ ⊗ Aufwand ⊗ ⊗ ⊗ Nutzung ⊗ ⊗	Agentur ⊗ ⊗ ⊗ Aufwand ⊗ ⊗ ⊗ Nutzung ⊗ ⊗ ⊗
Broschüre, Prospekt, Titel	2.285,00 €	2.856,00 €	3.427,00 €
Broschüre, Prospekt, innen	1.714,00 €	2.142,00 €	2.570,00 €
Mode	2.856,00 €	3.570,00 €	4.284,00 €
Plakat	3.427,00 €	4.284,00 €	5.141,00 €
Werbefigur, zweidimensional	5.141,00 €	6.426,00 €	7.711,00 €
Werbefigur, dreidimensional	7.997,00 €	9.996,00 €	11.995,00 €

Messe- und Ausstellungsdesign

Ausführung mit Standard-Systemmodulen

	Agentur ⊗ Aufwand ⊗ Nutzung ⊗	Agentur ⊗ Aufwand ⊗ Nutzung ⊗ ⊗	Agentur ⊗ Aufwand ⊗ Nutzung ⊗ ⊗ ⊗
Gesamtkonzept	1.462,00 €	2.192,00 €	2.923,00 €
Entwurf bis 15 m²	1.705,00 €	2.558,00 €	3.410,00 €
Entwurf bis 30 m²	3.654,00 €	5.481,00 €	7.308,00 €
Entwurf bis 60 m²	6.090,00 €	9.135,00 €	12.180,00 €
Entwurf bis 90 m²	8.526,00 €	12.789,00 €	17.052,00 €
Entwurf bis 180 m²	12.180,00 €	18.270,00 €	24.360,00 €
Entwurf bis 360 m²	17.052,00 €	25.578,00 €	34.104,00 €
Entwurf bis 720 m²	24.360,00 €	36.540,00 €	48.720,00 €
Aufbaubegleitung vor Ort	974,00 €	1.462,00 €	1.949,00 €

Messe- und Ausstellungsdesign

Ausführung mit Standard-Systemmodulen

	Agentur ⊗ Aufwand ⊗ ⊗ Nutzung ⊗	Agentur ⊗ Aufwand ⊗ ⊗ Nutzung ⊗ ⊗	Agentur ⊗ Aufwand ⊗ ⊗ Nutzung ⊗ ⊗ ⊗
Gesamtkonzept	3.654,00 €	5.481,00 €	7.308,00 €
Entwurf bis 15 m²	2.680,00 €	4.019,00 €	5.359,00 €
Entwurf bis 30 m²	4.872,00 €	7.308,00 €	9.744,00 €
Entwurf bis 60 m²	7.308,00 €	10.962,00 €	14.616,00 €
Entwurf bis 90 m²	10.353,00 €	15.530,00 €	20.706,00 €
Entwurf bis 180 m²	14.616,00 €	21.924,00 €	29.232,00 €
Entwurf bis 360 m²	20.706,00 €	31.059,00 €	41.412,00 €
Entwurf bis 720 m²	30.450,00 €	45.675,00 €	60.900,00 €
Aufbaubegleitung vor Ort	2.010,00 €	3.015,00 €	4.019,00 €

DER ROTSTIFT 2013

Messe- und Ausstellungsdesign

Ausführung mit Standard-Systemmodulen

	Agentur ⊗ Aufwand ⊗ ⊗ ⊗ Nutzung ⊗	Agentur ⊗ Aufwand ⊗ ⊗ ⊗ Nutzung ⊗ ⊗	Agentur ⊗ Aufwand ⊗ ⊗ ⊗ Nutzung ⊗ ⊗ ⊗
Gesamtkonzept	5.846,00 €	8.770,00 €	11.693,00 €
Entwurf bis 15 m²	3.654,00 €	5.481,00 €	7.308,00 €
Entwurf bis 30 m²	6.090,00 €	9.135,00 €	12.180,00 €
Entwurf bis 60 m²	8.526,00 €	12.789,00 €	17.052,00 €
Entwurf bis 90 m²	12.180,00 €	18.270,00 €	24.360,00 €
Entwurf bis 180 m²	17.052,00 €	25.578,00 €	34.104,00 €
Entwurf bis 360 m²	24.360,00 €	36.540,00 €	48.720,00 €
Entwurf bis 720 m²	36.540,00 €	54.810,00 €	73.080,00 €
Aufbaubegleitung vor Ort	3.045,00 €	4.568,00 €	6.090,00 €

Messe- und Ausstellungsdesign

Ausführung mit Standard-Systemmodulen

	Agentur ⊗ ⊗ Aufwand ⊗ Nutzung ⊗	Agentur ⊗ ⊗ Aufwand ⊗ Nutzung ⊗ ⊗	Agentur ⊗ ⊗ Aufwand ⊗ Nutzung ⊗ ⊗ ⊗
Gesamtkonzept	2.192,00 €	2.923,00 €	3.654,00 €
Entwurf bis 15 m²	2.558,00 €	3.410,00 €	4.263,00 €
Entwurf bis 30 m²	5.481,00 €	7.308,00 €	9.135,00 €
Entwurf bis 60 m²	9.135,00 €	12.180,00 €	15.225,00 €
Entwurf bis 90 m²	12.789,00 €	17.052,00 €	21.315,00 €
Entwurf bis 180 m²	18.270,00 €	24.360,00 €	30.450,00 €
Entwurf bis 360 m²	25.578,00 €	34.104,00 €	42.630,00 €
Entwurf bis 720 m²	36.540,00 €	48.720,00 €	60.900,00 €
Aufbaubegleitung vor Ort	1.462,00 €	1.949,00 €	2.436,00 €

Messe- und Ausstellungsdesign

Ausführung mit Standard-Systemmodulen

	Agentur ⊗ ⊗ Aufwand ⊗ ⊗ Nutzung ⊗	Agentur ⊗ ⊗ Aufwand ⊗ ⊗ Nutzung ⊗ ⊗	Agentur ⊗ ⊗ Aufwand ⊗ ⊗ Nutzung ⊗ ⊗ ⊗
Gesamtkonzept	5.481,00 €	7.308,00 €	9.135,00 €
Entwurf bis 15 m²	4.019,00 €	5.359,00 €	6.699,00 €
Entwurf bis 30 m²	7.308,00 €	9.744,00 €	12.180,00 €
Entwurf bis 60 m²	10.962,00 €	14.616,00 €	18.270,00 €
Entwurf bis 90 m²	15.530,00 €	20.706,00 €	25.883,00 €
Entwurf bis 180 m²	21.924,00 €	29.232,00 €	36.540,00 €
Entwurf bis 360 m²	31.059,00 €	41.412,00 €	51.765,00 €
Entwurf bis 720 m²	45.675,00 €	60.900,00 €	76.125,00 €
Aufbaubegleitung vor Ort	3.015,00 €	4.019,00 €	5.024,00 €

DER ROTSTIFT 2013

Messe- und Ausstellungsdesign

Ausführung mit Standard-Systemmodulen

	Agentur ⊗ ⊗ Aufwand ⊗ ⊗ ⊗ Nutzung ⊗	Agentur ⊗ ⊗ Aufwand ⊗ ⊗ ⊗ Nutzung ⊗ ⊗	Agentur ⊗ ⊗ Aufwand ⊗ ⊗ ⊗ Nutzung ⊗ ⊗ ⊗
Gesamtkonzept	8.770,00 €	11.693,00 €	14.616,00 €
Entwurf bis 15 m²	5.481,00 €	7.308,00 €	9.135,00 €
Entwurf bis 30 m²	9.135,00 €	12.180,00 €	15.225,00 €
Entwurf bis 60 m²	12.789,00 €	17.052,00 €	21.315,00 €
Entwurf bis 90 m²	18.270,00 €	24.360,00 €	30.450,00 €
Entwurf bis 180 m²	25.578,00 €	34.104,00 €	42.630,00 €
Entwurf bis 360 m²	36.540,00 €	48.720,00 €	60.900,00 €
Entwurf bis 720 m²	54.810,00 €	73.080,00 €	91.350,00 €
Aufbaubegleitung vor Ort	4.568,00 €	6.090,00 €	7.613,00 €

Messe- und Ausstellungsdesign

Ausführung mit Standard-Systemmodulen

	Agentur ⊗ ⊗ ⊗ Aufwand ⊗ Nutzung ⊗	Agentur ⊗ ⊗ ⊗ Aufwand ⊗ Nutzung ⊗ ⊗	Agentur ⊗ ⊗ ⊗ Aufwand ⊗ Nutzung ⊗ ⊗ ⊗
Gesamtkonzept	2.923,00 €	3.654,00 €	4.385,00 €
Entwurf bis 15 m²	3.410,00 €	4.263,00 €	5.116,00 €
Entwurf bis 30 m²	7.308,00 €	9.135,00 €	10.962,00 €
Entwurf bis 60 m²	12.180,00 €	15.225,00 €	18.270,00 €
Entwurf bis 90 m²	17.052,00 €	21.315,00 €	25.578,00 €
Entwurf bis 180 m²	24.360,00 €	30.450,00 €	36.540,00 €
Entwurf bis 360 m²	34.104,00 €	42.630,00 €	51.156,00 €
Entwurf bis 720 m²	48.720,00 €	60.900,00 €	73.080,00 €
Aufbaubegleitung vor Ort	1.949,00 €	2.436,00 €	2.923,00 €

Messe- und Ausstellungsdesign

Ausführung mit Standard-Systemmodulen

	Agentur ⊗ ⊗ ⊗ Aufwand ⊗ ⊗ Nutzung ⊗	Agentur ⊗ ⊗ ⊗ Aufwand ⊗ ⊗ Nutzung ⊗ ⊗	Agentur ⊗ ⊗ ⊗ Aufwand ⊗ ⊗ Nutzung ⊗ ⊗ ⊗
Gesamtkonzept	7.308,00 €	9.135,00 €	10.962,00 €
Entwurf bis 15 m²	5.359,00 €	6.699,00 €	8.039,00 €
Entwurf bis 30 m²	9.744,00 €	12.180,00 €	14.616,00 €
Entwurf bis 60 m²	14.616,00 €	18.270,00 €	21.924,00 €
Entwurf bis 90 m²	20.706,00 €	25.883,00 €	31.059,00 €
Entwurf bis 180 m²	29.232,00 €	36.540,00 €	43.848,00 €
Entwurf bis 360 m²	41.412,00 €	51.765,00 €	62.118,00 €
Entwurf bis 720 m²	60.900,00 €	76.125,00 €	91.350,00 €
Aufbaubegleitung vor Ort	4.019,00 €	5.024,00 €	6.029,00 €

DER ROTSTIFT 2013

Messe- und Ausstellungsdesign

Ausführung mit Standard-Systemmodulen

	Agentur ⊗ ⊗ ⊗ Aufwand ⊗ ⊗ ⊗ Nutzung ⊗	Agentur ⊗ ⊗ ⊗ Aufwand ⊗ ⊗ ⊗ Nutzung ⊗ ⊗	Agentur ⊗ ⊗ ⊗ Aufwand ⊗ ⊗ ⊗ Nutzung ⊗ ⊗ ⊗
Gesamtkonzept	11.693,00 €	14.616,00 €	17.539,00 €
Entwurf bis 15 m²	7.308,00 €	9.135,00 €	10.962,00 €
Entwurf bis 30 m²	12.180,00 €	15.225,00 €	18.270,00 €
Entwurf bis 60 m²	17.052,00 €	21.315,00 €	25.578,00 €
Entwurf bis 90 m²	24.360,00 €	30.450,00 €	36.540,00 €
Entwurf bis 180 m²	34.104,00 €	42.630,00 €	51.156,00 €
Entwurf bis 360 m²	48.720,00 €	60.900,00 €	73.080,00 €
Entwurf bis 720 m²	73.080,00 €	91.350,00 €	109.620,00 €
Aufbaubegleitung vor Ort	6.090,00 €	7.613,00 €	9.135,00 €

Messe- und Ausstellungsdesign

Ausführung in individueller Bauweise

	Agentur ⊗ Aufwand ⊗ Nutzung ⊗	Agentur ⊗ Aufwand ⊗ Nutzung ⊗ ⊗	Agentur ⊗ Aufwand ⊗ Nutzung ⊗ ⊗ ⊗
Gesamtkonzept	1.869,00 €	2.804,00 €	3.738,00 €
Entwurf bis 15 m²	3.738,00 €	5.607,00 €	7.476,00 €
Entwurf bis 30 m²	5.607,00 €	8.411,00 €	11.214,00 €
Entwurf bis 60 m²	7.476,00 €	11.214,00 €	14.952,00 €
Entwurf bis 90 m²	11.214,00 €	16.821,00 €	22.428,00 €
Entwurf bis 180 m²	16.198,00 €	24.297,00 €	32.396,00 €
Entwurf bis 360 m²	22.428,00 €	33.642,00 €	44.856,00 €
Entwurf bis 720 m²	33.642,00 €	50.463,00 €	67.284,00 €
Aufbaubegleitung vor Ort	997,00 €	1.495,00 €	1.994,00 €

Messe- und Ausstellungsdesign

Ausführung in individueller Bauweise

	Agentur ⊗ Aufwand ⊗ ⊗ Nutzung ⊗	Agentur ⊗ Aufwand ⊗ ⊗ Nutzung ⊗ ⊗	Agentur ⊗ Aufwand ⊗ ⊗ Nutzung ⊗ ⊗ ⊗
Gesamtkonzept	4.673,00 €	7.009,00 €	9.345,00 €
Entwurf bis 15 m²	4.673,00 €	7.009,00 €	9.345,00 €
Entwurf bis 30 m²	6.542,00 €	9.812,00 €	13.083,00 €
Entwurf bis 60 m²	9.345,00 €	14.018,00 €	18.690,00 €
Entwurf bis 90 m²	13.706,00 €	20.559,00 €	27.412,00 €
Entwurf bis 180 m²	19.313,00 €	28.970,00 €	38.626,00 €
Entwurf bis 360 m²	28.035,00 €	42.053,00 €	56.070,00 €
Entwurf bis 720 m²	38.626,00 €	57.939,00 €	77.252,00 €
Aufbaubegleitung vor Ort	2.990,00 €	4.486,00 €	5.981,00 €

DER ROTSTIFT 2013

Messe- und Ausstellungsdesign

Ausführung in individueller Bauweise

	Agentur ⊗ Aufwand ⊗ ⊗ ⊗ Nutzung ⊗	Agentur ⊗ Aufwand ⊗ ⊗ ⊗ Nutzung ⊗ ⊗	Agentur ⊗ Aufwand ⊗ ⊗ ⊗ Nutzung ⊗ ⊗ ⊗
Gesamtkonzept	7.476,00 €	11.214,00 €	14.952,00 €
Entwurf bis 15 m²	5.607,00 €	8.411,00 €	11.214,00 €
Entwurf bis 30 m²	7.476,00 €	11.214,00 €	14.952,00 €
Entwurf bis 60 m²	11.214,00 €	16.821,00 €	22.428,00 €
Entwurf bis 90 m²	16.198,00 €	24.297,00 €	32.396,00 €
Entwurf bis 180 m²	22.428,00 €	33.642,00 €	44.856,00 €
Entwurf bis 360 m²	33.642,00 €	50.463,00 €	67.284,00 €
Entwurf bis 720 m²	43.610,00 €	65.415,00 €	87.220,00 €
Aufbaubegleitung vor Ort	4.984,00 €	7.476,00 €	9.968,00 €

Messe- und Ausstellungsdesign

Ausführung in individueller Bauweise

	Agentur ⊗ ⊗ Aufwand ⊗ Nutzung ⊗	Agentur ⊗ ⊗ Aufwand ⊗ Nutzung ⊗ ⊗	Agentur ⊗ ⊗ Aufwand ⊗ Nutzung ⊗ ⊗ ⊗
Gesamtkonzept	2.804,00 €	3.738,00 €	4.673,00 €
Entwurf bis 15 m²	5.607,00 €	7.476,00 €	9.345,00 €
Entwurf bis 30 m²	8.411,00 €	11.214,00 €	14.018,00 €
Entwurf bis 60 m²	11.214,00 €	14.952,00 €	18.690,00 €
Entwurf bis 90 m²	16.821,00 €	22.428,00 €	28.035,00 €
Entwurf bis 180 m²	24.297,00 €	32.396,00 €	40.495,00 €
Entwurf bis 360 m²	33.642,00 €	44.856,00 €	56.070,00 €
Entwurf bis 720 m²	50.463,00 €	67.284,00 €	84.105,00 €
Aufbaubegleitung vor Ort	1.495,00 €	1.994,00 €	2.492,00 €

Messe- und Ausstellungsdesign

**Ausführung in
individueller Bauweise**

	Agentur ⊗ ⊗ Aufwand ⊗ ⊗ Nutzung ⊗	Agentur ⊗ ⊗ Aufwand ⊗ ⊗ Nutzung ⊗ ⊗	Agentur ⊗ ⊗ Aufwand ⊗ ⊗ Nutzung ⊗ ⊗ ⊗
Gesamtkonzept	7.009,00 €	9.345,00 €	11.681,00 €
Entwurf bis 15 m²	7.009,00 €	9.345,00 €	11.681,00 €
Entwurf bis 30 m²	9.812,00 €	13.083,00 €	16.354,00 €
Entwurf bis 60 m²	14.018,00 €	18.690,00 €	23.363,00 €
Entwurf bis 90 m²	20.559,00 €	27.412,00 €	34.265,00 €
Entwurf bis 180 m²	28.970,00 €	38.626,00 €	48.283,00 €
Entwurf bis 360 m²	42.053,00 €	56.070,00 €	70.088,00 €
Entwurf bis 720 m²	57.939,00 €	77.252,00 €	96.565,00 €
Aufbaubegleitung vor Ort	4.486,00 €	5.981,00 €	7.476,00 €

DER ROTSTIFT 2013

Messe- und Ausstellungsdesign

Ausführung in individueller Bauweise

	Agentur ⊗ ⊗ Aufwand ⊗ ⊗ ⊗ Nutzung ⊗	Agentur ⊗ ⊗ Aufwand ⊗ ⊗ ⊗ Nutzung ⊗ ⊗	Agentur ⊗ ⊗ Aufwand ⊗ ⊗ ⊗ Nutzung ⊗ ⊗ ⊗
Gesamtkonzept	11.214,00 €	14.952,00 €	18.690,00 €
Entwurf bis 15 m²	8.411,00 €	11.214,00 €	14.018,00 €
Entwurf bis 30 m²	11.214,00 €	14.952,00 €	18.690,00 €
Entwurf bis 60 m²	16.821,00 €	22.428,00 €	28.035,00 €
Entwurf bis 90 m²	24.297,00 €	32.396,00 €	40.495,00 €
Entwurf bis 180 m²	33.642,00 €	44.856,00 €	56.070,00 €
Entwurf bis 360 m²	50.463,00 €	67.284,00 €	84.105,00 €
Entwurf bis 720 m²	65.415,00 €	87.220,00 €	109.025,00 €
Aufbaubegleitung vor Ort	7.476,00 €	9.968,00 €	12.460,00 €

Messe- und Ausstellungsdesign

Ausführung in individueller Bauweise

	Agentur ⊗ ⊗ ⊗ Aufwand ⊗ Nutzung ⊗	Agentur ⊗ ⊗ ⊗ Aufwand ⊗ Nutzung ⊗ ⊗	Agentur ⊗ ⊗ ⊗ Aufwand ⊗ Nutzung ⊗ ⊗ ⊗
Gesamtkonzept	3.738,00 €	4.673,00 €	5.607,00 €
Entwurf bis 15 m²	7.476,00 €	9.345,00 €	11.214,00 €
Entwurf bis 30 m²	11.214,00 €	14.018,00 €	16.821,00 €
Entwurf bis 60 m²	14.952,00 €	18.690,00 €	22.428,00 €
Entwurf bis 90 m²	22.428,00 €	28.035,00 €	33.642,00 €
Entwurf bis 180 m²	32.396,00 €	40.495,00 €	48.594,00 €
Entwurf bis 360 m²	44.856,00 €	56.070,00 €	67.284,00 €
Entwurf bis 720 m²	67.284,00 €	84.105,00 €	100.926,00 €
Aufbaubegleitung vor Ort	1.994,00 €	2.492,00 €	2.990,00 €

Messe- und Ausstellungsdesign

**Ausführung in
individueller Bauweise**

	Agentur ⊗ ⊗ ⊗ Aufwand ⊗ ⊗ Nutzung ⊗	Agentur ⊗ ⊗ ⊗ Aufwand ⊗ ⊗ Nutzung ⊗ ⊗	Agentur ⊗ ⊗ ⊗ Aufwand ⊗ ⊗ Nutzung ⊗ ⊗ ⊗
Gesamtkonzept	9.345,00 €	11.681,00 €	14.018,00 €
Entwurf bis 15 m²	9.345,00 €	11.681,00 €	14.018,00 €
Entwurf bis 30 m²	13.083,00 €	16.354,00 €	19.625,00 €
Entwurf bis 60 m²	18.690,00 €	23.363,00 €	28.035,00 €
Entwurf bis 90 m²	27.412,00 €	34.265,00 €	41.118,00 €
Entwurf bis 180 m²	38.626,00 €	48.283,00 €	57.939,00 €
Entwurf bis 360 m²	56.070,00 €	70.088,00 €	84.105,00 €
Entwurf bis 720 m²	77.252,00 €	96.565,00 €	115.878,00 €
Aufbaubegleitung vor Ort	5.981,00 €	7.476,00 €	8.971,00 €

Messe- und Ausstellungsdesign

Ausführung in individueller Bauweise

	Agentur ⊗ ⊗ ⊗ Aufwand ⊗ ⊗ ⊗ Nutzung ⊗	Agentur ⊗ ⊗ ⊗ Aufwand ⊗ ⊗ ⊗ Nutzung ⊗ ⊗	Agentur ⊗ ⊗ ⊗ Aufwand ⊗ ⊗ ⊗ Nutzung ⊗ ⊗ ⊗
Gesamtkonzept	14.952,00 €	18.690,00 €	22.428,00 €
Entwurf bis 15 m²	11.214,00 €	14.018,00 €	16.821,00 €
Entwurf bis 30 m²	14.952,00 €	18.690,00 €	22.428,00 €
Entwurf bis 60 m²	22.428,00 €	28.035,00 €	33.642,00 €
Entwurf bis 90 m²	32.396,00 €	40.495,00 €	48.594,00 €
Entwurf bis 180 m²	44.856,00 €	56.070,00 €	67.284,00 €
Entwurf bis 360 m²	67.284,00 €	84.105,00 €	100.926,00 €
Entwurf bis 720 m²	87.220,00 €	109.025,00 €	130.830,00 €
Aufbaubegleitung vor Ort	9.968,00 €	12.460,00 €	14.952,00 €

Video

	Agentur ⊗ Aufwand ⊗ Nutzung ⊗	Agentur ⊗ Aufwand ⊗ Nutzung ⊗ ⊗	Agentur ⊗ Aufwand ⊗ Nutzung ⊗ ⊗ ⊗
Konzept Unternehmensfilm	3.822,00 €	5.733,00 €	7.644,00 €
Aufnahmeteam, allgemein	1.911,00 €	2.867,00 €	3.822,00 €
Aufnahmeteam, Live-Mitschnitt	2.548,00 €	3.822,00 €	5.096,00 €
Studio, Rohschnitt	1.019,00 €	1.529,00 €	2.038,00 €
Studio, Feinschnitt	1.274,00 €	1.911,00 €	2.548,00 €
Computeranimation	1.274,00 €	1.911,00 €	2.548,00 €
Tonaufnahmen	1.274,00 €	1.911,00 €	2.548,00 €
Sprecher/in	637,00 €	956,00 €	1.274,00 €

Video

	Agentur ⊗ Aufwand ⊗ ⊗ Nutzung ⊗	Agentur ⊗ Aufwand ⊗ ⊗ Nutzung ⊗ ⊗	Agentur ⊗ Aufwand ⊗ ⊗ Nutzung ⊗ ⊗ ⊗
Konzept Unternehmensfilm	6.370,00 €	9.555,00 €	12.740,00 €
Aufnahmeteam, allgemein	2.867,00 €	4.300,00 €	5.733,00 €
Aufnahmeteam, Live-Mitschnitt	3.376,00 €	5.064,00 €	6.752,00 €
Studio, Rohschnitt	1.274,00 €	1.911,00 €	2.548,00 €
Studio, Feinschnitt	1.529,00 €	2.293,00 €	3.058,00 €
Computeranimation	7.007,00 €	10.511,00 €	14.014,00 €
Tonaufnahmen	1.529,00 €	2.293,00 €	3.058,00 €
Sprecher/in	956,00 €	1.433,00 €	1.911,00 €

Video

	Agentur ⊗ Aufwand ⊗ ⊗ ⊗ Nutzung ⊗	Agentur ⊗ Aufwand ⊗ ⊗ ⊗ Nutzung ⊗ ⊗	Agentur ⊗ Aufwand ⊗ ⊗ ⊗ Nutzung ⊗ ⊗ ⊗
Konzept Unternehmensfilm	8.918,00 €	13.377,00 €	17.836,00 €
Aufnahmeteam, allgemein	3.822,00 €	5.733,00 €	7.644,00 €
Aufnahmeteam, Live-Mitschnitt	4.204,00 €	6.306,00 €	8.408,00 €
Studio, Rohschnitt	1.529,00 €	2.293,00 €	3.058,00 €
Studio, Feinschnitt	1.784,00 €	2.675,00 €	3.567,00 €
Computeranimation	12.740,00 €	19.110,00 €	25.480,00 €
Tonaufnahmen	1.784,00 €	2.675,00 €	3.567,00 €
Sprecher/in	1.274,00 €	1.911,00 €	2.548,00 €

Video

	Agentur ⊗ ⊗ Aufwand ⊗ Nutzung ⊗	Agentur ⊗ ⊗ Aufwand ⊗ Nutzung ⊗ ⊗	Agentur ⊗ ⊗ Aufwand ⊗ Nutzung ⊗ ⊗ ⊗
Konzept Unternehmensfilm	5.733,00 €	7.644,00 €	9.555,00 €
Aufnahmeteam, allgemein	2.867,00 €	3.822,00 €	4.778,00 €
Aufnahmeteam, Live-Mitschnitt	3.822,00 €	5.096,00 €	6.370,00 €
Studio, Rohschnitt	1.529,00 €	2.038,00 €	2.548,00 €
Studio, Feinschnitt	1.911,00 €	2.548,00 €	3.185,00 €
Computeranimation	1.911,00 €	2.548,00 €	3.185,00 €
Tonaufnahmen	1.911,00 €	2.548,00 €	3.185,00 €
Sprecher/in	956,00 €	1.274,00 €	1.593,00 €

Video

	Agentur ⊗ ⊗ Aufwand ⊗ ⊗ Nutzung ⊗	Agentur ⊗ ⊗ Aufwand ⊗ ⊗ Nutzung ⊗ ⊗	Agentur ⊗ ⊗ Aufwand ⊗ ⊗ Nutzung ⊗ ⊗ ⊗
Konzept Unternehmensfilm	9.555,00 €	12.740,00 €	15.925,00 €
Aufnahmeteam, allgemein	4.300,00 €	5.733,00 €	7.166,00 €
Aufnahmeteam, Live-Mitschnitt	5.064,00 €	6.752,00 €	8.440,00 €
Studio, Rohschnitt	1.911,00 €	2.548,00 €	3.185,00 €
Studio, Feinschnitt	2.293,00 €	3.058,00 €	3.822,00 €
Computeranimation	10.511,00 €	14.014,00 €	17.518,00 €
Tonaufnahmen	2.293,00 €	3.058,00 €	3.822,00 €
Sprecher/in	1.433,00 €	1.911,00 €	2.389,00 €

DER ROTSTIFT 2013

Video

	Agentur ⊗ ⊗ Aufwand ⊗ ⊗ ⊗ Nutzung ⊗	Agentur ⊗ ⊗ Aufwand ⊗ ⊗ ⊗ Nutzung ⊗ ⊗	Agentur ⊗ ⊗ Aufwand ⊗ ⊗ ⊗ Nutzung ⊗ ⊗ ⊗
Konzept Unternehmensfilm	13.377,00 €	17.836,00 €	22.295,00 €
Aufnahmeteam, allgemein	5.733,00 €	7.644,00 €	9.555,00 €
Aufnahmeteam, Live-Mitschnitt	6.306,00 €	8.408,00 €	10.511,00 €
Studio, Rohschnitt	2.293,00 €	3.058,00 €	3.822,00 €
Studio, Feinschnitt	2.675,00 €	3.567,00 €	4.459,00 €
Computeranimation	19.110,00 €	25.480,00 €	31.850,00 €
Tonaufnahmen	2.675,00 €	3.567,00 €	4.459,00 €
Sprecher/in	1.911,00 €	2.548,00 €	3.185,00 €

Video

	Agentur ⊗ ⊗ ⊗ Aufwand ⊗ Nutzung ⊗	Agentur ⊗ ⊗ ⊗ Aufwand ⊗ Nutzung ⊗ ⊗	Agentur ⊗ ⊗ ⊗ Aufwand ⊗ Nutzung ⊗ ⊗ ⊗
Konzept Unternehmensfilm	7.644,00 €	9.555,00 €	11.466,00 €
Aufnahmeteam, allgemein	3.822,00 €	4.778,00 €	5.733,00 €
Aufnahmeteam, Live-Mitschnitt	5.096,00 €	6.370,00 €	7.644,00 €
Studio, Rohschnitt	2.038,00 €	2.548,00 €	3.058,00 €
Studio, Feinschnitt	2.548,00 €	3.185,00 €	3.822,00 €
Computeranimation	2.548,00 €	3.185,00 €	3.822,00 €
Tonaufnahmen	2.548,00 €	3.185,00 €	3.822,00 €
Sprecher/in	1.274,00 €	1.593,00 €	1.911,00 €

Video

	Agentur ⊗ ⊗ ⊗ Aufwand ⊗ ⊗ Nutzung ⊗	Agentur ⊗ ⊗ ⊗ Aufwand ⊗ ⊗ Nutzung ⊗ ⊗	Agentur ⊗ ⊗ ⊗ Aufwand ⊗ ⊗ Nutzung ⊗ ⊗ ⊗
Konzept Unternehmensfilm	12.740,00 €	15.925,00 €	19.110,00 €
Aufnahmeteam, allgemein	5.733,00 €	7.166,00 €	8.600,00 €
Aufnahmeteam, Live-Mitschnitt	6.752,00 €	8.440,00 €	10.128,00 €
Studio, Rohschnitt	2.548,00 €	3.185,00 €	3.822,00 €
Studio, Feinschnitt	3.058,00 €	3.822,00 €	4.586,00 €
Computeranimation	14.014,00 €	17.518,00 €	21.021,00 €
Tonaufnahmen	3.058,00 €	3.822,00 €	4.586,00 €
Sprecher/in	1.911,00 €	2.389,00 €	2.867,00 €

DER ROTSTIFT 2013

Video

	Agentur ⊗ ⊗ ⊗ Aufwand ⊗ ⊗ ⊗ Nutzung ⊗	Agentur ⊗ ⊗ ⊗ Aufwand ⊗ ⊗ ⊗ Nutzung ⊗ ⊗	Agentur ⊗ ⊗ ⊗ Aufwand ⊗ ⊗ ⊗ Nutzung ⊗ ⊗ ⊗
Konzept Unternehmensfilm	17.836,00 €	22.295,00 €	26.754,00 €
Aufnahmeteam, allgemein	7.644,00 €	9.555,00 €	11.466,00 €
Aufnahmeteam, Live-Mitschnitt	8.408,00 €	10.511,00 €	12.613,00 €
Studio, Rohschnitt	3.058,00 €	3.822,00 €	4.586,00 €
Studio, Feinschnitt	3.567,00 €	4.459,00 €	5.351,00 €
Computeranimation	25.480,00 €	31.850,00 €	38.220,00 €
Tonaufnahmen	3.567,00 €	4.459,00 €	5.351,00 €
Sprecher/in	2.548,00 €	3.185,00 €	3.822,00 €

Druckkosten - Klassische Druckereien

Diese Preise sind ermittelt im Bereich der klassischen Druckereien. So genannte Internet- oder Online-Druckereien bieten oftmals weitaus günstigere Preise.

Beachten Sie beim Preisvergleich, dass diese Online-Druckereien in aller Regel nur einen sehr eingeschränkten Service bieten und z.B. meist keine Möglichkeit der Druckabnahme vor Ort oder die Anwesenheit beim Andruck besteht. Besonders bei abstimmungsintensiven Druckerzeugnissen ist der persönliche Kontakt mit der Druckerei in Hinblick auf das optimale Druckergebnis jedoch unabdingbar.

Briefpapier

1/0-farbig 80 g/m² Offsetpapier angeschnitten		1/0-farbig 80 g/m² Papier Cyberstar angeschnitten		2/0-farbig Schwarz + Sonderfarbe 80 g/m² Offsetpapier angeschnitten		2/0-farbig Schwarz + Sonderfarbe 80 g/m² Papier Cyberstar angeschnitten	
Auflage	Preis	Auflage	Preis	Auflage	Preis	Auflage	Preis
500	82,00	500	150,00	500	185,00	500	193,00
1.000	89,00	1.000	166,00	1.000	194,00	1.000	210,00
2.000	107,00	2.000	195,00	2.000	217,00	2.000	241,00
3.000	126,00	3.000	225,00	3.000	237,00	3.000	273,00
5.000	172,00	5.000	284,00	5.000	280,00	5.000	336,00
10.000	316,00	10.000	431,00	10.000	388,00	10.000	492,00

Briefpapier

3/0-farbig Euroskala 80 g/m² Offsetpapier angeschnitten		3/0-farbig Euroskala 80 g/m² Papier Cyberstar angeschnitten		4/0-farbig Euroskala 80 g/m² Offsetpapier angeschnitten		4/0-farbig Euroskala 80 g/m² Papier Cyberstar angeschnitten	
Auflage	Preis	Auflage	Preis	Auflage	Preis	Auflage	Preis
500	192,00	500	202,00	500	194,00	500	204,00
1.000	205,00	1.000	220,00	1.000	206,00	1.000	221,00
2.000	240,00	2.000	255,00	2.000	230,00	2.000	254,00
3.000	254,00	3.000	290,00	3.000	253,00	3.000	288,00
5.000	305,00	5.000	360,00	5.000	303,00	5.000	356,00
10.000	430,00	10.000	535,00	10.000	423,00	10.000	524,00

Visitenkarten

1/0-farbig 246 g/m² Visitenkartenkarton angeschnitten		2/0-farbig Schwarz + Sonderfarbe 246 g/m² Visitenkartenkarton angeschnitten		4/0-farbig Euroskala 246 g/m² Visitenkartenkarton angeschnitten		4/1-farbig Euroskala + Schwarz 246 g/m² Visitenkartenkarton angeschnitten	
Auflage	Preis	Auflage	Preis	Auflage	Preis	Auflage	Preis
100	130,00	100	180,00	100	183,00	100	195,00
200	131,00	200	181,00	200	184,00	200	197,00
300	132,00	300	182,00	300	184,00	300	199,00
500	136,00	500	189,00	500	186,00	500	202,00
1.000	141,00	1.000	193,00	1.000	190,00	1.000	209,00
2.000	151,00	2.000	200,00	2.000	198,00	2.000	231,00

DER ROTSTIFT 2013

Druckkosten - Klassische Druckereien

Briefhüllen DIN lang mit Fenster

2/0-farbig
Schwarz + Sonderfarbe
80 g/m², weiß
mit Fenster
selbstklebend

4/0-farbig
Euroskala
80 g/m², weiß
mit Fenster
selbstklebend

Auflage	Preis	Auflage	Preis
1.000	132,00	1.000	194,00
2.000	150,00	2.000	215,00
4.000	185,00	4.000	260,00
6.000	228,00	6.000	309,00
8.000	268,00	8.000	349,00
10.000	307,00	10.000	425,00

Briefhüllen C5 mit Fenster

2/0-farbig
Schwarz + Sonderfarbe
90 g/m², weiß
mit Fenster
selbstklebend

4/0-farbig
Euroskala
90 g/m², weiß
mit Fenster
selbstklebend

Auflage	Preis	Auflage	Preis
1.000	166,00	1.000	236,00
2.000	192,00	2.000	271,00
4.000	243,00	4.000	337,00
6.000	304,00	6.000	398,00
8.000	360,00	8.000	465,00
10.000	416,00	10.000	531,00

Briefhüllen C4 ohne Fenster

2/0-farbig
Schwarz + Sonderfarbe
90 g/m², weiß
ohne Fenster
selbstklebend

4/0-farbig
Euroskala
90 g/m², weiß
ohne Fenster
selbstklebend

Auflage	Preis	Auflage	Preis
1.000	197,00	1.000	262,00
2.000	241,00	2.000	307,00
4.000	341,00	4.000	405,00
6.000	432,00	6.000	500,00
8.000	522,00	8.000	593,00
10.000	319,00	10.000	684,00

Briefhüllen C4 mit Fenster

2/0-farbig
Schwarz + Sonderfarbe
90 g/m², weiß
mit Fenster
selbstklebend

4/0-farbig
Euroskala
90 g/m², weiß
mit Fenster
selbstklebend

Auflage	Preis	Auflage	Preis
1.000	198,00	1.000	262,00
2.000	242,00	2.000	310,00
4.000	342,00	4.000	408,00
6.000	435,00	6.000	506,00
8.000	527,00	8.000	599,00
10.000	623,00	10.000	692,00

Druckkosten - Klassische Druckereien

Postkarten DIN A 6 (148 x 105 mm)

4/1-farbig Euroskala + Schwarz 170 g/m² Bilderdruckpapier angeschnitten		4/1-farbig Euroskala + Schwarz 250 g/m² Bilderdruckpapier angeschnitten		4/4-farbig Euroskala 170 g/m² Bilderdruckpapier angeschnitten		4/4-farbig Euroskala 250 g/m² Bilderdruckpapier angeschnitten	
Auflage	Preis	Auflage	Preis	Auflage	Preis	Auflage	Preis
100	218,00	100	233,00	100	237,00	100	247,00
300	220,00	300	239,00	300	240,00	300	253,00
500	226,00	500	244,00	500	247,00	500	260,00
1.000	232,00	1.000	254,00	1.000	253,00	1.000	270,00
2.500	261,00	2.500	278,00	2.500	285,00	2.500	298,00
5.000	297,00	5.000	326,00	5.000	327,00	5.000	340,00

Postkarten DIN lang (100 x 210 mm)

4/1-farbig Euroskala + Schwarz 170 g/m² Bilderdruckpapier angeschnitten		4/1-farbig Euroskala + Schwarz 250 g/m² Bilderdruckpapier angeschnitten		4/4-farbig Euroskala 170 g/m² Bilderdruckpapier angeschnitten		4/4-farbig Euroskala 250 g/m² Bilderdruckpapier angeschnitten	
Auflage	Preis	Auflage	Preis	Auflage	Preis	Auflage	Preis
100	244,00	100	260,00	100	254,00	100	271,00
300	253,00	300	271,00	300	264,00	300	284,00
500	262,00	500	282,00	500	273,00	500	294,00
1.000	284,00	1.000	309,00	1.000	297,00	1.000	324,00
2.500	351,00	2.500	391,00	2.500	360,00	2.500	410,00
5.000	463,00	5.000	527,00	5.000	488,00	5.000	556,00

Postkarten Maxi (235 x 125 mm)

4/1-farbig Euroskala + Schwarz 170 g/m² Bilderdruckpapier angeschnitten		4/1-farbig Euroskala + Schwarz 250 g/m² Bilderdruckpapier angeschnitten		4/4-farbig Euroskala 170 g/m² Bilderdruckpapier angeschnitten		4/4-farbig Euroskala 250 g/m² Bilderdruckpapier angeschnitten	
Auflage	Preis	Auflage	Preis	Auflage	Preis	Auflage	Preis
100	310,00	100	323,00	100	333,00	100	346,00
300	317,00	300	331,00	300	341,00	300	355,00
500	323,00	500	340,00	500	348,00	500	365,00
1.000	342,00	1.000	362,00	1.000	368,00	1.000	389,00
2.500	398,00	2.500	427,00	2.500	435,00	2.500	460,00
5.000	488,00	5.000	554,00	5.000	527,00	5.000	598,00

Druckkosten - Klassische Druckereien

Flyer DIN A 6 (148 x 105 mm)

1/1-farbig Schwarz 170 g/m² Bilderdruckpapier angeschnitten		1/1-farbig Schwarz 250 g/m² Bilderdruckpapier angeschnitten		4/0-farbig Euroskala 170 g/m² Bilderdruckpapier angeschnitten		4/0-farbig Euroskala 250 g/m² Bilderdruckpapier angeschnitten	
Auflage	Preis	Auflage	Preis	Auflage	Preis	Auflage	Preis
500	236,00	500	253,00	500	227,00	500	241,00
1.000	257,00	1.000	263,00	1.000	236,00	1.000	253,00
2.000	263,00	2.000	287,00	2.000	253,00	2.000	273,00
3.000	281,00	3.000	309,00	3.000	270,00	3.000	295,00
5.000	318,00	5.000	355,00	5.000	305,00	5.000	338,00
10.000	409,00	10.000	467,00	10.000	393,00	10.000	446,00

Flyer DIN A 6 (148 x 105 mm)

4/1-farbig Euroskala + Schwarz 170 g/m² Bilderdruckpapier angeschnitten		4/1-farbig Euroskala + Schwarz 250 g/m² Bilderdruckpapier angeschnitten		4/4-farbig Euroskala 170 g/m² Bilderdruckpapier angeschnitten		4/4-farbig Euroskala 250 g/m² Bilderdruckpapier angeschnitten	
Auflage	Preis	Auflage	Preis	Auflage	Preis	Auflage	Preis
500	331,00	500	345,00	500	361,00	500	377,00
1.000	341,00	1.000	358,00	1.000	372,00	1.000	390,00
2.000	361,00	2.000	382,00	2.000	394,00	2.000	416,00
3.000	381,00	3.000	406,00	3.000	416,00	3.000	441,00
5.000	422,00	5.000	455,00	5.000	460,00	5.000	496,00
10.000	523,00	10.000	576,00	10.000	571,00	10.000	627,00

Flyer DIN A 5 (148 x 210 mm)

1/1-farbig Schwarz 170 g/m² Bilderdruckpapier angeschnitten		1/1-farbig Schwarz 250 g/m² Bilderdruckpapier angeschnitten		4/0-farbig Euroskala 170 g/m² Bilderdruckpapier angeschnitten		4/0-farbig Euroskala 250 g/m² Bilderdruckpapier angeschnitten	
Auflage	Preis	Auflage	Preis	Auflage	Preis	Auflage	Preis
500	196,00	500	204,00	500	207,00	500	215,00
1.000	208,00	1.000	218,00	1.000	215,00	1.000	225,00
2.000	230,00	2.000	244,00	2.000	240,00	2.000	246,00
3.000	253,00	3.000	328,00	3.000	264,00	3.000	267,00
5.000	298,00	5.000	321,00	5.000	312,00	5.000	311,00
10.000	348,00	10.000	391,00	10.000	376,00	10.000	415,00

Druckkosten - Klassische Druckereien

Flyer DIN A 5 (148 x 210 mm)

4/1-farbig Euroskala + Schwarz 170 g/m² Bilderdruckpapier angeschnitten		4/1-farbig Euroskala + Schwarz 250 g/m² Bilderdruckpapier angeschnitten		4/4-farbig Euroskala 170 g/m² Bilderdruckpapier angeschnitten		4/4-farbig Euroskala 250 g/m² Bilderdruckpapier angeschnitten	
Auflage	Preis	Auflage	Preis	Auflage	Preis	Auflage	Preis
500	223,00	500	271,00	500	267,00	500	299,00
1.000	247,00	1.000	299,00	1.000	290,00	1.000	329,00
2.000	291,00	2.000	354,00	2.000	335,00	2.000	389,00
3.000	335,00	3.000	407,00	3.000	381,00	3.000	449,00
5.000	423,00	5.000	517,00	5.000	471,00	5.000	569,00
10.000	642,00	10.000	789,00	10.000	698,00	10.000	869,00

Flyer DIN A 4 (210 x 297 mm)

1/1-farbig Schwarz 170 g/m² Bilderdruckpapier angeschnitten		1/1-farbig Schwarz 250 g/m² Bilderdruckpapier angeschnitten		4/0-farbig Euroskala 170 g/m² Bilderdruckpapier angeschnitten		4/0-farbig Euroskala 250 g/m² Bilderdruckpapier angeschnitten	
Auflage	Preis	Auflage	Preis	Auflage	Preis	Auflage	Preis
500	196,00	500	216,00	500	254,00	500	239,00
1.000	212,00	1.000	238,00	1.000	226,00	1.000	260,00
2.000	246,00	2.000	282,00	2.000	263,00	2.000	302,00
3.000	279,00	3.000	324,00	3.000	299,00	3.000	354,00
5.000	284,00	5.000	349,00	5.000	349,00	5.000	411,00
10.000	451,00	10.000	567,00	10.000	519,00	10.000	623,00

Flyer DIN A 4 (210 x 297 mm)

4/1-farbig Euroskala + Schwarz 170 g/m² Bilderdruckpapier angeschnitten		4/1-farbig Euroskala + Schwarz 250 g/m² Bilderdruckpapier angeschnitten		4/4-farbig Euroskala 170 g/m² Bilderdruckpapier angeschnitten		4/4-farbig Euroskala 250 g/m² Bilderdruckpapier angeschnitten	
Auflage	Preis	Auflage	Preis	Auflage	Preis	Auflage	Preis
500	321,00	500	336,00	500	352,00	500	370,00
1.000	344,00	1.000	364,00	1.000	379,00	1.000	402,00
2.000	389,00	2.000	422,00	2.000	429,00	2.000	464,00
3.000	435,00	3.000	479,00	3.000	479,00	3.000	527,00
5.000	415,00	5.000	494,00	5.000	545,00	5.000	573,00
10.000	642,00	10.000	762,00	10.000	708,00	10.000	838,00

Druckkosten - Klassische Druckereien

Prospekt DIN A 4 - 4-seitig

4/1-farbig Euroskala + Schwarz 170 g/m² Bilderdruckpapier angeschnitten		4/1-farbig Euroskala + Schwarz 250 g/m² Bilderdruckpapier angeschnitten		4/4-farbig Euroskala 170 g/m² Bilderdruckpapier angeschnitten		4/4-farbig Euroskala 250 g/m² Bilderdruckpapier angeschnitten	
Auflage	Preis	Auflage	Preis	Auflage	Preis	Auflage	Preis
500	300,00	500	335,00	500	326,00	500	373,00
1.000	346,00	1.000	392,00	1.000	373,00	1.000	432,00
2.000	440,00	2.000	505,00	2.000	466,00	2.000	548,00
3.000	534,00	3.000	619,00	3.000	559,00	3.000	664,00
5.000	721,00	5.000	846,00	5.000	745,00	5.000	896,00
10.000	1.181,00	10.000	1.393,00	10.000	1.203,00	10.000	1.456,00

Prospekt DIN A 5 - 4-seitig

4/1-farbig Euroskala + Schwarz 170 g/m² Bilderdruckpapier angeschnitten		4/1-farbig Euroskala + Schwarz 250 g/m² Bilderdruckpapier angeschnitten		4/4-farbig Euroskala 170 g/m² Bilderdruckpapier angeschnitten		4/4-farbig Euroskala 250 g/m² Bilderdruckpapier angeschnitten	
Auflage	Preis	Auflage	Preis	Auflage	Preis	Auflage	Preis
500	302,00	500	328,00	500	317,00	500	344,00
1.000	325,00	1.000	356,00	1.000	342,00	1.000	735,00
2.000	372,00	2.000	414,00	2.000	391,00	2.000	434,00
3.000	410,00	3.000	471,00	3.000	427,00	3.000	495,00
5.000	415,00	5.000	485,00	5.000	441,00	5.000	509,00
10.000	651,00	10.000	785,00	10.000	696,00	10.000	809,00

Prospekt DIN lang - 6-seitig

4/1-farbig Euroskala + Schwarz 135 g/m² Bilderdruckpapier angeschnitten		4/1-farbig Euroskala + Schwarz 170 g/m² Bilderdruckpapier angeschnitten		4/4-farbig Euroskala 135 g/m² Bilderdruckpapier angeschnitten		4/4-farbig Euroskala 170 g/m² Bilderdruckpapier angeschnitten	
Auflage	Preis	Auflage	Preis	Auflage	Preis	Auflage	Preis
500	272,00	500	292,00	500	304,00	500	320,00
1.000	292,00	1.000	316,00	1.000	325,00	1.000	345,00
2.000	335,00	2.000	362,00	2.000	371,00	2.000	395,00
3.000	363,00	3.000	389,00	3.000	409,00	3.000	427,00
5.000	445,00	5.000	397,00	5.000	494,00	5.000	444,00
10.000	576,00	10.000	620,00	10.000	649,00	10.000	693,00

Druckkosten - Klassische Druckereien

Prospekt DIN lang - 12-seitig (4 Seiten Umschlag + 8 Seiten Inhalt)

U: 4/1 - I: 1/1 Euroskala + Schwarz Umschlag 150 g/m² Inhalt 115 g/m² Bilderdruckpapier angeschnitten		U: 4/1 - I: 1/1 Euroskala + Schwarz Umschlag 200 g/m² Inhalt 135 g/m² Bilderdruckpapier angeschnitten		4/4-farbig Euroskala Umschlag 150 g/m² Inhalt 115 g/m² Bilderdruckpapier angeschnitten		4/4-farbig Euroskala Umschlag 200 g/m² Inhalt 135 g/m² Bilderdruckpapier angeschnitten	
Auflage	Preis	Auflage	Preis	Auflage	Preis	Auflage	Preis
100	504,00	100	518,00	100	563,00	100	566,00
300	552,00	300	566,00	300	604,00	300	608,00
500	598,00	500	604,00	500	645,00	500	650,00
1.000	714,00	1.000	730,00	1.000	748,00	1.000	757,00
3.000	1.057,00	3.000	1.103,00	3.000	1.162,00	3.000	1.183,00
5.000	1.364,00	5.000	1.411,00	5.000	1.473,00	5.000	1.506,00

Prospekt DIN lang - 16-seitig (4 Seiten Umschlag + 12 Seiten Inhalt)

U: 4/1 - I: 1/1 Euroskala + Schwarz Umschlag 150 g/m² Inhalt 115 g/m² Bilderdruckpapier angeschnitten		U: 4/1 - I: 1/1 Euroskala + Schwarz Umschlag 200 g/m² Inhalt 135 g/m² Bilderdruckpapier angeschnitten		4/4-farbig Euroskala Umschlag 150 g/m² Inhalt 115 g/m² Bilderdruckpapier angeschnitten		4/4-farbig Euroskala Umschlag 200 g/m² Inhalt 135 g/m² Bilderdruckpapier angeschnitten	
Auflage	Preis	Auflage	Preis	Auflage	Preis	Auflage	Preis
100	647,00	100	662,00	100	798,00	100	818,00
300	706,00	300	722,00	300	819,00	300	868,00
500	748,00	500	765,00	500	893,00	500	917,00
1.000	819,00	1.000	845,00	1.000	1.012,00	1.000	1.043,00
3.000	1.280,00	3.000	1.336,00	3.000	1.487,00	3.000	1.542,00
5.000	1.527,00	5.000	1.598,00	5.000	1.764,00	5.000	1.838,00

Prospekt DIN lang - 20-seitig (4 Seiten Umschlag + 16 Seiten Inhalt)

U: 4/1 - I: 1/1 Euroskala + Schwarz Umschlag 150 g/m² Inhalt 115 g/m² Bilderdruckpapier angeschnitten		U: 4/1 - I: 1/1 Euroskala + Schwarz Umschlag 200 g/m² Inhalt 135 g/m² Bilderdruckpapier angeschnitten		4/4-farbig Euroskala Umschlag 150 g/m² Inhalt 115 g/m² Bilderdruckpapier angeschnitten		4/4-farbig Euroskala Umschlag 200 g/m² Inhalt 135 g/m² Bilderdruckpapier angeschnitten	
Auflage	Preis	Auflage	Preis	Auflage	Preis	Auflage	Preis
100	624,00	100	641,00	100	765,00	100	769,00
300	682,00	300	712,00	300	819,00	300	827,00
500	743,00	500	760,00	500	876,00	500	884,00
1.000	852,00	1.000	873,00	1.000	1.014,00	1.000	1.027,00
3.000	1.328,00	3.000	1.400,00	3.000	1.568,00	3.000	1.600,00
5.000	1.761,00	5.000	1.814,00	5.000	2.018,00	5.000	2.063,00

DER ROTSTIFT 2013

Druckkosten - Klassische Druckereien

Prospekt DIN A 4
8-seitig (4 Seiten Umschlag + 4 Seiten Inhalt)

4/4-farbig Euroskala 135 g/m² Bilderdruckpapier angeschnitten		4/4-farbig Euroskala 170 g/m² Bilderdruckpapier angeschnitten	
Auflage	Preis	Auflage	Preis
500	744,00	500	762,00
1.000	838,00	1.000	864,00
2.000	1.028,00	2.000	1.066,00
3.000	1.130,00	3.000	1.268,00
4.000	1.209,00	4.000	1.271,00
5.000	1.397,00	5.000	1.466,00

Prospekt DIN A 4
12-seitig (4 Seiten Umschlag + 8 Seiten Inhalt)

4/4-farbig Euroskala 135 g/m² Bilderdruckpapier angeschnitten		4/4-farbig Euroskala 170 g/m² Bilderdruckpapier angeschnitten	
Auflage	Preis	Auflage	Preis
500	871,00	500	1.042,00
1.000	1.030,00	1.000	1.173,00
2.000	1.350,00	2.000	1.434,00
3.000	1.639,00	3.000	1.637,00
4.000	1.945,00	4.000	1.688,00
5.000	2.251,00	5.000	1.894,00

Prospekt DIN A 4
16-seitig (4 Seiten Umschlag + 12 Seiten Inhalt)

4/4-farbig Euroskala 135 g/m² Bilderdruckpapier angeschnitten		4/4-farbig Euroskala 170 g/m² Bilderdruckpapier angeschnitten	
Auflage	Preis	Auflage	Preis
500	1.008,00	500	1.230,00
1.000	1.193,00	1.000	1.379,00
2.000	1.563,00	2.000	1.671,00
3.000	1.875,00	3.000	2.328,00
4.000	2.229,00	4.000	2.812,00
5.000	2.584,00	5.000	3.297,00

Prospekt DIN A 4
20-seitig (4 Seiten Umschlag + 16 Seiten Inhalt)

4/4-farbig Euroskala 135 g/m² Bilderdruckpapier angeschnitten		4/4-farbig Euroskala 170 g/m² Bilderdruckpapier angeschnitten	
Auflage	Preis	Auflage	Preis
500	1.192,00	500	1.452,00
1.000	1.408,00	1.000	1.621,00
2.000	1.838,00	2.000	1.950,00
3.000	2.222,00	3.000	2.737,00
4.000	2.643,00	4.000	3.307,00
5.000	3.057,00	5.000	3.877,00

Druckkosten - Klassische Druckereien

Prospekt DIN A 5
8-seitig (4 Seiten Umschlag + 4 Seiten Inhalt)

4/4-farbig Euroskala 135 g/m² Bilderdruckpapier angeschnitten		4/4-farbig Euroskala 170 g/m² Bilderdruckpapier angeschnitten	
Auflage	Preis	Auflage	Preis
500	496,00	500	503,00
1.000	570,00	1.000	607,00
2.000	715,00	2.000	817,00
3.000	862,00	3.000	1.027,00
4.000	907,00	4.000	1.236,00
5.000	1.072,00	5.000	1.438,00

Prospekt DIN A 5
12-seitig (4 Seiten Umschlag + 8 Seiten Inhalt)

4/4-farbig Euroskala 135 g/m² Bilderdruckpapier angeschnitten		4/4-farbig Euroskala 170 g/m² Bilderdruckpapier angeschnitten	
Auflage	Preis	Auflage	Preis
500	717,00	500	773,00
1.000	837,00	1.000	904,00
2.000	1.078,00	2.000	1.168,00
3.000	1.318,00	3.000	1.424,00
4.000	1.463,00	4.000	1.577,00
5.000	1.685,00	5.000	1.837,00

Prospekt DIN A 5
16-seitig (4 Seiten Umschlag + 12 Seiten Inhalt)

4/4-farbig Euroskala 135 g/m² Bilderdruckpapier angeschnitten		4/4-farbig Euroskala 170 g/m² Bilderdruckpapier angeschnitten	
Auflage	Preis	Auflage	Preis
500	670,00	500	731,00
1.000	811,00	1.000	890,00
2.000	1.091,00	2.000	1.194,00
3.000	1.363,00	3.000	1.488,00
4.000	1.634,00	4.000	1.790,00
5.000	1.911,00	5.000	2.083,00

Prospekt DIN A 5
20-seitig (4 Seiten Umschlag + 16 Seiten Inhalt)

4/4-farbig Euroskala 135 g/m² Bilderdruckpapier angeschnitten		4/4-farbig Euroskala 170 g/m² Bilderdruckpapier angeschnitten	
Auflage	Preis	Auflage	Preis
500	886,00	500	848,00
1.000	1.045,00	1.000	999,00
2.000	1.359,00	2.000	1.295,00
3.000	1.665,00	3.000	1.587,00
4.000	1.884,00	4.000	1.782,00
5.000	2.188,00	5.000	2.076,00

DER ROTSTIFT 2013

Druckkosten - Klassische Druckereien

Angebotsmappen

4/0-farbig
Euroskala
280 g/m², weiß, Chromokarton
Format 302 x 214 mm, 5 mm FH
Visitenkarten-Schlitz

Auflage	Preis
100	478,00
200	495,00
250	504,00
500	555,00
1.000	649,00
2.000	828,00

4/4-farbig
Euroskala
280 g/m², weiß, Chromokarton
Format 302 x 214 mm, 5 mm FH
Visitenkarten-Schlitz

Auflage	Preis
100	680,00
200	698,00
250	707,00
500	768,00
1.000	873,00
2.000	1.082,00

Angebotsmappen

4/0-farbig
Euroskala
300 g/m², Chromokarton
302 x 214 mm, 5 mm FH
Drucklack, Vis.karten-Schlitz

Auflage	Preis
100	599,00
200	626,00
250	643,00
500	723,00
1.000	855,00
2.000	1.111,00

4/4-farbig
Euroskala
300 g/m², Chromokarton
302 x 214 mm, 5 mm FH
Drucklack, Vis.karten-Schlitz

Auflage	Preis
100	793,00
200	820,00
250	837,00
500	926,00
1.000	1.067,00
2.000	1.349,00

Aufkleber

4/0-farbig
Euroskala
DIN A 6, eckig
160 g/m² PET-Folie
weiß, glänzend

Auflage	Preis
250	96,00
500	130,00
1.000	200,00
2.000	305,00
3.000	453,00
5.000	750,00

4/0-farbig
Euroskala
136 x 84 mm, oval
160 g/m² PET-Folie
weiß, glänzend

Auflage	Preis
250	157,00
500	192,00
1.000	261,00
2.000	401,00
3.000	584,00
5.000	960,00

Schreibblock

4/0-farbig, DIN A 4
Euroskala
80 g/m², weiß
à 50 Blatt
mit Rückpappe, geleimt

Auflage	Preis
100	307,00
250	461,00
500	692,00
1.000	1.188,00
2.000	2.459,00
5.000	5.792,00

4/0-farbig, DIN A 5
Euroskala
80 g/m², weiß
à 50 Blatt
mit Rückpappe, geleimt

Auflage	Preis
100	267,00
250	362,00
500	535,00
1.000	812,00
2.000	1.425,00
5.000	3.214,00

Druckkosten - Klassische Druckereien

Großflächenplakat 18/1 (3560 x 2520 mm)

2/0-farbig Schwarz + Sonderfarbe 115 g/m² Affichenpapier angeschnitten		4/0-farbig Euroskala 115 g/m² Affichenpapier angeschnitten	
Auflage	Preis	Auflage	Preis
50	1.244,00	50	2.086,00
100	1.309,00	100	2.161,00
250	1.505,00	250	2.387,00
500	1.557,00	500	2.314,00
1.000	2.113,00	1.000	2.990,00
5.000	7.723,00	5.000	9.549,00

Ganzsäulenplakat 8/1 (1190 x 3360 mm)

2/0-farbig Schwarz + Sonderfarbe 115 g/m² Affichenpapier angeschnitten		4/0-farbig Euroskala 115 g/m² Affichenpapier angeschnitten	
Auflage	Preis	Auflage	Preis
50	820,00	50	1.143,00
100	858,00	100	1.180,00
250	970,00	250	1.260,00
500	984,00	500	1.293,00
1.000	1.300,00	1.000	1.580,00
2.000	2.276,00	2.000	2.613,00

Ganzsäulenplakat 6/1 (1190 x 3360 mm)

2/0-farbig Schwarz + Sonderfarbe 115 g/m² Affichenpapier angeschnitten		4/0-farbig Euroskala 115 g/m² Affichenpapier angeschnitten	
Auflage	Preis	Auflage	Preis
50	626,00	50	834,00
100	656,00	100	864,00
250	745,00	250	954,00
500	760,00	500	1.056,00
1.000	991,00	1.000	1.196,00
2.000	1.790,00	2.000	2.009,00

Allgemeinanschlag (1190 x 1680 mm)

2/0-farbig Schwarz + Sonderfarbe 115 g/m² Affichenpapier angeschnitten		4/0-farbig Euroskala 115 g/m² Affichenpapier angeschnitten	
Auflage	Preis	Auflage	Preis
50	590,00	50	778,00
100	615,00	100	804,00
250	691,00	250	879,00
500	692,00	500	886,00
1.000	904,00	1.000	1.067,00
2.000	1.560,00	2.000	1.758,00

DER ROTSTIFT 2013

Druckkosten - Klassische Druckereien

Plakat DIN A 0 (841 x 1189 mm)

2/0-farbig		4/0-farbig	
Schwarz + Sonderfarbe		Euroskala	
115 g/m²		115 g/m²	
Bilderdruck		Bilderdruck	
angeschnitten		angeschnitten	
Auflage	Preis	Auflage	Preis
50	263,00	50	380,00
100	268,00	100	386,00
250	288,00	250	406,00
500	304,00	500	420,00
1.000	329,00	1.000	429,00
2.000	518,00	2.000	638,00

Plakat DIN A 1 (594 x 841 mm)

2/0-farbig		4/0-farbig	
Schwarz + Sonderfarbe		Euroskala	
115 g/m²		115 g/m²	
Bilderdruck		Bilderdruck	
angeschnitten		angeschnitten	
Auflage	Preis	Auflage	Preis
50	190,00	50	275,00
100	195,00	100	280,00
250	209,00	250	294,00
500	224,00	500	296,00
1.000	239,00	1.000	312,00
2.000	376,00	2.000	462,00

Plakat DIN A 2 (420 x 594 mm)

2/0-farbig		4/0-farbig	
Schwarz + Sonderfarbe		Euroskala	
115 g/m²		115 g/m²	
Bilderdruck		Bilderdruck	
angeschnitten		angeschnitten	
Auflage	Preis	Auflage	Preis
50	120,00	50	174,00
100	123,00	100	177,00
250	132,00	250	187,00
500	143,00	500	192,00
1.000	151,00	1.000	197,00
2.000	239,00	2.000	293,00

Plakat DIN A 3 (297 x 420 mm)

2/0-farbig		4/0-farbig	
Schwarz + Sonderfarbe		Euroskala	
115 g/m²		115 g/m²	
Bilderdruck		Bilderdruck	
angeschnitten		angeschnitten	
Auflage	Preis	Auflage	Preis
50	70,00	50	101,00
100	72,00	100	103,00
250	77,00	250	108,00
500	71,00	500	112,00
1.000	88,00	1.000	115,00
2.000	138,00	2.000	171,00

Druckkosten - Online-Druckereien

Diese Preise sind die günstigsten von uns ermittelten Preise im Bereich der so genannten Online-Druckereien.

Beachten Sie beim Preisvergleich, dass diese Internet-Druckereien in aller Regel nur einen sehr eingeschränkten Service bieten und z.b. meist keine Möglichkeit der Druckabnahme vor Ort oder die Anwesenheit beim Andruck besteht. Besonders bei abstimmungsintensiven Druckerzeugnissen ist der persönliche Kontakt mit der Druckerei in Hinblick auf das optimale Druckergebnis jedoch unabdingbar.

Wir empfehlen Ihnen, bei der Entscheidung für einen Auftrag bei einer Online-Druckerei, für jedes einzelne Projekt den jeweils besten Preis suchen. Verlassen Sie sich nicht darauf, dass beispielsweise der günstigste Anbieter von Flyern auch bei Briefumschlägen, Briefpapier, Broschüren etc. den besten Preis bietet. So kann zum Beispiel ein Anbieter, der bei Visitenkarten besser als der Durchschnitt anbietet, bei Flyern DIN A 4 oder Broschüren der teuerste Anbieter sein!

Besonders häufig werden die Produkte Briefpapier und Visitenkarte dazu genutzt, Sie als Interessenten von der vermeintlichen Preiswürdigkeit zu überzeugen.

Auch werben manche Druckereien mit Slogans wie „Best Price Garantie" oder „Günstigste Druckerei für ...". Schenken Sie solchen Aussagen nicht allzu viel Glauben!

In einem Beispiel stützt sich solch eine Aussage einer Druckerei auf die Analyse eines „unabhängigen Marktforschungsinstitutes", welches lediglich 38 Onlinedruckereien untersucht hat. Wir fanden bei den 106 von uns untersuchten Druckereien jedoch gleich mehrere Anbieter mit einem weitaus günstigeren Preis. Angesichts der Vielzahl von Online-Druckereien am Markt und der sehr geringen Untersuchungsanzahl in der Studie ist es doch sehr gewagt, mit der Auszeichnung „Günstigste Druckerei" zu werben. Auch geht aus der Studie nicht hervor, ob denn die tatsächlichen Endpreise inklusive etwaiger Jobpauschalen oder Kosten für die Zahlart berücksichtigt wurden.

Auch wenn Ihnen auf der Startseite solch ein Preisversprechen gemacht wird, prüfen Sie dennoch die Angebote weiterer Druckereien!

Druckkosten - Online-Druckereien

Briefpapier
4/0-farbig
80 g/m²

Auflage	Preis
500	25,70
1.000	25,93
2.000	36,70
5.000	67,74

Visitenkarten
4/0-farbig
250 -300 g/m²

Auflage	Preis
500	13,87
1.000	15,24
2.000	18,23
5.000	27,19

Briefhüllen Din lang
4/0-farbig
mit Fenster, selbstklebend oder Haftstreifen

Auflage	Preis
1.000	51,03
2.000	69,48
5.000	114,29
10.000	212,57

Briefhüllen C4
4/0-farbig
mit Fenster, selbstklebend oder Haftstreifen

Auflage	Preis
1.000	75,58
2.000	116,07
5.000	252,70
10.000	470,28

Flyer DIN A 6
4/4-farbig
135 g/m²
Bilderdruck, glänzend

Auflage	Preis
1.000	18,15
2.500	23,16
5.000	24,12
10.000	46,26

Flyer DIN A 6
4/4-farbig
250 g/m²
Bilderdruck, glänzend

Auflage	Preis
1.000	19,20
2.500	24,99
5.000	28,72
10.000	56,24

Flyer DIN lang
4/4-farbig
135 g/m²
Bilderdruck, glänzend

Auflage	Preis
1.000	22,09
2.500	28,85
5.000	37,63
10.000	56,93

Flyer DIN lang
4/4-farbig
250 g/m²
Bilderdruck, glänzend

Auflage	Preis
1.000	27,40
2.500	37,63
5.000	53,07
10.000	85,57

Folder DIN lang 4 Seiten
4/4-farbig
135 g/m²
Bilderdruck, glänzend

Auflage	Preis
1.000	37,63
2.500	51,00
5.000	67,82
10.000	89,63

Folder DIN lang 4 Seiten
4/4-farbig
170 g/m²
Bilderdruck, glänzend

Auflage	Preis
1.000	43,42
2.500	61,76
5.000	88,78
10.000	150,54

Folder DIN lang 6 Seiten
4/4-farbig
135 g/m²
Bilderdruck, glänzend

Auflage	Preis
1.000	38,50
2.500	66,58
5.000	95,53
10.000	172,73

Folder DIN lang 6 Seiten
4/4-farbig
170 g/m²
Bilderdruck, glänzend

Auflage	Preis
1.000	54,04
2.500	81,06
5.000	122,55
10.000	208,44

Prospektblatt DIN A 4
4/4-farbig
135 g/m²
Bilderdruck, glänzend

Auflage	Preis
1.000	38,50
2.500	56,93
5.000	91,03
10.000	151,47

Prospektblatt DIN A 4
4/4-farbig
250 g/m²
Bilderdruck, glänzend

Auflage	Preis
1.000	51,73
2.500	94,02
5.000	139,72
10.000	242,54

Prospektblatt DIN A 5
4/4-farbig
135 g/m²
Bilderdruck, glänzend

Auflage	Preis
1.000	27,02
2.500	37,28
5.000	49,32
10.000	84,97

Prospektblatt DIN A 5
4/4-farbig
250 g/m²
Bilderdruck, glänzend

Auflage	Preis
1.000	29,98
2.500	51,84
5.000	71,18
10.000	127,84

Alle Preise sind Endpreise für fertige Produkte mit folgenden Kalkulationsgrundlagen:
Einzelbestellung, günstigster Versand, günstigste Produktionsdauer, günstigste Zahlungsart, ohne Imprint, netto zzgl. MwSt. Die hier abgebildeten Preise sind die günstigsten in unserem DruckkostenCheck ermittelten Preise. Preisänderungen seitens der Druckereien möglich.

Druckkosten - Online-Druckereien

Prospekt A 4 — 8 Seiten
4/4-farbig
135 g/m²
Bilderdruck, glänzend

Auflage	Preis
1.000	183,35
2.500	288,53
5.000	434,25
10.000	829,12

Prospekt A 4 — 12 Seiten
4/4-farbig
135 g/m²
Bilderdruck, glänzend

Auflage	Preis
1.000	246,07
2.500	413,98
5.000	626,28
10.000	1.108,78

Prospekt A 4 — 16 Seiten
4/4-farbig
135 g/m²
Bilderdruck, glänzend

Auflage	Preis
1.000	288,53
2.500	529,78
5.000	800,95
10.000	1.389,60

Prospekt A 4 — 20 Seiten
4/4-farbig
135 g/m²
Bilderdruck, glänzend

Auflage	Preis
1.000	385,03
2.500	635,93
5.000	964,03
10.000	1.737,00

Prospekt A 5 — 8 Seiten
4/4-farbig
135 g/m²
Bilderdruck, glänzend

Auflage	Preis
1.000	95,53
2.500	182,38
5.000	240,28
10.000	462,23

Prospekt A 5 — 12 Seiten
4/4-farbig
135 g/m²
Bilderdruck, glänzend

Auflage	Preis
1.000	134,13
2.500	218,94
5.000	336,78
10.000	616,63

Prospekt A 5 — 16 Seiten
4/4-farbig
135 g/m²
Bilderdruck, glänzend

Auflage	Preis
1.000	172,73
2.500	288,53
5.000	442,93
10.000	772,01

Prospekt A 5 — 20 Seiten
4/4-farbig
135 g/m²
Bilderdruck, glänzend

Auflage	Preis
1.000	211,33
2.500	337,43
5.000	550,05
10.000	945,70

Plakat DIN A 3
4/0-farbig
115 g/m²
Affichen

Auflage	Preis
100	32,26
250	37,29
1.000	56,04
2.000	80,56

Plakat DIN A 3
4/0-farbig
135 g/m²
Bilderdruck, glänzend

Auflage	Preis
100	19,30
250	32,63
1.000	46,08
2.000	75,05

Plakat DIN A 2
4/0-farbig
115 g/m²
Affichen

Auflage	Preis
100	51,21
250	59,86
1.000	91,22
2.000	150,26

Plakat DIN A 2
4/0-farbig
135 g/m²
Bilderdruck, glänzend

Auflage	Preis
100	45,26
250	52,60
1.000	89,69
2.000	135,31

Plakat DIN A 1
4/0-farbig
115 g/m²
Affichen

Auflage	Preis
100	89,17
250	105,38
1.000	164,05
2.000	289,28

Plakat DIN A 1
4/0-farbig
135 g/m²
Bilderdruck, glänzend

Auflage	Preis
100	78,91
250	92,52
1.000	159,22
2.000	250,85

Alle Preise sind Endpreise für fertige Produkte mit folgenden Kalkulationsgrundlagen:
Einzelbestellung, günstigster Versand, günstigste Produktionsdauer, günstigste Zahlungsart, ohne Imprint, netto zzgl. MwSt.
Die hier abgebildeten Preise sind die günstigsten in unserem DruckkostenCheck ermittelten Preise. Preisänderungen seitens der Druckereien möglich.

 DER ROTSTIFT 2013

Druckkosten - Online-Druckereien

Diese 106 Online-Druckereien wurden bei der Druckkostenanalyse berücksichtigt:

47print.com	flyerdevil.de	online-druckhaus.de
allesdruck.de	flyerfabrik.eu	orangepress.de
briefbogen.de	flyerfish.de	overnightprints.de
bullflyer.de	flyerheaven.de	papageidruck.de
cewe-print.de	flyerking.de	perfect-prints.de
cyberhafen.de	flyermaschine.de	plakatdrucker.de
diedruckerei.de	flyermeyer.de	primus-print.de
dieumweltdruckerei.de	flyermonster.de	print-pool.com
discountdruck.de	flyerpara.de	print-webworld.de
druck-mit-uns.de	flyerpilot.de	print3.de
druckass.de	flyertaxi.de	print4reseller.de
druckbombe.de	flyerunited.de	printcarrier.com
druckdiscount24.de	flyerwire.de	printello.de
druckerei-direkt.de	getprint.de	printerwahnsinn.com
druckerei-sdv.de	gewerbe-druck.de	printfever.de
druckerei.de	global-print.com	printiger.de
druckexperten.de	goodflyer.de	printoo.de
druckhausdirekt.de	hot-flyer.de	printstube.de
druckhauskay.de	ihrdrucker.de	printzipia.de
druckhelden.de	ikarusflyer.de	rainbowprint.de
druckmaxx.de	innup.de	sachsenflyer.de
druckportal.de	kingprinter.de	safer-print.com
druckr.me	klarmann-print.de	saxoprint.de
druckskala.de	laser-line.de	service-druckexpress.de
eprinto.de	logiprint.com	speedflyer.de
europadruck.de	lokay24.de	tiptopdruck.de
eyesee.de	lw-flyerdruck.de	uhl-media.de
firstprint.de	mandaro.de	viaprinto.de
flyer-prints.de	maxxprint.de	virtualprinter.de
flyer-store.de	megadruck.de	wagnermedia24.de
flyer-treiber.de	mein-druckservice.de	wir-machen-druck.de
flyer.de	mein-flyerdruck.de	xeio.de
flyer24.de	mk-print.de	xposeprint.de
flyer4fun.de	myflyer.de	yesprint.de
flyeralarm.de	oekoprint.net	
flyerdepot.de	online-druck.biz	

Musterkalkulationen

Sie finden auf den folgenden Seiten drei Projekte, wie sie Ihnen als Werbeleiter bei Ihrer Arbeit begegnen.

Mit diesen Musterkalkulationen erhalten Sie eine weitere Unterstützung bei der Kalkulation von Werbeprojekten und für die Planung von Werbebudgets.

Alle kalkulierten Aufgaben und Projekte wurden wie beschrieben in der Realität umgesetzt und von uns auf Basis des ROTSTIFT zusätzlich mit den verschiedenen Faktoren wie Agentur- und Kundengröße, Aufwand und Nutzung kalkuliert.

Administrative Tätigkeiten, Besprechungen, Anreise und Spesen sind nicht gesondert aufgeführt und in den Honorarsätzen bereits enthalten. Diese Musterkalkulationen sind eine Arbeitshilfe aus dem Agenturalltag. Und da es nicht alltäglich ist, dass die Agentur oder der Kunden darauf bestehen, jede Besprechung in einer anderen Weltmetropole mit anschließendem Unterhaltungsprogramm durchzuführen, kommen Sie mit den einkalkulierten Kosten in der Regel gut hin.

Alle Preisangaben netto zuzüglich der gesetzlichen Mehrwertsteuer.

Über 50 komplett kalkulierte Werbeprojekte finden Sie in den *Musterkalkulationen für Werbeagenturen und Freelancer.*

Diese Musterkalkulationen sind als CD- und Download-Version erhältlich unter: **www.WerbeCheck.de**

DER ROTSTIFT 2013

Musterkalkulationen

Nutzungshinweise

Bitte beachten Sie folgenden wichtigen Hinweis zu den Musterkalkulationen:

Lassen Sie sich von den Projektbeschreibungen nicht verwirren. Wenn beispielsweise in der Projektbeschreibung die Rede von einem regional tätigen Auftraggeber ist, dann verwundert auf den ersten Blick eine zusätzliche Kalkulationsdarstellung für ein weltweit tätiges Unternehmen doch sehr.

Viele Aufgaben sind identisch, egal ob Sie diese für ein Ein-Mann-Unternehmen oder für einen DAX-gelisteten Konzern bearbeiten. Die Honorare sind es natürlich nicht. Als Basis haben wir die Projekte so dargestellt, wie wir sie ermittelt haben. Um Ihnen eine möglichst große Bandbreite an Konstellationen darzustellen, haben wir dann ausgehend von diesem Projekt überlegt, welches Honorar ist bei welcher weiteren Agentur- / Kunden- / Nutzungskonstellation marktgerecht.

Ausgewiesen wird der tatsächlich für das konkrete Projekt passende Preis.

Zusätzlich erhalten Sie als Orientierungshilfe noch drei weitere Honorarübersichten nach dem Motto "Was wäre wenn". Damit werden Fragen beantwortet wie "Wieviel würde dieses Projekt kosten, wenn das beauftragende Unternehmen nicht regional, sondern weltweit tätig wäre?" Oder "Wie würde dieses Projekt kalkuliert, wenn der Aufwand zur Erstellung doppelt so hoch wäre?".

Der ROTSTIFT weist Ihnen dazu für jede Einzelposition 27 verschiedene Honorarsätze aus. Wir haben uns bei diesen Musterkalkulationen für die Zusatzhonorare auf drei Eckpfeiler beschränkt; auf die günstigste und teuerste Variante, sowie auf die sogenannte Goldene Mitte.

Diese drei Konstellationen werden in den vorliegenden Musterkalkulationen zusätzlich zum projektbezogenen Honorar abgebildet:

PROJEKT A	PROJEKT B	PROJEKT C
Agentur ⊗	Agentur ⊗ ⊗	Agentur ⊗ ⊗ ⊗
Aufwand ⊗	Aufwand ⊗ ⊗	Aufwand ⊗ ⊗ ⊗
Nutzung ⊗	Nutzung ⊗ ⊗	Nutzung ⊗ ⊗ ⊗

Musterkalkulationen

Neueröffnung Filiale Steuerberatungskanzlei

Projektbeschreibung: Eine sehr renommierte Steuerberatungskanzlei mit 250 Mitarbeitern und überwiegender Mandantschaft im Bereich Großunternehmen eröffnet eine neue Filiale.

Zu der Eröffnung werden die Mandanten sowie ortsansässigen Unternehmer und Honoratioren mit einem zweistufigen Mailing geladen.

Zur allgemeinen Information werden in der ortsansässigen Tageszeitung Anzeigen geschaltet.

Für den Tag der Eröffnung wird die Fassade des Bürogebäudes mit einem Maxibanner verhüllt.

Anlässlich der Eröffnung ist zudem eine Imagebroschüre zu erstellen.

Musterkalkulationen

Kalkulatorische Grundlagen:

Die Inhaber der Steuerberatungsgesellschaft legen viel Wert auf ein sehr gehobenes Erscheinungsbild. Da sich der Aufwand für die Kommunikationsmaßnahmen dementsprechend gestaltet, wird in diesem Bereich der Faktor 3 als Kalkulationsgrundlage genutzt.

Die Fotoarbeiten für die Imagebroschüre werden auch für die Erstellung der Anzeige und für das Maxibanner genutzt.

Die komplette Abwicklung liegt in den Händen der Agentur. Die Mediakosten werden von der Agentur unter Berücksichtigung der AE-Provision an den Auftraggeber berechnet. Die Produktionskosten für das Maxibanner und für die Imagebroschüre werden von der Agentur mit einem Service Fee von 10% an den Auftraggeber weiter gegeben.

Zur Kalkulation dieses Projektes wurden folgende Faktoren nach dem WerbeCheck-Scoring verwendet:

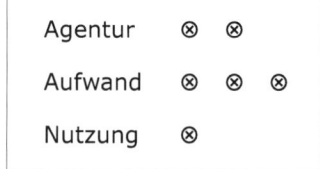

Agentur ⊗ ⊗

Aufwand ⊗ ⊗ ⊗

Nutzung ⊗

Weitere Informationen zum WerbeCheck-Scoring erhalten Sie auf Seite 5.

Musterkalkulationen

Berechnung: Agentur 2 | Aufwand 3 | Nutzung 1

Mailing
Grundkonzept:	4.284,00 €
Gestaltung Anschreiben, 2 St.:	4.284,00 €
Text, 2 Seiten:	2.218,00 €

Anzeige
Gestaltung:	2.705,00 €
Text:	1.848,00 €

Maxibanner
Gestaltung:	4.687,00 €

Imagebroschüre
Grundkonzept:	14.062,00 €
Gestaltung Titel + Rückseite:	4.297,00 €
Gestaltung innen, 8 Doppelseiten:	12.496,00 €
Text:	14.784,00 €
Fotoarbeiten, 3 x aussen + 18 x innen:	19.275,00 €

Gesamtvergütung: **84.940,00 €**

PROJEKT A		PROJEKT B		PROJEKT C	
Mailing		**Mailing**		**Mailing**	
Grundkonzept:	1.428,00 €	Grundkonzept:	4.284,00 €	Grundkonzept:	8.568,00 €
Gestaltung:	1.428,00 €	Gestaltung:	4.284,00 €	Gestaltung:	8.568,00 €
Text:	492,00 €	Text:	1.972,00 €	Text:	4.436,00 €
Anzeige		**Anzeige**		**Anzeige**	
Gestaltung:	515,00 €	Gestaltung:	2.318,00 €	Gestaltung:	5.410,00 €
Text:	493,00 €	Text:	1.725,00 €	Text:	3.696,00 €
Maxibanner		**Maxibanner**		**Maxibanner**	
Gestaltung:	1.302,00 €	Gestaltung:	4.427,00 €	Gestaltung:	9.374,00 €
Imagebroschüre		**Imagebroschüre**		**Imagebroschüre**	
Grundkonzept:	1.562,00 €	Grundkonzept:	10.937,00 €	Grundkonzept:	28.123,00 €
Gestaltung aussen:	1.302,00 €	Gestaltung aussen:	4.167,00 €	Gestaltung aussen:	8.594,00 €
Gestaltung innen:	4.168,00 €	Gestaltung innen:	12.496,00 €	Gestaltung innen:	25.000,00 €
Text:	5.920,00 €	Text:	15.776,00 €	Text:	29.568,00 €
Fotoarbeiten:	2.928,00 €	Fotoarbeiten:	15.786,00 €	Fotoarbeiten:	38.568,00 €
Gesamtvergütung:	**21.538,00 €**	**Gesamtvergütung:**	**78.172,00 €**	**Gesamtvergütung:**	**169.905,00 €**

Musterkalkulationen

Verkaufsordner für Aussendienst

Projektbeschreibung:

Der Weltmarktführer für Kreissägeblätter benötigt für seinen Aussendienst einen neuen Verkaufsordner für das Standardprogramm.

Erstellt wird ein Ringbuch mit 50 verschiedenen Prospektblättern.

Für die längere Nutzungsmöglichkeit werden die beigelegten Preislisten und Bestellformulare separat erstellt.

Zusätzlich wird den Verkäufern ein Aufkleber mit der Servicehotline und der Internetadresse an die Hand gegeben, die sie auf den Geräten vor Ort anbringen können.

Musterkalkulationen

Kalkulatorische Grundlagen:

Da die Unterlagen in allen 32 Vertriebsbüros weltweit eingesetzt werden, sind die Prospektblätter in sieben verschiedenen Sprachen umzusetzen. Hierbei ist die Gestaltung identisch, lediglich die Texte werden getauscht. Der Ordner muss universal in allen Ländern einsetzbar sein. Die Gestaltung wird nur einmalig berechnet; der Texttausch wird nicht gesondert berechnet. Die Übersetzungen sind nicht Gegenstand der Kalkulation.

Da die textliche Ausarbeitung der Prospektblätter überwiegend von den Ingenieuren und Technikern des Unternehmens geleistet wird, werden hier nur 50% des eigentlichen Texthonorars für die Unterstützung seitens der Agentur angesetzt.

Die Produktfotos sind bereits vom hauseigenen Fotografen angefertigt. Fotos vom Unternehmen und den Niederlassungen sind ebenfalls vorhanden.

Die Kosten für Druck und Konfektionierung werden ohne Service Fee an den Auftraggeber berechnet.

Zur Kalkulation dieses Projektes wurden folgende Faktoren nach dem WerbeCheck-Scoring verwendet:

Agentur ⊗ ⊗
Aufwand ⊗
Nutzung ⊗ ⊗ ⊗

Weitere Informationen zum WerbeCheck-Scoring erhalten Sie auf Seite 5.

Musterkalkulationen

Berechnung: Agentur 2 | Aufwand 1 | Nutzung 3

Ordner
Gestaltung Titel + Rückseite: 3.255,00 €

Inhalt
Grundkonzept   3.906,00 €
Gestaltung Ordnereinlage, 50 St.:   81.400,00 €
Textliche Ausarbeitung Ordnereinlage (50%):   7.700,00 €
Preisliste: 956,00 €
Bestellschein: 319,00 €

Aufkleber: 637,00 €

Gesamtvergütung: **98.173,00 €**

PROJEKT A		PROJEKT B		PROJEKT C	
Ordner		**Ordner**		**Ordner**	
Gestaltung:	1.302,00 €	Gestaltung:	4.167,00 €	Gestaltung:	8.594,00 €
Inhalt		**Inhalt**		**Inhalt**	
Grundkonzept	1.562,00 €	Grundkonzept	10.937,00 €	Grundkonzept	28.123,00 €
Gestaltung Ordnereinlage:	32.550,00 €	Gestaltung Ordnereinlage:	97.650,00 €	Gestaltung Ordnereinlage:	195.300,00 €
Text (50%):	3.075,00 €	Text (50%):	12.325,00 €	Text (50%):	27.725,00 €
Preisliste:	382,00 €	Preisliste:	1.401,00 €	Preisliste:	3.058,00 €
Bestellschein:	127,00 €	Bestellschein:	637,00 €	Bestellschein:	1.529,00 €
Aufkleber:	255,00 €	Aufkleber:	1.274,00 €	Aufkleber:	3.058,00 €
Gesamtvergütung:	**39.253,00 €**	**Gesamtvergütung:**	**128.391,00 €**	**Gesamtvergütung:**	**267.387,00 €**

Musterkalkulationen

Messestand & Kommunikationsmittel

Projektbeschreibung: Ein auf Outdoorartikel spezialisierter Händler hat den Bereich Kinderanhänger und Lastenanhänger für Fahrräder neu in sein Programm aufgenommen.

Auf einer überregionalen Messe werden diese Neuheiten präsentiert. Der Messestand wird als eine Art Shop-in-Shop-Lösung auf 40 m² in den bestehenden Stand integriert.

Es ist ein Katalog mit 12 Seiten zu erstellen. In diesem sind 30 verschiedene Produkte enthalten, für die noch keine Fotos vorliegen.

Für die Messe sind diverse Kommunikationsmittel notwendig. Hierfür wird ein Flyer zur Verteilung in der Halle erstellt. Für ein Gewinnspiel am Stand sind Postkarten notwendig. Als Give-Aways sind die Klassiker wie Kugelschreiber, Lanyards und Bonbons geplant.

Musterkalkulationen

Kalkulatorische Grundlagen:

Da der zusätzliche Messestand auf dem bisherigen Entwurf basiert, wird keine Grundkonzeption be-rechnet und die Umsetzung mit 50% veranschlagt. Es wird keine zusätzliche Aufbaubegleitung vor Ort berechnet.

Der textliche Inhalt des Prospekts besteht überwiegend aus vorhandenen Artikelbeschreibungen. Für den Text werden deshalb nur zwei Seiten berechnet.

Das gestalterische Konzept für die Kommunikationsmittel ist mit dem Grundkonzept für den Katalog abgegolten.

Die Druck- und Produktionskosten werden mit einem Aufschlag von 10% an den Kunden weiter berechnet. Deshalb wird für die Erstellung der DU für die Give-Aways kein gesondertes Honorar berechnet.

Zur Kalkulation dieses Projektes wurden folgende Faktoren nach dem WerbeCheck-Scoring verwendet:

Weitere Informationen zum WerbeCheck-Scoring erhalten Sie auf Seite 5.

Musterkalkulationen

Berechnung: Agentur 1 | Aufwand 1 | Nutzung 2

Messestand Ausarbeitung bis 60 m² (50%): 5.607,00 €

Katalog
Grundkonzept: 3.629,00 €
Gestaltung Titel + Rückseite: 1.848,00 €
Gestaltung Doppelseiten innen, 5 St. 3.695,00 €
Text, 2 Seiten 370,00 €
Produktfotos, Serie, 30 St. 3.360,00 €

Kommunikationsmittel
Gestaltung Flyer: 1.285,00 €
Gestaltung Gewinnspielkarte: 643,00 €

Gesamtvergütung: **20.437,00 €**

PROJEKT A		PROJEKT B		PROJEKT C	
Messestand, 50%:	3.738,00 €	Messestand, 50%:	9.345,00 €	Messestand, 50%:	16.821,00 €
Katalog		**Katalog**		**Katalog**	
Grundkonzept:	2.419,00 €	Grundkonzept:	9.752,00 €	Grundkonzept:	21.999,00 €
Gestaltung Umschlag:	1.232,00 €	Gestaltung Umschlag:	3.696,00 €	Gestaltung Umschlag:	7.392,00 €
Gestaltung innen:	2.465,00 €	Gestaltung innen:	7.390,00 €	Gestaltung innen:	14.785,00 €
Text:	246,00 €	Text:	986,00 €	Text:	2.218,00 €
Produktfotos:	2.250,00 €	Produktfotos:	15.780,00 €	Produktfotos:	40.590,00 €
Flyer:	857,00 €	Flyer:	4.284,00 €	Flyer:	10.282,00 €
Gewinnspielkarte:	428,00 €	Gewinnspielkarte:	1.428,00 €	Gewinnspielkarte:	2.999,00 €
Gesamtvergütung:	**13.635,00 €**	**Gesamtvergütung:**	**52.661,00 €**	**Gesamtvergütung:**	**117.086,00 €**

Richtig kalkulieren

Die Sichtweise der Werbeagenturen und Freelancer

Sicherlich haben Sie sich als Einkäufer von Agenturleistungen den ROTSTIFT gekauft, um Ihre Budgets vor einer konkreten Agenturanfrage in groben Zügen zu kalkulieren. Oder aber um zu prüfen, ob Ihnen Ihre Agentur ein marktgerechtes Angebot unterbreitet hat. Viele Auftraggeber von Werbeagenturen und Freelancer nutzen zu diesen Zwecken den Ihnen vorliegenden ROTSTIFT seit vielen Jahren.

Aus den Rückmeldungen unserer Kunden wissen wir, dass der ROTSTIFT ein sinnvolles Instrument ist, um bei den oftmals unterschiedlichen Ansichten und Meinungen über ein angemessenes Honorar zwischen den beiden Parteien Auftraggeber und Auftragnehmer zu vermitteln.

Eine erfolgreiche und angenehme Zusammenarbeit bedeutet immer auch, dass beide Seiten Kenntnis und Verständnis für ihren Gegenüber haben. Deshalb möchten wir Ihnen als Vertreter der Auftraggeberseite mit dem nachfolgenden Artikel die Situation einer Werbeagentur und eines Freelancers etwas näher bringen. Sicher sind auch Sie aus wirtschaftlichen Zwängen heraus dazu angetrieben, Ihre Agenturleistungen zu einem Preis einzukaufen, den Ihre unternehmenseigene Kalkulation zulässt. Bedenken Sie aber bei Ihren nächsten Preisverhandlungen, dass auch Ihr Auftragnehmer diesen Zwängen und Gegebenheiten unterworfen ist.

„Der Neid ist die aufrichtigste Form der Anerkennung" meinte Wilhelm Busch. Als Agentur oder Freiberufler möchte man diese Aussage sicherlich dahingehend ändern, dass nicht der Neid, sondern Geld die ehrlichste Form der Anerkennung für die eigene Arbeitsleistung ist. Der Berufswunsch, etwas in den Medien zu machen, erfährt häufig einen großen Dämpfer, wenn es dann darum geht, dass man mit seiner Arbeit auch den Lebensunterhalt bestreiten muss. Kreativität und die Lust, sich mit kaufmännischen Dingen zu beschäftigen, sind oftmals zwei weit auseinander liegende Welten.

Für das wirtschaftliche Scheitern eines Kreativen ist selten dessen fachliche Kompetenz verantwortlich. Es gibt begnadete Grafiker oder Webdesigner, deren Arbeiten über alle Zweifel erhaben sind und die es aber dennoch nicht schaffen, finanziell über die Runden zu kommen. Andreas Frank von WerbeCheck® untersucht seit 1998 kontinuierlich die Honorare in der Werbebranche und kennt dafür zahlreiche Beispiele. „Ich empfinde es oft als himmelschreiende Ungerechtigkeit, wenn ich sehe, welch gute Leute die Segel streichen müssen," so Frank, „und wirtschaftlich erfolgreiche Agenturen oder Freiberufler vielfach nicht mehr als Massenware verkaufen". Die Problematik ist, bei Preisverhandlungen sitzen sich zwei Parteien mit komplett unterschiedlichen Ausprägungen gegenüber. Der kreative Designer ist in Sachen Verhandlungsgeschick dem Chefeinkäufer eines Unternehmens meist unterlegen. Selbstverständlich, denn der Ansprechpartner auf Kundenseite beschäftigt sich tagtäglich damit, möglichst günstig einzukaufen. Da zudem immer mehr Betriebswirte über den Einkauf von Kreativleistungen entscheiden und nicht mehr ein ausgebildeter Werbefachmann, wird die Gestaltung einer neuen Imagebroschüre gleichgestellt mit dem Einkauf von Schrauben oder Maschinen. Es fehlt das Verständnis dafür, was es bedeutet, eine kreative Leistung zu erarbeiten. Den Auftrag gewinnt oftmals nicht die bessere Agentur, sondern diejenige, die den besseren und geübteren Verhandlungsführer ins Rennen schickt.

Einen Fehler müssen sich Agenturen und Freiberufler jedoch ankreiden lassen. Oftmals wissen sie nicht, wie denn die von ihnen angebotene Leistung abgerechnet werden muss, damit sich ein Auftrag auch wirtschaftlich lohnt. Nicht selten sind Freiberufler rund um die Uhr beschäftigt, haben tolle Aufträge von namhaften Kunden und blicken dennoch verwundert auf ihren negativen Kontostand.

Die Basis für jede Kalkulation ist der eigene Stundensatz

In der Industrie kann der Controller auf Knopfdruck sagen, an welchem Produkt welcher Rohertrag erzielt wird, wie viel jeder einzelne Produktionsschritt kostet und welcher Preis am Markt beim Verkauf erzielt werden muss. Dieses Wissen ist in der Kreativwirtschaft oft nicht vorhanden. Dort wird nach Gefühl kalkuliert. Oder man schaut einfach, was die Mitbewerber so berechnen. Meinen, fühlen, vermuten sind jedoch schlechte Parameter für ein wirtschaftlich erfolgreiches Agieren. In Verhandlungen kennt man nicht einmal den Spielraum, wie weit man dem Kunden preislich noch entgegen kommen kann und dennoch ausreichend viel verdient, um das eigene Leben zu finanzieren und den Bürobetrieb mit allen Kosten am Leben zu halten.

Richtig kalkulieren ist kein Hexenwerk. Als Kreativer muss man nur für ein paar Stunden die Scheu überwinden und sich mit seinen Buchhaltungszahlen auseinander setzen. Die Basis für jede Angebotskalkulation ist immer der eigene Stundensatz. Wer es sich einfach machen möchte, der fragt einen Steuerberater mit Erfahrung in der Kreativbranche. Dieser kennt die Zahlen und weiß, wie viele Stunden ein Grafiker oder eine Agentur als maximale monatliche Arbeitszeit ansehen kann. Branchenunerfahrene Steuerberater übersehen häufig den Unterschied zwischen kreativ arbeitenden Menschen und dem produzierenden Gewerbe, wo nahezu jede Maschinenstunde voll als produktive Zeit in die Kalkulation einfließen kann.

Unabhängig davon, ob der eigene Steuerberater auf Grund seiner spezifischen Erfahrung den korrekten individuellen Stundensatz eines Kreativen ermitteln kann, ist es immer sinnvoll, sich auch einmal selbst mit seinen Zahlen zu beschäftigen. Daraus entwickelt man ein Gespür, was man alles im Monat mit seinen Einnahmen bestreiten muss und wo sich sinnlose Geldfresser verstecken. Vor allem geht man mit diesem Wissen auch sicherer und selbstbewusster in Verhandlungen mit potentiellen Auftraggebern.

Stundensatz einer vierköpfigen Agentur

Basis der Stundensatzermittlung ist die Erfassung aller monatlichen Kosten. Berechnen wir beispielhaft den Stundensatz einer vierköpfigen Agentur, deren Personalkosten inklusive der Lohnnebenkosten 20.000 € betragen. Für Miete, Leasing, Strom, Heizung, Telefon, Internet, etc. fallen monatlich weitere 3.000 € an. Nicht zu vergessen sind bei der Erfassung aller monatlicher Kosten auch Posten, die nur einmal im Jahr abgebucht werden und deshalb häufiger bei einer Auflistung unter dem Jahr übersehen wer-

Richtig kalkulieren

den. Kosten für dem Jahresabschluss, Versicherungen und Pflichtbeiträge für die IHK und die Berufsgenossenschaft sind jedoch schnell gefunden, wenn Stück für Stück die Kontoauszüge des Vorjahres durchgegangen werden. Auch überraschende und unvorhergesehene Kosten fallen an und sei es nur ganz banal, dass ein Bürostuhl oder die Kaffeemaschine ersetzt werden muss. Zusammen mit kontinuierlich anfallenden Investitionen setzen wir hierfür 3.000 € monatlich an. Ohne dass zusätzliche Kosten durch eine konkrete Projektarbeit entstehen, die unter Umständen weitere Kosten nach sich zieht, muss die vierköpfige Agentur 26.000 € im Monat erwirtschaften.

Bei einer Arbeitszeit von acht Stunden und einer Fünf-Tage-Woche ergibt sich eine maximale Agenturleistung von 640 Stunden im Monat. Diese Zahl reduziert sich durch Urlaubstage und Fehltage, wie beispielsweise Krankheit, um 20%. Eine weitere Reduktion der potentiell abzurechnenden Stunden um 10% ergibt sich aus Tätigkeiten, die keinem Kunden oder keinem Projekt direkt zugeordnet werden können. Auch wenn kein Kreativer seine Plauderei unter Kollegen als unproduktive Zeit betrachtet, kalkulatorisch ist sie das. Somit stehen der Agentur rechnerisch im Monat 448 potentiell abrechnungsfähige Stunden zur Verfügung. 26.000 € durch 448 Stunden ergibt in diesem ersten Schritt schon einmal einen notwendigen Stundensatz von 58 €!

Damit ist aber der tatsächlich notwendige Stundensatz noch nicht ermittelt. Ein Unternehmerlohn setzt sich nicht nur aus der Position des eigenen Gehaltes zusammen. Dann müsste der Agenturinhaber oder der Freiberufler nicht das Risiko der Selbständigkeit eingehen. Um den steuerlichen Aspekten und einer angemessenen Gewinnerwartung Rechnung zu tragen, werden dem im ersten Schritt ermittelten Stundensatz 30% aufgeschlagen.

Eine Agentur mit dieser exemplarisch angenommen Kostenstruktur muss damit betriebswirtschaftlich sinnvoll einen Stundensatz von 75 € berechnen. Je nach Agenturgröße verschiebt sich der Stundensatz, beispielsweise durch Sekretariats- oder Buchhaltungskosten, die ebenfalls durch die Kreativleistung erwirtschaftet werden müssen. Die Faktoren Nutzungsrechte geografisch und zeitlich sind in der Kalkulation noch nicht berücksichtigt. Das sind die Aufschläge, die einem in Preisverhandlungen Luft verschaffen, um dem Gegenüber seinen gewünschten Rabatt zu gewähren.

Freiberufler sollten nicht weniger berechnen!

Vielfach wird angenommen, dass der Stundensatz eines Einzelkämpfers deutlich niedriger ausfallen kann, als der einer Agentur. Für den Freiberufler ein gefährlicher Trugschluss. Selbstverständlich sind Kosten für Miete und Infrastruktur geringer, aber der freiberufliche Grafiker oder Datenbankprogrammierer kann auch nur seine eigene Arbeitsleistung berechnen. Die Fehlzeiten sollten etwas großzügiger bedacht werden. In einer Agentur kann ein Kollege unerwartete Ausfälle kompensieren. Ein Freiberufler aber stellt während einer Krankheit keine Rechnungen. Bei einem Kostenapparat von 6.000 Euro und einer maximal zu berechnenden Stundenzahl von 100 im Monat, ergibt sich in etwa der identische Stundensatz, wie ihn auch eine Agentur ansetzen muss. Dass es aber häufige Praxis ist, dass Freiberufler sechs oder sieben Tage die Woche arbeiten, um über die Runden zu kommen, führt die Musterberechnung des Stundensatzes nicht ad absurdum. Vielmehr ist es ein Zeichen dafür, dass gerade Freiberufler sich zu wenig mit der Thematik beschäftigen, was sie denn für ihre Arbeitsleistung berechnen müssen und sich zu günstig verkaufen.

Wenn man nun wie WerbeCheck® die Agenturrechnungen in der Praxis untersucht, ist es kein Wunder, dass bei berechneten Stundensätzen von 40 oder 50 € zahlreiche Kreative leider permanent am Existenzlimit agieren.

Ein häufig vorgetragenes Argument von Agenturen und Freiberuflern ist, dass der Markt keine besseren Honorare hergibt und man auf Grund der Konkurrenzsituation zu niedrigen Preisen gezwungen ist.

Das mag natürlich stimmen, nutzt aber dem eigenen Kontostand wenig. Als Auftragnehmer wird man es immer wieder mit Wettbewerbern zu tun haben, die mit Dumpingpreisen in den Markt drängen. Auch werden ein hauptberuflich tätiger Freiberufler oder eine Agentur niemals preislich mit dem Studenten mithalten können, der seine Dienste als Webdesigner nebenher für 20 € die Stunde anbietet. Nicht selten ist es wirtschaftlich sinnvoll, auf einen Auftrag zu verzichten und sich auf die Kunden zu konzentrieren, die bereit sind ein angemessenes Honorar zu bezahlen.

Wie viele Stunden für welches Projekt berechnen

Der Stundensatz alleine macht noch keine Projektkalkulation. Kann man den Stundensatz noch aus den Buchhaltungsdaten errechnen, so basiert der Faktor Aufwand auf vielen persönlichen Gegebenheiten. Der eine Gestalter benötigt für ein neues Unternehmenslogo 20, der andere 30 Stunden und für das Shop-Template hat ein Webdesigner je nach kreativer Phase auch mal die doppelte Zeit seines Mitbewerbers oder Kollegen aufzuwenden. Eine Abrechnung auf Basis der tatsächlich benötigten Stunden ist jedoch kaum durchzusetzen. Gefragt sind fest vereinbarte Preise für konkrete Leistungen. Hier liegt die Gefahr, dass der Kreative selbst bei der Durchsetzung eines marktgerechten Stundensatzes bei einem Auftrag nicht auf seine Kosten kommt, wenn er entweder nicht die notwendige Stundenzahl berechnen kann, oder aber bedeutend mehr Zeitaufwand für ein Projekt hat, als ursprünglich angenommen. Die nachträgliche Verhandlung über ein höheres Honorar ist selten erfolgreich. Vor allem dann nicht, wenn es von Kundenseite keine wesentliche Aufwandserhöhung gab.

„Fehler in der Aufwandseinschätzung sind jedoch eher selten", so Andreas Frank, der in den vergangenen fünfzehn Jahren stapelweise Kalkulationen von Werbeagenturen und Freiberuflern durchforstet hat. Agenturen und Freiberufler haben ein ganz gutes Gespür dafür, für welche Aufgabe sie wie lange brauchen. Nur sehr selten läuft ein Projekt zeitlich komplett aus dem Ruder und dann ist diese drastische Erhöhung der aufzuwendenden Stunden meist durch den Auftraggeber verursacht. Wichtig ist daher für jeden Auftragnehmer, dass er das Projekt schon im Angebot sehr detailliert beschreibt.

Richtig kalkulieren

Leider lassen Kreative oftmals eine gewisse Sorgfaltspflicht vermissen und schreiben keine Auftragsbestätigungen. Diese müssen nochmals den konkret verhandelten Umfang beschreiben. Auch ist es von Vorteile für Kreative, wenn sie Instrumente aus der IT-Branche übernehmen, wo es die Gegenüberstellung von Pflichten- und Lastenheft gibt. Nur so hat man eine Chance, den vom Kunden verursachten Mehraufwand berechnen zu können. Wer als Frischling anfängt und noch wenige Erfahrungswerte bezüglich des Zeitaufwandes hat, der kann sich der bekannten Nachschlagewerke bedienen, in denen Projekte mit den notwendigen Stundenzahlen vorgestellt werden. Für Designer gibt es beispielsweise von der AGD den „Vergütungstarifvertrag" und für die Werbebranche von WerbeCheck den Ihnen vorliegenden jährlich aktualisierten „Der Rotstift – Wie viel kostet Werbung". Solche Nachschlagewerke sind zudem für alle ein gutes Hilfsmittel, um einmal seine eigenen Kalkulationen mit denen der Mitbewerber zu vergleichen. Wobei immer berücksichtigt werden muss, dass der eigene Stundensatz in Verbindung mit der persönlichen Aufwandseinschätzung Priorität haben muss.

Honoraraufschläge für Nutzungsart, Nutzungsgebiet und Nutzungsdauer

Vielfach reiben sich Auftraggeber verwundert die Augen, wenn Ihnen ein Grafiker oder Designer ein zusätzliches Honorar für die Nutzungsrechte im Angebot ausweist. Zu Unrecht. Denn es ist sehr wohl ein Unterschied in der Entlohnung, ob eine Anzeige nur regional für kurze Dauer oder bundesweit über einen längeren Zeitraum benutzt wird. Bei einer regionalen Nutzung wird das Honorar zum Beispiel um den Faktor 0,1 erhöht. Dies kann sich um den Faktor 0,3 für die nationale Nutzung auf bis zu 0,8 steigern, wenn die Agenturleistung weltweit genutzt wird. Auch die unterschiedliche Nutzungsdauer führt zu einer höheren Honorarforderung für eine identische Leistung. Bei einem Jahr um den Faktor 0,2 und bei unbegrenzter Nutzungsdauer um 0,8.

Ob aber fachlich gerechtfertigt oder nicht, dieser Kalkulationspunkt lässt sich nur sehr selten bei der Auftragsverhandlung durchsetzen. Die wenigsten Kunden sind bereit, einen Aufschlag auf die Logogestaltung zu akzeptieren, nur weil das Logo langfristig verwendet wird. Ihrer Meinung nach ist mit dem Grundhonorar alles abgegolten. Wenn die Agentur in der Stundensatzkalkulation alle Faktoren berücksichtigt hat, auch den Punkt Gewinnerwartung, dann kann sie den Punkt Nutzungsrechte als Rabattaktion einsetzen. Jeder Einkäufer erwartet Nachlässe. Mit einer niedrigeren Berechnung der Nutzungsrechte oder gar dem Wegfall, nimmt man dem Verhandlungspartner auf elegante Art den Wind aus den Segeln, am Grundpreis zu streichen. Und auch hier gilt, sollte der potentielle Auftraggeber nicht bereit sein, die kreative Leistung wirtschaftlich sinnvoll zu würdigen, dann muss eben der Verhandlungstisch ohne Auftrag verlassen werden. Ein Auftrag, bei dem die Agentur oder der Freiberufler Geld mitbringt, statt es zu verdienen, ist es nicht wert bearbeitet zu werden. Und sollte ein Auftrag aus strategischen Gründen zu Akquisezwecken unter Preis angenommen werden, dann darf nicht außer acht gelassen werden, dass man bei Folgeaufträgen selten ein höheres Honorar erzielen wird!

Verhandlungen selbstsicher und professionell führen

Einkäufer berichten es immer wieder, häufig haben Kreative Angst davor, vermeintlich große Zahlen zu präsentieren. Das ist nicht ganz verwunderlich, agieren beide doch in ihrem Alltag mit ganz verschiedenen Summen. Für den Einkäufer, dessen Unternehmen jährlich mehrere Millionen Umsatz macht und der laufend für hunderttausende Euro Waren einkauft, sind 25.000 € für eine neue Imagebroschüre keine gewaltige Summe. Für den freiberuflichen Grafiker hingegen schon. Er tendiert aus der eignen Scheu vor einer großen Zahl unter seinem Angebot dazu, diese selbst in Abrede zu stellen.

„Gerne können wir über den Preis noch reden" muss jeder Verkäufer aus seinem Vokabular streichen. Deshalb ist es von entscheidender Bedeutung in Vertragsverhandlungen, dass man mit einer ordentlichen Angebotskalkulation antritt und sich nicht auf reine Verhandlungen über den Preis einlässt. Versuchen Einkäufer den Preis zu drücken, knicken die Kreativen in ihrer ungewohnten Rolle als Verkäufer oftmals sehr schnell ein und verschenken viel Geld. Gerade bei kreativen Leistungen gibt es für den späteren Erfolg aus der gemeinsamen Arbeit wichtigere Faktoren als den Preis. Die kreative Leistung, Termintreue, eine besondere Erfahrung auf dem zu bearbeitenden Themengebiet – das sind Argumente, die hervorgehoben werden müssen. Wenn andere über den Preis verkaufen, dann sollen sie es tun. Wer dem Käufer aber auf Augenhöhe begegnet, der verkauft über die Qualität.

Checkliste

Agenturauswahl -
In neun Schritten zur neuen Werbeagentur

Schritt 1:

Für welches Projekt suchen Sie eine Agentur?
Welches Budget haben Sie für diese Aufgabe?

Schritt 2:

Machen Sie eine Liste mit allen Agenturen, mit denen Ihr Unternehmen schon einmal zusammen gearbeitet hat.

Notieren Sie die Vor- und Nachteile dieser Agenturen in einer Positiv-/Negativ-Tabelle.

Schritt 3:

Sind Ihnen in der Vergangenheit Werbemaßnahmen von Mitbewerbern aufgefallen? Recherchieren Sie die Agenturen, die diese Aufgaben übernommen haben und ob diese mit Ihrem Mitbewerber noch immer zusammen arbeiten.

Schritt 4:

Welche Agenturen sind Ihnen schon einmal durch bewusst wahrgenommene Arbeiten oder durch Akquiseaktionen positiv aufgefallen. Gibt es Agenturen, die Ihnen von befreundeten Unternehmen empfohlen worden sind?

Schritt 5:

Fertigen Sie eine Liste mit Agenturen an, mit denen Sie auf keinen Fall zusammen arbeiten möchten. Notieren Sie eine kurze Begründung.

DER ROTSTIFT 2013

Checkliste

Agenturauswahl -
In neun Schritten zur neuen Werbeagentur

Schritt 6:

Bilden Sie aus den Ihnen jetzt vorliegenden Listen eine Longlist mit etwa zehn Agenturen, die einer näheren Betrachtung unterzogen werden sollen.

Selektieren Sie nach folgenden Gesichtspunkten:

- Passt die Agentur von der Größe zu Ihrem Unternehmen?
- Passt die regionale Lage der Agentur?
- Hat die Agentur Branchenerfahrung?
- Hat die Agentur spezielle Fach- und Branchenkenntnisse?
- Haben Sie selbst positive Erfahrungen mit der Agentur gemacht?
- Wurde die Agentur von einer vertrauensvollen Person empfohlen?

Schritt 7:

Führen Sie mit diesen Agenturen aus der Longlist ein Telefoninterview durch.

Wie werden Sie am Telefon empfangen, welche Stimmung kommt rüber, haben Sie auf Anhieb ein gutes Gefühl?

Dieser Punkt mag Sie überraschen. Tatsache ist aber, dass es sehr viele hochqualifizierte Werbeagenturen gibt. Die Zusammenarbeit ist oft von Stress und Hektik geprägt, da ist es notwendig, dass die Chemie von Anfang an stimmt.

Machen Sie sich eine Liste, was Ihnen bei den Telefongesprächen gefallen, und was Sie gestört hat.

Schritt 8:

Reduzieren Sie diese ca. zehn Agenturen auf eine Shortlist mit vier bis fünf Agenturen. Mit einer dieser Agenturen werden Sie höchstwahrscheinlich in Zukunft zusammen arbeiten.

Checkliste

Agenturauswahl -
In neun Schritten zur neuen Werbeagentur

Schritt 9/1:

Suchen Sie eine Agentur für ein großes Projekt oder eine Etatvergabe, oder geht es um ein kleineres Projekt? Anhand dieser Faktoren sollten Sie festlegen, ob Sie eine Wettbewerbspräsentation durchführen wollen.

Wettbewerbspräsentationen sind den Agenturen zu honorieren! Es macht deshalb wirtschaftlich keinen Sinn, für Projekte und Budgets unter 100.000 Euro eine solche Präsentation durchzuführen.

Laden Sie in solch einem Fall die Agentur zu einem Auswahlgespräch zu sich ins Haus ein. Stellen Sie Ihre Aufgaben vor und sprechen über die anliegenden Arbeiten.

Nach diesen Gesprächen lassen Sie sich von den Agenturen, die Sie auch im persönlichen Gespräch überzeugt haben, ein konkretes Angebot entsprechend Ihren Anforderungen erstellen.

Stimmen die bisherigen Kriterien und die Honorarforderungen mit Ihren Vorstellungen überein? Glückwunsch - nun haben Sie Ihre neue Agentur.

Denken Sie bitte unbedingt daran, alle Vereinbarungen schriftlich zu fixieren! Es ist in der Zusammenarbeit mit Werbeagenturen immer noch so, dass viele Aufträge auf Zuruf vergeben werden. Nicht wenige davon enden vor Gericht.

Checkliste

Agenturauswahl -
In neun Schritten zur neuen Werbeagentur

Schritt 9/2:

Sie haben ein größeres Budget zu vergeben und führen eine Wettbewerbspräsentation durch?

Kalkulieren Sie hierfür folgende Präsentationshonorare ein:

**Etat- bzw.
Projektsumme:**   **Präsentationshonorar:**

ca.   250.000 Euro .... 3.500 bis   8.000 Euro .... je Agentur
ca.   500.000 Euro .... 5.000 bis 12.000 Euro .... je Agentur
ca. 1.000.000 Euro ....10.000 bis 20.000 Euro .... je Agentur

Sicher finden Sie auch eine Vielzahl von Agenturen, die kostenfrei präsentieren. Diese Praxis unterstützen wir nicht!

Erstellen Sie ein ausführliches Briefing. Wo stehen Sie bisher im Markt, welche Ziele möchten Sie erreichen?

Von den Agenturen erhalten Sie ein Re-Briefing in welchem sie in ihren Worten die Aufgabenstellung reflektiert. Prüfen Sie diese Re-Briefings sorgfältig, eventuell haben sich in der Betrachtung aus Sicht der Agentur Fehler eingeschlichen, die es zu korrigieren gilt.

Sechs Wochen sind ein sinnvoller Zeitrahmen, den Sie einer Agentur zur Bearbeitung geben sollten. Wichtig ist, dass den Agenturen in dieser Zeit ein kompetenter Ansprechpartner in Ihrem Hause für Rückfragen zur Verfügung steht.

Für die eigentliche Wettbewerbspräsentation kalkulieren Sie maximal eine Stunde Zeit je Agentur ein. Lassen Sie für den besseren Überblick alle Agenturen an einem Tag präsentieren.

Welches Konzept hat Sie überzeugt, welche Präsentation hat Ihnen zugesagt und stimmen die vorgelegten Honorarforderungen?

Glückwunsch! Ein weiter Weg liegt hinter Ihnen, aber nun haben Sie Ihre neue Werbeagentur!

Bitte beachten Sie, dass Sie mit der Bezahlung des Präsentationshonorars keine Nutzungsrechte an den präsentierten Arbeiten erworben haben.

Checkliste

Wettbewerbspräsentation - 8 goldene Regeln

Regel 1:

Ein einheitliches Briefing für alle beteiligten Agenturen. Sie möchten Agenturen objektiv vergleichen, dann müssen auch alle unter denselben Voraussetzungen an den Start gehen.

Regel 2:

Je mehr die Agentur über Sie weiß, desto besser sind die Ergebnisse. Erstellen Sie ein sehr ausführliches Briefing. Die Mühe macht sich bezahlt.

Regel 3:

Das Finanzielle muss stimmen. Entlohnen Sie Wettbewerbspräsentationen angemessen. Legen Sie das Präsentationshonorar für alle Agenturen gleich an.

Regel 4:

Never change a winning team. Vermeiden Sie während der Agenturauswahl, vor allem aber in der entscheidenden Phase, Personalwechsel. Achten Sie darauf, dass all diejenigen Personen in den Auswahlprozess integriert sind, die später mit der Agentur das Alltagsgeschäft bewältigen.

Regel 5:

Keine Gesprächsorgien. Laden Sie maximal fünf Agenturen zur Präsentation ein, geben Sie diesen jeweils eine Stunde Zeit für die Präsentation. Wenn bis dahin nicht alles gesagt wurde, war die Präsentation nicht effektiv genug aufgebaut.

Regel 6:

Woher wissen Sie, ob die Agenturen Ihre Aufgabenstellung richtig verstanden hat? Legen Sie großen Wert auf ein detailliertes Re-Briefing, vergleichen Sie es mit der Aufgabenstellung. Bekommen Sie kein Re-Briefing, so überlegen Sie sich, ob eine Zusammenarbeit wirklich Sinn macht.

Checkliste

Wettbewerbspräsentation - 8 goldene Regeln

Regel 7:

Keine überstürzte Entscheidung und Bekanntgabe. Lassen Sie sich mit der Entscheidung ausreichend Zeit. Es geht um viel Geld und um ein Stück Zukunft Ihres Unternehmens. Erst wenn Sie alle Pro und Contras abgewägt und alle vertraglichen Dinge in trockenen Tüchern sind, sollten Sie Ihre Entscheidung bekannt geben.

Regel 8:

Seien Sie nach Ihrer Entscheidung fair zu allen Beteiligten. Auch Sie erfahren Neuigkeiten über sich nicht gerne aus der Zeitung. Sprechen Sie eine Absage persönlich aus. Die Agenturen haben sich wochenlang mit Ihrem Unternehmen beschäftigt, haben viel Herzblut in die Präsentation gesteckt. Daher ist es nur fair, wenn Sie ehrlich sagen, welche Faktoren zu einer Absage geführt haben.

Anmerkung:

Immer häufiger werden Agenturen zu honorarfreien Wettbewerbspräsentationen geladen.

WerbeCheck kritisiert diese Vorgehensweise und rät allen werbungtreibenden Unternehmen von solchen Methoden ab.

Checkliste

Briefing - Was Sie Ihrer Agentur sagen sollten

Ein neues Kommunikationsprojekt oder Etat wird ausgeschrieben? Zur Bearbeitung benötigt Ihre Werbeagentur zahlreiche Informationen über Ihr Unternehmen. Je detaillierter diese über das Unternehmen, die Produkte, die Märkte, etc. weiß, desto effektiver kann Ihre Agentur für Sie arbeiten.

Messen Sie diesem Punkt in der Zusammenarbeit eine exponente Bedeutung bei. Viele Streitfälle von werbetreibenden Unternehmen und Werbeagenturen sind auf eine unzureichende Informationspolitik seitens der Unternehmen zurückzuführen.

Nutzen Sie diese Liste zum Abklären, ob Sie der Agentur alle wichtigen Informationen zur Verfügung gestellt haben. Nicht alle Punkte sind in allen Fällen notwendig, manches Wichtige für Sie wird hier eventuell nicht aufgeführt sein. Betrachten Sie deshalb diese Auflistung als Leitpfad, von dem Sie, je nach eigenen Bedürfnissen, abweichen können und sollen.

Tipp: Auch wenn Sie kein aktuelles Projekt zur Ausschreibung haben, simulieren Sie von Zeit zu Zeit eine solche Situation und schreiben Sie ein Briefing. Sie reflektieren effektiv über Ihr Unternehmen und erhalten neue Denkansätze. Ein Briefing ist oftmals auch ein Unternehmens-Check.

1.) Basisdaten - Angaben zu Ihrem Unternehmen

- Name des Unternehmen
- Ansprechpartner und Position des Ansprechpartners
- Vertreter des Ansprechpartners
- Erreichbarkeit (Telefon, Telefax, eMail)
- Größe des Unternehmens
- Geschichte und Entwicklung des Unternehmens
- Einbindung in Holdings, Firmennetzwerke, Tochterunternehmen, etc.

2.) Ihr Unternehmen jetzt und in der Zukunft

- Ihre Unternehmensphilosophie
- Wo steht Ihr Unternehmen, wo möchten Sie hin
- Mit welcher Unternehmensstrategie haben Sie bisher operiert
- Gibt es Veränderungen in der Strategie

DER ROTSTIFT 2013

Checkliste

Briefing - Was Sie Ihrer Agentur sagen sollten

3.) Das Auftreten im Markt Ihres Unternehmens

- Haben Sie eine Corporate Identity, wie sind die Grundsätze, gibt es diese nur auf dem Papier, wird sie tatsächlich gelebt, mit welchen Maßnahmen wird diese durchgesetzt und gefördert, ist diese allen Mitarbeitern und Partner bekannt, wer ist dafür verantwortlich
- Haben Sie ein Corporate Design, wie sieht dieses aus, wird dieses auch tatsächlich in allen Bereichen angewendet, wer ist dafür verantwortlich
- Haben Sie eine Corporate Communication, wie sind die Grundsätze, wer ist hierfür verantwortlich, wird diese in der Praxis auch tatsächlich angewendet
- Wissen Sie, wie Ihre Kunden über Ihr Unternehmen denken

4.) Die Unternehmens-Produkte

- Was macht Ihr Unternehmen, welche Produkte oder Dienstleistungen produzieren oder bieten Sie an
- seit wann sind diese Produkte und Dienstleistungen im Mark, wie ist die Marktakzeptanz und Marktentwicklung
- Wie ist das Erscheinungsbild der Produkte, wie die Produktgeschichte
- Was ist der Produktnutzen allgemein
- Was ist der USP, gibt es vergleichbare Produkte
- Wodurch unterscheiden sich Produkte von Mittbewerbern, was ist deren USP
- Wie ist der Bekanntheitsgrad Ihrer Produkte
- Wissen Sie, was Ihre Kunden über Ihre Produkte denken
- Wie sind Ihre Leistungen im Vergleich zu den Mitbewerbern aus preislicher Sicht positioniert

Checkliste

Briefing - Was Sie Ihrer Agentur sagen sollten

5.) Der Markt und die Vertriebskanäle

- Wie stellt sich der Gesamtmarkt dar
- Wie hoch ist das Gesamtmarktpotential
- Wie ist der für Sie relevante Markt derzeit dargestellt (räumlich, zeitlich, soziodemografisch, nach Marktsufen, sächlich)
- Wie ist Ihr derzeitiges Marktvolumen, Ihr Marktanteil am derzeitigen Marktvolumen
- Wie stehen Ihre Mitbewerber im Markt
- Wie ist Ihr Marktanteil im Verhältnis zu den Mitbewerbern
- Mit welchen Veränderungen rechnen Sie im relevanten Markt kurz-, mittel- und langfristig
- Gibt es eine Konsumenten-Analyse für Ihren Marktbereich
- Gibt es neue Trends, wenn ja sind Sie auf dem neuesten Stand
- Wie werden Ihre Produkte oder Dienstleistungen vertrieben
- Wie ist Ihr Vertrieb strukturiert
- Hat sich diese Strategie bewährt, stehen Veränderungen an

6.) Wer und wie sind Ihre Mitbewerber

- Wer sind Ihre Mitbewerber
- Welche Informationen über die Produktpolitik Ihrer Mitbewerber haben Sie vorliegen
- Was macht welcher Mitbewerber Ihrer Meinung nach besser als Sie
- Was macht welcher Mitbewerber Ihrer Meinung nach schlechter als Sie
- Welche Gründe gibt es, dass sich ein potentieller Kunde für ein Mittbewerberprodukt entscheidet

DER ROTSTIFT 2013

Checkliste

Internet-Impressum Checkliste

Überprüfen Sie Ihr Impressum nach folgenden Gesichtspunkten:

1.) Name und Anschrift des Anbieters

Es muss der komplette Name und die Anschrift bzw. bei juristischen Personen und gleichgestellten Personengesellschaften die vollständige Firmenbezeichnung inklusive Rechtsformzusatz, sowie Name und Anschrift des Vertretungsberechtigten angegeben werden.

Achtung: Es muss eine sogenannte ladungsfähige Anschrift angegeben werden. Deshalb ist die Angabe eines Postfachs nicht genügend!

2.) Kontakt

Dem Nutzer muss es ermöglicht werden, unmittelbar mit dem Anbieter Kontakt aufnehmen zu können. Hierfür müssen Telefonnummer und eMail-Adresse angegeben werden. Ist ein Telefax vorhanden, dann ebenso diese Nummer.

3.) Aufsichtsbehörde

Haben Sie ein Angebot im Internet, welches eine Tätigkeit präsentiert, die einer behördlichen Zulassung bedarf, dann müssen Sie die zuständige Aufsichtsbehörde und deren Kontaktdaten nennen. Beispiele hierfür sind Schulen und Universitäten.

4.) Registereintragungen

Sind Sie im Handels-, Vereins-, Partnerschafts- oder Genossenschaftsregister eingetragen? Dann müssen Sie das entsprechende Register und Ihre Registernummer nennen.

Hinweis:

Diese Checkliste ist keine Beratungsleistung im Sinne der Rechtsberatung!
Sie stellt eine redaktionelle Übersicht der derzeitigen Situation dar, und ersetzt im Bedarfsfall keine juristische Beratung. Für eine Beratung konsultieren Sie bitte einen zugelassenen Juristen.

Alle Informationen sind Stand 15. September 2012. Alle Angaben ohne Gewähr.
WerbeCheck.de - Inh. Andreas Frank übernimmt keine Haftung für die Richtigkeit.

 DER ROTSTIFT 2013

Checkliste

Internet-Impressum Checkliste

5.) Berufsspezifische Angaben

Gehören Sie einem Beruf an, für dessen Berufsausübung spezielle Regelungen gelten, oder deren Berufsbezeichnung geschützt ist? Dann müssen Sie Ihre Anbieterkennzeichnung um die entsprechende Kammer, die gesetzliche Berufsbezeichnung und die Angabe, wo Ihnen diese Berufsbezeichnung verliehen worden ist, erweitern. Beispiele hierfür sind Ärzte, Rechtsanwälte, Steuerberater und Architekten. Weiter müssen Sie die berufsrechtlichen Regelungen nennen, sowie angeben, wie diese dem Nutzer zugänglich sind.

6.) Steuernummern

Wenn Sie über eine **Umsatzsteueridentifikationsnummer** gemäß § 27a UStG verfügen, so müssen Sie diese im Impressum nennen. Ihre normale Steuernummer müssen Sie im Impressum nicht angeben!

7.) Journalistisch-redaktionelle Angebote

Betreiben Sie eine Seite, auf der redaktionell gestaltetet Texte veröffentlicht werden, so müssen Sie zusätzlich mit Name und Anschrift einen hierfür Verantwortlichen nennen. Nennen Sie mehrere, so muss klar ersichtlich sein, wer für welchen Teil des redaktionellen Angebots verantwortlich ist. Führen Sie nur einen Verantwortlichen im Impressum, so ist dieser für den gesamten Inhalt verantwortlich.

8.) Form, Erreichbarkeit und Verfügbarkeit

Die Anbieterkennzeichnung muss ständig und unmittelbar erreichbar sein. Verstecken Sie Ihr Impressum nicht! Sorgen Sie dafür, dass der Nutzer Ihr Impressum von jeder Seite aus mit maximal zwei Klicks erreichen kann. Der Link auf Ihre Anbieterkennzeichnung kann auch unter der Bezeichnung *Kontakt* geführt werden.

Achten Sie darauf, dass Ihre Anbieterkennzeichnung gut leserlich ist. Sorgen Sie für einen genügend großen Kontrast und eine ausreichende Schriftgröße.

Hinweis:

Diese Checkliste ist keine Beratungsleistung im Sinne der Rechtsberatung!
Sie stellt eine redaktionelle Übersicht der derzeitigen Situation dar, und ersetzt im Bedarfsfall keine juristische Beratung. Für eine Beratung konsultieren Sie bitte einen zugelassenen Juristen.

Alle Informationen sind Stand 15. September 2012. Alle Angaben ohne Gewähr.
WerbeCheck.de - Inh. Andreas Frank übernimmt keine Haftung für die Richtigkeit.

Checkliste

Internet-Impressum Checkliste

Sie müssen es dem Nutzer ermöglichen, dass er Ihre Anbieterkennzeichnung problemlos in einer leserlichen Form ausdrucken kann.

9.) Verständlichkeit

Das Impressum muss in der Sprache verfasst sein, in der auch der übrige Inhalt des Angebots verfasst ist. Bieten Sie mehrere Sprachversionen an, so verfassen Sie auch die Anbieterkennzeichnung in diesen verschiedenen Sprachen.

10.) Ausland-Domains

Beachten Sie bitte, dass Sie **auch** dann **kennzeichnungspflichtig** sind, wenn Sie Ihren Sitz in Deutschland haben und eine andere Toplevel-Domain als .de verwenden. Eine .net, .com. oder sontige Domain entbindet Sie nicht von der Kennzeichnungspflicht!

11. Jugendschutzbeauftragter

Wenn Sie ein Angebot mit **erotischen** und **jugendgefärdenden** Inhalten anbieten, so wenden Sie sich auf jeden Fall an einen **Rechtsanwalt**! Tun Sie dies bitte unbedingt **bevor** Sie dieses Angebot ins Netz stellen.

Auf jeden Fall benötigen Sie in solch einem Fall einen **Jugendschutzbeauftragten**, den Sie in Ihrer Anbieterkennzeichnung mit Name und Adresse benennen.

Tipp: In Internetforen wird häufig darüber diskutiert, welche Punkte in einem Impressum enthalten sein müssen. Machen Sie es sich doch einfach und veröffentlichen Sie alle Daten. Sie haben nichts zu verbergen. Warum also sollten Sie sich nun mit der Frage beschäftigen, ob beispielsweise die Angabe einer Faxnummer tatsächlich vorgeschrieben ist?

Hinweis:

Diese Checkliste ist keine Beratungsleistung im Sinne der Rechtsberatung!
Sie stellt eine redaktionelle Übersicht der derzeitigen Situation dar, und ersetzt im Bedarfsfall keine juristische Beratung. Für eine Beratung konsultieren Sie bitte einen zugelassenen Juristen.

Alle Informationen sind Stand 20. September 2012. Alle Angaben ohne Gewähr.
WerbeCheck.de - Inh. Andreas Frank übernimmt keine Haftung für die Richtigkeit.

 DER ROTSTIFT 2013

Checkliste

12/013

Beispiele Internet-Impressum

Herausgeber:

Werbeagentur Muster GmbH
Musterstrasse 99
10000 Musterstadt

Telefon: +49 (0) 7961 - 00 00-00
Telefax: +49 (0) 7961 - 00 00-11

E-Mail: info@werbeagentur-muster.info
Internet: www.werbeagentur-muster.info

Geschäftsführer und Verantwortlicher:
Max Mustermann, Diplom-Betriebswirt

Amtsgericht Musterstadt HRB-Nr.: 000000
USt-Id-Nr.: DE 000 000 000 ☑

Grafik-Design PB

Eigentümer der URL, verantwortlich i.S.v. § 5 TMG
sowie verantwortlich für den Inhalt nach § 55 Abs. 2 RStV:
Inhaber Dipl.-Des. (FH) Peter Beispiel

Musterstrasse 99
10000 Musterstadt

Telefon: +49 (0) 711 - 00 00-00
Telefax: +49 (0) 711 - 00 00-11

E-Mail: info@peter-beispiel.com
Internet: www.peter-beispiel.com

Steuernummer 00 / 000 / 00000
UST.-ID-Nr.: DE 000000000 ☑

Mustershop AG

Vorstand:
Max Mustermann

Aufsichtsrat:
Thorsten Platzhalter
Bernd Beisitzer

Anschrift:
Musterstrasse 99
10000 Musterstadt

Telefon:
+49 (0) 89 / 00 00 00-0

Telefax:
+49 (0) 89 / 00 00 00-1

E-Mail:
info@mustershop-ag.de

Internet:
www.mustershop-ag.de

Sitz der Gesellschaft: Musterstadt
Eingetragen im Handelsregister Musterstadt HRB 00000
Ust.IdNr.: DE000000000

Verantwortlicher für diese Internetpräsenz:
Michael Mitarbeiter
Musterstrasse 99
10000 Musterstadt
m.mitarbeiter@mustershop-ag.de ☑

Mustermann Immobilien e. K.

Geschäftsinhaber
und Verantwortlicher dieser Internetpräsenz:
Max Mustermann

Musterstrasse 99
10000 Musterstadt

Telefon: +49 (0) 30 / 00 00 00-0
Telefax: +49 (0) 30 / 00 00 00-1

E-Mail: info@mustermann-immobilien.de
Internet: www.mustermann-immobilien.de

Makler, Bauträger, Baubetreuer, Darlehen-und Anlagen
Vermittler gemäß §34c Gewerbeordnung vom Ordnungsamt
Musterstadt erteilt.

Mustermann Immobilien ist im Handelsregister des
Amtsgerichtes Musterstadt unter der Nummer HRA 00000
eingetragen.

Gewerbezulassung und Aufsichtsbehörde:
Stadt Musterstadt Wirtschaftsamt

Berufsaufsichtsbehörde:
Wirtschaftsamt Musterstadt,
Postanschrift: Beispielstrasse 11, 10000 Musterstadt

Berufskammer:
Industrie- und Handelskammer Musterstadt

Umsatzsteuer-Identifikationsnummer (USt-IdNr.):
DE000000000 ☑

Hinweis:

Diese Checkliste ist keine Beratungsleistung im Sinne der Rechtsberatung!
Sie stellt eine redaktionelle Übersicht der derzeitigen Situation dar, und ersetzt im Bedarfsfall
keine juristische Beratung. Für eine Beratung konsultieren Sie bitte einen zugelassenen Juristen.

Alle Informationen sind Stand 20. September 2012. Alle Angaben ohne Gewähr.
WerbeCheck.de - Inh. Andreas Frank übernimmt keine Haftung für die Richtigkeit.

Onlinemarketing

Es kommt einem fast schon wie eine Ewigkeit vor, aber in nüchternen Zahlen betrachtet ist es noch gar nicht so lange her, da wurde von der Masse der Unternehmen zum Thema Internet entweder gesagt sie brauchen es nicht, oder aber die Internetaktivitäten bestanden aus einer Visitenkartenpräsenz im Web und einer eMail-Adresse. Welch rasanter Wandel, viele der klassischen Geschäftsmodelle wurden in der Zwischenzeit von der Onlinewelt ins Wanken gebracht, bisher nicht vorstellbare Geschäftsaktivitäten wurden durch das Internet überhaupt erst ermöglicht.

Die Marketingwelt hat sich durch das Internet gewaltig verändert und es ist kein Ende des Wandels und der Erweiterungen in Sicht. Es reicht heute nicht mehr aus, ein paar statische Html-Seiten mit "Wir über uns" und "Unsere Produkte" ins Netz zu stellen und darauf zu hoffen, dass potentielle Kunden den Weg zu einem finden und das eigene Unternehmen daraus resultierend auch noch als interessant einstufen. Das Feld ist sehr viel komplexer geworden.

Studien und Erhebungen wie beispielsweise von BITKOM und ECC-Handel belegen eine sehr deutliche Zunahme der Ausgaben und Aktivitäten im Bereich Onlinemarketing. Die Studien zeigen das, was wir selbst im Alltag feststellen: Unser Leben findet immer mehr online statt. Sei es wenn Sie unterwegs ein interessantes Produkt sehen und sich zu Hause im Internet darüber weiter informieren, es eventuell dort gleich bestellen, oder dass sie statt zum Telefonhörer zu greifen, eine eMail schreiben.

Einhergehend mit der stärkeren Nutzung der verschiedenen Möglichkeiten des Internet verschieben sich auch die Kommunikationskanäle für Unternehmen. Printmedien kämpfen schwer mit dem Gegner Internet. Eine echte Lösung haben die meisten Verlage noch nicht gefunden; zweifelhaft, ob es eine solche überhaupt gibt. Diese Verschiebung von Print zu Onlinemedien ist unaufhaltsam. Ist es heute für die 60 oder 70 jährigen meist schwierig mit dem Internet umzugehen, so wird sich diese Hemmschwelle im Laufe der Jahre immer weiter reduzieren. Jüngere Zielgruppen sind internetaffin.

Ganze Rubriken im Printbereich sind heute überwiegend online zu finden. Suchen Sie nach einem Auto, einem Job oder einer Immobilie, dann wird Ihre erste Anlaufstelle nicht mehr ein gedrucktes, sondern ein virtuelles Medium sein.

Auch die frühere Annahme, dass lokale Angebote nach wie vor lokal, beispielsweise über die Tageszeitung oder Anzeigenblätter kommuniziert werden, ist überholt. Wer hätte vor zehn Jahren gedacht, dass selbst in einer kleineren Stadt bei der Suche nach einer neuen Wohnung zuerst im Internet geschaut wird, obwohl der Immobilienmakler nur ein paar Häuser entfernt ist?

Egal welche Produkte oder Dienstleistungen Sie verkaufen, Onlinemarketing muss ein fester Bestandteil Ihrer Marketingaktivitäten sein. Die Pommesbude um die Ecke einmal ausgenommen. Obwohl sich mit etwas Phantasie auch für diese online neue Chancen ergeben können.

Onlinemarketing

Was ist Onlinemarketing?

Wikipedia sagt: "Unter Online-Marketing (auch E-Marketing oder Internet-Marketing genannt) versteht man alle Marketingaktionen, die mit Hilfe des Internets erfolgen können. Teilgebiete sind klassische Online-Werbung, Suchmaschinen-Marketing, E-Mail-Werbung/E-Mail-Marketing, Affiliate-Marketing und Artikel-Marketing.".

Lassen Sie uns diese Auflistung der einzelnen Disziplinen erweitern und auf den aktuellen Stand bringen:

Sicher wird auch diese Auflistung in kürzester Zeit um einige weitere Punkte erweitert werden müssen. Seien wir gespannt, welche Disziplinen in den nächsten Monaten und Jahren noch hinzu kommen.

Die einzelnen Disziplinen greifen teilweise stark ineinander und nicht jeder Bereich ist für jedes Unternehmen notwendig oder anwendbar.

Was verbirgt sich hinter den Begriffen? Erläuterung der einzelnen Disziplinen erhalten Sie auf den folgenden Seiten in dieser Reihenfolge:

➜ Suchmaschinen-Optimierung	13/003	➜ Produkt- und Preisportale	13/019
➜ Suchmaschinen-Werbung	13/003	➜ Online-Kooperationen	13/021
➜ Banner-Werbung	13/005	➜ Social Media-Marketing	13/024
➜ eMail-Marketing	13/009	➜ Domain-Marketing	13/025
➜ Affiliate-Marketing	13/013	➜ Online-Pressearbeit	13/026
➜ Performance-Marketing	13/017	➜ Web-Controlling	13/029

Onlinemarketing

Suchmaschinen-Optimierung und Suchmaschinen-Werbung

Suchmaschinen-Optimierung und Suchmaschinen-Werbung sind zwei verschiedene Themen, wengleich diese oftmals unter dem Oberbegriff Suchmaschinen-Marketing vermischt werden.

1.) **Suchmaschinenoptimierung**
Ihre Internetseite wird so optimiert, dass sie bei Suchanfragen in den Suchergebnissen auf den ersten Plätzen landet. Je nach Suchbegriff und bereits vorhandener Optimierung Ihrer Seite kann diese Vorgehensweise recht lange dauern.

2.) **Suchmaschinenwerbung**
Sie buchen bei den Suchmaschinen bezahlte Anzeigen, die themenrelevant zu den Suchanfragen erscheinen. Bezahlt werden die Anzeigen bei einem Klick. Die Position hängt pauschal gesagt, davon ab, wie viel Sie bereit sind pro Klick zu bezahlen.

Oftmals werden diese beiden Instrumente bewusst oder unbewusst vertauscht. Wenn Sie eine Agentur mit der Suchmaschinenoptimierung beauftragen, aber nur die Schaltung von AdWords™-Anzeigen bekommen, dann haben Sie nicht das erhalten, was Sie eigentlich wollten.

Dies hier als Basisinformation vorab. Zu den Themen Suchmaschinen-Optimierung und Suchmaschinen-Werbung haben Sie hier im ROTSTIFT ein separates Kapitel. Dieses finden Sie im Anschluss an das Thema Onlinemarketing im Kapitel 14 auf den Seiten 14/001 bis 14/013.

Bevor Sie sich auf die Suche nach einer Spezialagentur für die Suchmaschinen-Optimierung machen, können Sie an Hand der Checkliste auf der folgenden Seite schon einmal vorab grob die Suchmaschinen- und Nutzerfreundlichkeit Ihrer Internetpräsenz überprüfen.

Sollten Sie nicht alle Begriffe in der Checkliste kennen, so ist das schon ein guter Einstieg um die Beratungsleistung Ihrer zukünftigen Agentur zu testen. Lassen Sie sich die Begriffe erklären; dies sollte einer seriösen und erfahrenen Agentur keine Schwierigkeiten bereiten.

Onlinemarketing

	JA	NEIN
▸ Enthält der Domainname das wichtigste Keyword?		
▸ Enthalten die Seitentitel die wichtigsten Keywords?		
▸ Sind die wichtigsten Keywords in den Texten auf den Seiten integriert?		
▸ Sind alle Bilder mit sinnvollen ALT-Tags versehen?		
▸ Verwenden Sie sprechende URLs?		
▸ Ist Ihre Seite barrierefrei?		
▸ Kann Ihre Seite auch bei abgeschalteter Bilder-Anzeige gelesen und genutzt werden?		
▸ Wird die Seite regelmäßig aktualisiert und mit neuen Inhalten versorgt?		
▸ Ist die interne Linkstruktur klar und verständlich?		
▸ Sind alle internen und externen Links funktionsfähig?		
▸ Bleibt das gewünschte Seiten-Layout beim Vergrößern oder Verkleinern der Browser-Seite bestehen?		
▸ Ist die Seite mit den wichtigsten Browsern fehlerfrei aufrufbar und lesbar?		
▸ Funktioniert Ihre Seite auch auf Smartphones und Tablets?		
▸ Haben Sie komplizierte, verschachtelte DropDown-Menüs vermieden?		
▸ Beachtet die Gestaltung die Lesbarkeit mit ausreichenden Kontrasten?		
▸ Ist eine Sitemap vorhanden und aktuell?		
▸ Haben Sie auf jeder Seite einen Link zur Startseite?		
▸ Haben Sie sich auf eine Standard-Domain festgelegt? (mit oder ohne .www)		
▸ Haben Sie qualitativ hochwertige Linkpartnerschaften?		
▸ Haben Sie eine funktionierende 404-Fehlerseite?		
▸ Verwendet die Seite valides CSS, ist das Coding fehlerfrei?		
▸ Sind alle Frames von der Seite verbannt?		

Onlinemarketing

Banner-Werbung

1994 startete der amerikanische Telekommunikationskonzern AT&T das Zeitalter der Banner-Werbung mit einer Anzeigenschaltung im Onlinemagazin hotwired.com. Banner-Werbung ist die Urform der Werbung auf Internetseiten. Waren die eingeblendeten Banner zu Beginn auf Grund technischer Einschränkungen und niedriger Bandbreiten mit den damit verbundenen langen Ladezeiten meist statisch, so sind heute der Kreativität nahezu keine Grenzen gesetzt. Ob mit Html5, Flashanimationen, integrierten Videos oder als Rich-Media-Banner, welches zusätzlich zu Grafikdateien auch HTML-Befehle, Javascripte oder Formularfelder beinhalten kann, das heutige Banner hat in der Regel nichts mehr mit seinen Urahnen aus der Internet-Steinzeit zu tun. Deshalb ist der Begriff Banner-Werbung zu Unrecht oftmals negativ besetzt. In der aktuellen Version ist Banner-Werbung der Oberbegriff für jegliche grafische Werbung.

Welche gebräuchlichen Banner-Arten gibt es?

Bezeichnung:	Größe:							
Full Banner	468	x	60	Pixel				
Super Banner	728	x	90	Pixel				
Expandable Super Banner	728	x	90	Pixel	▶▶▶	728	x	300	Pixel
Rectangle	180	x	150	Pixel				
Medium Rectangle	300	x	250	Pixel				
Standard Skyscraper	120	x	600	Pixel				
Wide Skyscraper	160	x	600	Pixel				
Expandable Skyscraper	420	x	160	Pixel	▶▶▶	420	x	600	Pixel
Flash Layer individuell	individuelle Größe							
Universal Flash Layer	400	x	400	Pixel				
Microbutton	80	x	15	Pixel				

Der **Full Banner** ist die klassischste Werbeform und meist am Kopf einer Seite platziert.

Der **Super Banner** ist die Erweiterung des Full Banner und bietet mit 728x90 Pixel eine größere Fläche. Wie auch das Full Banner wird es prominent am oberen Rand der Site platziert.

Beim **Expandable Super Banner** sieht der User zuerst ein normales Super Banner. Sobald er aber mit dem Mauszeiger das Banner berührt, klappt es großflächig auf. Das ursprüngliche Format zeigt sich dann wieder, wenn der User die Banneroberfläche verlässt.

Ein **Rectangle** wird in das redaktionelle Umfeld einer Website integriert. Es ist an mindestens drei Seiten von redaktionellem Umfeld umgeben.

Onlinemarketing

Das **Medium-Rectangle** ist ebenfalls wie das Retangle im redaktionellen Umfeld platziert.

Der **Skyscraper** wird meist rechtes neben dem Content eingesetzt.

Der **Wide Skyscraper** wird ebenfalls wie der Skyscraper meist rechts neben den Inhalten der Site platziert.

Die Funktionsweise des **Expandable Skyscraper** entspricht dem Expandable Super Banner. Sobald der User das Banner mit dem Mauszeiger berührt, klappt es großflächig auf. Verlässt der Mauszeiger die Banneroberfläche, so zieht sich das Banner wieder auf sein ursprüngliches Format zurück.

Beim **Flash Layer** ist man in der Formatwahl frei. Er blendet sich beim Aufruf einer Internetseite direkt über dem Content ein.

Das **Universal Flash Layer** hat eine standardisierte Größe der sichtbaren Fläche. Diese Bannerform wurde im deutschen Markt etabliert und erleichtert damit den Agenturen die Produktion und den Sitebetreibern die Auslieferung. Er blendet sich beim Aufruf einer Internetseite direkt über dem Content ein.

Der **Microbutton** ist ein Banner, welches überwiegend in Blogs eingesetzt wird.

Wie wird Banner-Werbung geplant und geschaltet?

Drei Vorgehensweisen sind bei der Buchung von Banner-Werbung üblich. Die erste orientiert sich an der klassischen Mediaplanung. Sie wählen Ihre Zielgruppe aus, ermitteln die von der Zielgruppe genutzen Seiten und vergleichen die Reichweiten und Nutzerdaten dieser ermittelten Seiten. Auf diesen gebuchten Seiten wird Ihre Anzeige in dem von Ihnen ausgewählten Umfeld eingeblendet, unabhängig davon, welcher User die Seite besucht. So buchen Sie als Schuhhersteller beispielsweise einen Werbeplatz auf der Startseite einer Frauen-Community.

Ein zweite Ansatz ist das Targeting. Wie der Name schon vermuten lässt, wird hier detaillierter auf die gewünschten Empfänger gezielt. Sie wählen die Werbeplätze nicht nur nach Themen, sondern auch nach soziodemographischen Merkmalen wie Alter und Geschlecht und nach Interessen aus. Beispielsweise buchen Sie beim Targeting als Schuhhersteller Anzeigen für Sportschuhe für User, die sich über Trainingspläne für den Marathonlauf informieren. Bedingung für diese Vorgehensweise ist, dass der Seitenbetreiber diese Informationen liefern und mit den zu schaltenden Werbemitteln verknüpfen kann. Der große Vorteil beim Targeting ist die Minimierung der Streuverluste. Sie können Ihre Zielgruppe viel genauer und mit der für den Augenblick passenden Werbebotschaft erreichen.

Onlinemarketing

Während bei der klassischen Planungsmethode durch den Vergleich der werblichen Ziele mit dem Thema der gebuchten Seite und beim Targeting durch die detailliertere Ansprache Streuverluste minimiert werden, um so das Budget möglichst effektiv auszunutzen, gibt es noch einen weiteren Weg. Nach dem Gießkannenprinzip werden hier Bannerplätze zum Minimalpreis gebucht. Restplatzvermarktung ist das Stichwort. Seitenbetreiber die noch Bannerplätze frei haben, geben diese zu niedrigsten Kosten auf den Markt. Die Erfolgsquote ist bei Weitem nicht so hoch wie bei einer exakten Platzierung der Banner-Werbung, bei den sehr viel niedrigeren Kosten für die Schaltung ist dies oftmals zu vernachlässigen.

Wie wird Banner Banner-Werbung abgerechnet und was kostet sie?

Banner-Werbung kann danach abgerechnet werden, wie oft das Banner eingeblendet wird. Bei der Pay-per-View Variante bezahlen Sie für die Einblendung des Banners, nicht für einen etwaigen Erfolg. Hierfür gibt es den aus der klassischen Mediaplanung bekannten Tausend-Kontakt-Preis (TKP).

Bei der Pay-per-Click Variante (PpC) bezahlen Sie nur dann, wenn sich ein Erfolg durch einen Klick auf Ihr Banner einstellt. Dies ist gleich den textbasierenden Anzeigen, wie Sie es von Google AdWords her kennen.

Die Begriffe Pay-per-Click (PpC) und Cost-per-Click (CpC) werden in der Praxis häufig als identisch betrachtet. Wobei PpC eigentlich die Abrechnungsform und CpC die Höhe der Vergütung an den Seitenbetreiber meint.

Kleinere Seiten vermarkten ihre Werbeplätze meist selbst, größere Seiten haben die Vermarktung abgegeben. Auch hier ist die Online-Welt vergleichbar mit der Offline-Welt. Um eine effiziente Vermarktung zu gewährleisten, bedienen sich die Herausgeber spezieller Vermarkter. Zu den bekanntesten Vermarktern gehören beispielsweise ValueClick und StröerInteractive. Auch Google bietet über sein AdSense-Netzwerk die Vermarktung von Bannerplätzen an. Restplatzangebote finden Sie am Besten bei Banner-Marktplätzen wie beispielsweise AdScale.

Onlinemarketing

Wie auch bei der Mediaplanung für Werbekampagnen in der Offline-Welt, gibt es online große Preisunterscheide. Nachfolgend zwei exemplarische Beispiele. Die konkreten Mediadaten der für Sie interessanten Internetseiten können Sie bei den Betreibern oder den Vermarktern erfragen.

SpecialInterest, Sport:		
1.000.000 PageImpressions		
450.000 Visits		
110.000 Unique User		
Full Banner	TKP	25,- €
Super Banner	TKP	30,- €
Medium Rectangle	TKP	70,- €
Standard Skyscraper	TKP	45,- €
Flash Layer individuell	TKP	80,- €

Tageszeitung, Online-Angebot:		
13.000.000 PageImpressions		
1.950.000 Visits		
4200.000 Unique User		
Full Banner	TKP	9,- €
Super Banner	TKP	12,- €
Medium Rectangle	TKP	18,- €
Standard Skyscraper	TKP	27,- €
Flash Layer individuell	TKP	36,- €

Für Streaming-Formate werden meist Aufschläge in Höhe von 20% auf den Grund-TKP berechnet. Ebenso für die Expandable-Banner. Hier beträgt der Aufschlag auf den TKB in der Regel ca. 40%.

Buchen Sie Ihre Banner nach dem Targeting-Prinzip, so erhöht sich bei zahlreichen Seiten der TKP um 10 bis 20 %.

Onlinemarketing

eMail-Marketing:

eMail ist eine der beliebtesten Anwendungen im Internet. Jedoch bedeuten die über 90% aller weltweit als Spam versendeten eMails auch täglichen Ärger beim Blick in das elektronische Postfach.

Bei aller Spam-Problematik, eMail-Marketing ist ein sehr effektives Instrument um neue Kunden zu gewinnen, bestehende Kunden zu einem neuen Besuch auf der eigenen Internetseite zu animieren und zu einer bestimmten Aktion wie Kauf oder Anforderung von weiteren Informationen zu bewegen.

Ein Newsletter per eMail hat oftmals eine Öffnungsquote von über 50% und eine Responsequote von sieben bis zehn Prozent. Werte von denen herkömmliche Mailings per Post sehr weit entfernt sind. Zudem haben eMail-Mailings gegenüber dem Print-Mailing in Hinsicht zeitlichem Aufwand, Laufzeit bis zum Erreichen des Interessenten, Produktions- und Handlingkosten und der Erfolgsmessung große Vorteile.

Mit eMail-Marketing erreichen Sie Ihre Kunden und Interessenten schnell. Sie versenden jetzt und die ersten Empfänger lesen Ihre Botschaft nach wenigen Minuten. Auch der Vorlauf ist gering. Bauen Sie sich Stück für Stück eine Datenbank mit den Email-Adressen auf, lassen Sie sich von einer Agentur Mailing-Templates anfertigen und Sie können schnell aktuelle Vorkommnisse und Angebote Ihres Unternehmens nach außen transportieren.

Die Kosten sind im Vergleich zum gedruckten Mailing um ein Vielfaches günstiger. Ein Mailing-Template erhalten Sie für ca. 500 Euro, basierend auf einem Stundensatz von 70 Euro. Der Versand über externe Dienstelister beträgt circa 2 Cent je eMail-Adresse. Verglichen zu den 25 Cent bei der Post für eine Infopost-Aussendung eine günstige Alternative. Neben der Ersparnis von Druckkosten kommt noch die zeitliche Ersparnis hinzu. Ein Postmailing zu entwickeln, gestalten und zu drucken kann Ihre Werbe- und Vertriebsabteilung über Wochen beschäftigen. Einen eMail-Newsletter zu produzieren bedarf ein Vielfaches weniger an Zeit.

Zwei weitere große Vorteile eines eMail-Newsletters sind die Möglichkeiten der Erfolgskontrolle und der einfacheren zielgruppengenauen Steuerung. Aktuelle Newslettersystem zeigen Ihnen die Öffnungsquote Ihres Mailings an. Bei einem Brief-Mailing erfahren Sie nie, wieviele Empfänger dieses geöffnet haben. Aus diesen Erfahrungswerten können Sie mit Ihren Mailings experimentieren und die Quote nach und nach verbessern. Auch ist es online einfacher Ihre Kunden interessensgenau zu kontaktieren. Ist in Ihrer Datenbank hinterlegt, welcher Kunde oder Interessent bisher welche Aktionen vorgenommen hat, so können Sie genau darauf eingehen. Basierend auf Ihrem Template ist es ein Einfaches, die Newsletter-Inhalte zu variieren. Beispielsweise senden Sie als Onlineshop für Tierfutter allen Kunden die bisher ein bestimmtes Katzenfutter bestellt haben einen Newsletter, in dem Sie ihm einen Vorratspack zu einem Sonderpreis anbieten. Der Hundeliebhaber kann mit Katzenfutter wenig anfangen, er erhält das entsprechende Angebot für sein Tier.

Onlinemarketing

eMail-Marketing ist eine tolle Sache, vernachlässigen Sie aber nicht die klassischen Wege. Noch ist es nicht so weit, dass Unternehmen gänzlich auf Post-Mailings verzichten sollten. Es gibt Produkte und Zielgruppen, bei denen ist beispielsweise das Bestellvolumen offline höher, als online. Ein gedruckter und zu faxender Bestellschein läßt sich oftmals schneller ausfüllen als verschiedene Artikel im Onlineshop zusammen zu klicken. Machen Sie interne Test mit Online- und Offline-Mailings und Sie werden Erfahrungswerte sammeln die Ihnen zeigen, welche Form der Ansprache bei Ihren Produkten oder Dienstleistungen und Ihrer Kundenklientel sinnvoller ist. Aber registrieren Sie auch die Veränderungen, auf lange Sicht wird der eMail-Newsletter den Post-Newsletter sicher ersetzen. Alleine schon auf Grund der Tatsache, dass nachkommende Generationen eine viel höhere Internetaffinität haben.

Verwenden Sie nur juristisch sauber ermittelte eMail-Adressen. Vergewissern Sie sich bei der Anmietung von Adressen, dass diese ebenfalls korrekt generiert wurden und Sie zur Nutzung dieser für eMail-Marketing berechtigt sind. Sollte dies bei der Anmietung nicht gewährleistet sein, so nehmen Sie Abstand von der Nutzung. Abmahnungen sind das eine Thema, aber es geht vor allem um die Glaubwürdigkeit und den guten Ruf Ihres Unternehmens.

Es sollte schon aus dem eigenen Interesse heraus eine Selbstverständlichkeit sein, dass kein seriöses Unternehmen blind und ohne Einwilligung an unbekannte Adressen Mailings versendet.

Wie reagieren Sie auf Spam-Mails? Sicher so, dass Sie eine negative Stimmung gegenüber dem Absender haben und selbst bei einem tollen Angebot nicht auf dieses eingehen möchten. Spam-Mails funktionieren basierend auf der Tatsache, dass selbst der Versand von mehreren Millionen eMails kaum Kosten verursacht. Da braucht es nur sehr wenige Käufer um eine Spam-Mailing-Aktion zu einem wirtschaftlichen Erfolg lassen zu werden. Jedoch, mit Seriösität und nachhaltiger Unternehmensführung hat dies nichts zu tun. Deshalb, versenden Sie selbst keine Spam-Mailings!

10 Tipps für Ihren Newsletter:

1 Versenden Sie eMail-Newsletter nur an Empfänger, die diesem juristisch einwandfrei zugestimmt haben

2 Zeigen Sie wer Sie sind und nutzen Sie als Absender eine eMail-Adresse, die sich eindeutig zuordnen lässt. Oftmals werden eMails als nicht vertrauenswürdig eingestuft weil einem der Absender unbekannt oder gar dubios vorkommt. Nichtbeachtung ist der eine Nachteil, unter Umständen werden Sie aber auch noch auf die Spam- bzw. Blacklist gesetzt. Dann haben Sie keine weitere Chance mit diesem Empfänger zu kommunizieren.

Onlinemarketing

(3) Legen Sie viel Wert auf die Ausarbeitung der Betreffzeile. Von ihr hängt es ab, ob der Empfänger Ihre Mail öffnet und Sie überhaupt die Chance haben ihm Ihre Botschaft zu übermitteln. Kommen Sie auf den Punkt, vermeiden Sie Allgemeinplätze und machen Sie deutlich, welchen Vorteil der Empfänger durch das Lesen Ihrer Botschaft haben kann.

(4) Sprechen Sie den Empfänger direkt an. Nutzen Sie die Möglichkeiten der Personalisierung. Sollten Sie in Ihrer Adressdatenbank eMail-Adressen ohne Namen haben, so berücksichtigen Sie dies bei der Formulierung und ersetzen es durch eine freundliche und sympathische Anrede.

(5) Teilen Sie Ihrem Kunden nur echte Neuigkeiten mit! Wenn Sie allgemein bekannte Dinge in Ihrem Newsletter kommunizieren, so wird ein großer Teil der Empfänger Sie nach ein paar Aussendungen darum bitten, ihn aus dem Verteiler zu nehmen. Oder aber er denkt sich bei jedem Mail von Ihnen, dass es sowieso keinen Mehrwert bietet und löscht auch den Newsletter, der tatsächlich eine brandaktuelle Information oder ein tolles Angebot mitteilen möchte.

(6) Kennzeichnen Sie die Links auf Ihr Webangebot deutlich. Meist ist das Ziel eines Newsletters, den Empfänger auf die eigene Seite zu lenken. Deshalb machen Sie deutlich wie er dort hinkommt. Und vermeiden Sie Links auf Ihre Startseite und verwenden. Sie Deeplinks. Hat sich der Empfänger dazu entschieden, dass er Ihr Angebot genauer betrachten möchte, so verärgert es ihn, wenn er auf der Startseite landet und von dort aus nach dem im Newsletter beworbenen Sonderangebot suchen muss.

(7) Machen Sie es dem Empfänger so einfach wie möglich Sie zu kontaktieren. Eventuell hat der Empfänger direkte Fragen zu einem im Newsletter beworbenen Produkt. Nennen Sie deshalb eMail-Adresse, Telefonnummer und Name der Kundenbetreuung. Gar nicht so selten möchten Kunden schnell am Telefon eine Auskunft und nicht im Internet danach suchen. Wenn Sie eine gut geschulte Kundenbetreuung haben, so ist der anrufende Interessent fast schon ein Besteller.

(8) Verstecken Sie den Abmeldelink nicht! Ihr Empfänger muss Vertrauen zu Ihnen haben. Dazu gehört auch, dass er deutlich sieht, er kann jederzeit den Newsletter abbestellen. Ein Versteckspiel nutzt Ihnen sowieso nichts, wer Ihren Newsletter nicht mehr haben möchte, der wird auch den Abmeldelink suchen und finden.

Onlinemarketing

(9) Pflegen Sie Ihre Adressen. Dazu gehört nicht nur, dass Sie Dubletten löschen und die Abmeldungen von Newsletter-Empfängern ernst nehmen. Auch die Adressen von inaktiven Kunden müssen bearbeitet sein. Setzen Sie sich einen zeitlichen Rahmen nach dem Sie den inaktiven Kunden anschreiben und beispielsweise fragen, ob er noch Interesse an Ihren Angeboten hat. Am Besten verbinden Sie dies mit einem Spezialangebot. Sollte er auch darauf nicht reagieren, löschen Sie ihn aus dem Verteiler. Die Wahrscheinlichkeit, dass Sie einen Kunden mit hohem Potential löschen ist gering, aber Sie haben eine gut gepflegte Datenbank in der Sie keine Adressleichen mitschleppen.

(10) Messen Sie den Erfolg Ihrer Newsletter. Mit jedem Mailing erhalten Sie neue und weitere Erfahrungswerte. Diese helfen Ihnen von Aussendung zu Aussendung noch besser zu werden. Wie hoch ist die Öffnungsrate, die Klickrate, die Conversionsrate und das Verhältnis von Klickrate zu Öffnungsrate? Mit diesen Werten können Sie verschiedene Faktoren wie Inhalt, Gestaltung und Aussendezeitpunkt einordnen und Ihren Newsletter optimieren. Beachten Sie auch die Bouncerate. Mit Ihr können Sie die Qualität Ihres Adressbestandes kontrollieren. Je mehr eMails als unzustellbar zurück kommen, desto eher sollten Sie sich um Ihre Adressdatenbank kümmern.

Onlinemarketing

Affiliate-Marketing:

Affiliate-Marketing ist zweifelsohne eine der interessantesten Entwicklung im Internet. Denn es profitieren alle Beteiligten. Beim Affiliate-Marketing erweitern Sie Ihre Reichweite durch Kooperationen mit anderen Seitenbetreibern und müssen diese nur im Erfolgsfalle bezahlen. Erfolgsabhängiges Kooperations-Marketing wäre eine ebenfalls passende Bezeichnung, diese klingt aber natürlich nicht so gut wie Affiliate-Marketing.

Der Grundgedanke ist, dass Ihre Produkte auf Internetseiten anderer Betreiber präsentiert werden, und Sie dem Betreiber im Erfolgsfalle eine Provision dafür bezahlen, dass er den Werbeplatz zur Verfügung stellt. Wird über diese Seite kein Erfolg generiert, so besteht auch keine Pflicht zur Zahlung.

Ein so genannter Erfolg muss nicht zwangsweise ein Verkauf sein. Als Erfolg wird das betrachtet, was vorher vereinbart wurde. Dies kann auch bedeuten, dass eine Provision fällig wird, wenn über die Partnerseite ein Besucher auf die beworbene Seite kommt, oder sich für ein Newsletter-Abo anmeldet. Ebenfalls ein Erfolg kann sein, dass ein Besucher weitere Informationen anfordert und dafür die notwendigen Daten übermittelt.

Die Beteiligten des Affiliate-Marketings:

Advertiser: Der Advertiser, oftmals auch Merchant genannt, ist das Unternehmen, welches seine Produkte oder Dienstleistungen über Multiplikatoren bewerben und verkaufen möchte. Er stellt dem Publisher Werbemittel in Form von Links und/oder Banner bereit und zahlt im Erfolgsfalle die Provision.

Publisher: Als Publisher werden die Websitebetreiber bezeichnet, welche die Funktion der Vertriebspartner übernehmen in dem sie auf ihren Seiten Werbeplätze für die Advertiser bereit stellen und im Erfolgsfall vom Advertiser dafür bezahlt werden. Oftmals werden Publisher auch Affiliates genannt.

Affiliate-Netzwerke: Affiliate-Netzwerke sind die Vermittler zwischen Advertiser und Publisher. Selbstverständlich ist es auch dem Advertiser möglich, sich selbst um Publisher zu bemühen. Sich aber um die Betreuung der Publisher von der Generierung bis hin zur Auszahlung der Provisionen zu kümmern erfordert enormes KnowHow und tiefgehende Strukturen im Unternehmen. Deshalb ist es einfacher für diesen Part spezialisierte Unternehmen, eben die Affiliate-Netzwerke, zu beauftragen. Diese Affiliate-Netzwerke kümmern sich um den gesamten Ablauf, so dass der Advertiser sich voll und ganz auf sein eigentliches Kerngeschäft konzentrieren kann.

Onlinemarketing

Internet-User: Der Internet-User ist das Glied in der Kette, das über Erfolg oder Nichterfolg entscheidet. Wenn er über eine von ihm besuchte Seite auf die Seite des Advertisers kommt und dort eine als Erfolg definierte Handlung vornimmt, bringt er damit die Provisionszahlung an den Publisher in Gang.

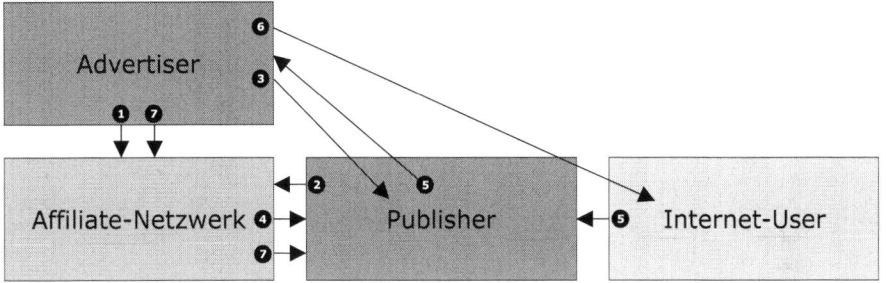

① Der Advertiser stellt im Affiliate-Netzwerk sein Programm vor und stellt Werbemittel zur Verfügung.

② Der Publisher meldet sich über das Affiliate-Programm beim Advertiser an.

③ Der Advertiser bestätigt dem Publisher (über das Netzwerk) die Teilnahme.

④ Das Affiliate-Netzwerk liefert die Werbemittel an den Publisher aus, der diese auf seinen Internetseiten einbindet.

⑤ Der Internet-User besucht die Seiten des Publisher und es kommt zu einer vorher zwischen dem Advertiser und dem Publisher als Erfolg vereinbarten Handlung. Dies wird über das Affiliate-Netzwerk kontrolliert und protokolliert.

⑥ Der Internet-User erhält vom Advertiser den Erfolg (Ware, Information, etc.).

⑦ Der Advertiser zahlt an das Affiliate-Netzwerk die Provision, welche dieses an den Publisher weiterleitet.

Onlinemarketing

Als Publisher haben Sie über ein Affiliate-Netzwerk vom Start weg ein großes Potenzial an möglichen Vertriebspartnern, da ja in den Netzwerken viele Publisher angemeldet sind. Es stellt sich sehr schnell ein Erfolg ein, vorausgesetzt die von Ihnen angebotenen Konditionen sind für die Publisher und Ihre Produkte für die User interessant.

Achten Sie als Advertiser bei der Auswahl eines Affiliate-Netzwerkes darauf, ob Ihnen die von dem Netzwerk berechneten Kosten für die Einrichtung, sowie für die fortlaufende Betreuung zusagen. Wichtiger als diese Kosten für den Erfolg sind jedoch die Faktoren Betreuung der Publisher und Advertiser, Qualität und Nutzbarkeit der vom Affiliate-Netzwerk angebotenen Plattform für die Abwicklung zwischen Ihnen und dem Publisher. Wählen Sie das Netzwerk sehr sorgfältig aus und vertrauen Sie eher einem bekannten Netzwerk. Schließlich vertrauen Sie diesem ja auch Ihr Geld an!

Affiliate-Netzwerke in Deutschland:

Firstlead GmbH	▶ www.adcell.de
Active Response GmbH & Co. KG	▶ www.affiliwelt.net
ad pepper media GmbH	▶ www.webgains.de
affilinet GmbH	▶ www.affili.net
AZINMA Entertainment UG	▶ www.adsushi.de
Belboon-adbutler GmbH	▶ www.belboon.de
C2B S.A.	▶ www.netaffiliation.com
DMK-Internet e.K.	▶ www.superclix.de
Krusenstern Media	▶ www.adklick.de
new directions GmbH	▶ www.vitrado.de
revenue cloud GmbH	▶ www.24-interactive.com
SX-WebSolutions & Marketing GmbH	▶ www.adcocktail.com
Tradedoubler GmbH	▶ www.tradedoubler.de
TradeTracker Deutschland GmbH	▶ www.tradetracker.com
ValueClick Deutschland GmbH	▶ www.de.cj.com
Zanox.de AG	▶ www.zanox.de

Im Internet finden Sie noch zahlreiche weitere Affiliate-Netzwerke. Diese Liste erhebt keinen Anspruch auf Vollständigkeit.

Onlinemarketing

Die Vergütungsmethoden im Affiliate-Marketing:

Je nach dem was Sie als Advertiser als Erfolg definiert haben, Sie dem Publisher anbieten und von diesem akzeptiert wird, haben Sie folgende Anlässe zur Vergütung der Provision an den Publisher:

Pay-per Click (PpC): Ist als Erfolg der Klick auf ein Werbemittel vereinbart, erhält der Publisher für den Fall eine Vergütung, wenn ein User auf ein Werbemittel auf den Seiten des Publishers klickt. In aller Regel wird der User durch den Klick auf die Seite des Advertisers geleitet. Die Beträge hierfür bewegen sich meist im Cent-Bereich.

Pay-per-Lead (PpL): Hier erfolgt die Vergütung wenn durch eine Aktion auf Seiten des Publishers ein sogeannter Lead generiert wird. Ein Lead kann beispielsweise das Abonnieren eines eMail-Newsletters oder die Übermittlung von Userdaten im Rahmen einer Onlinebefragung sein. Hier sind die zu zahlenden Beträge des Advertisers etwas höher als bei Pay-per-Click, sie bewegen sich in der Regel vom Cent-Bereich bis hin zu einem zweistelligen Euro-Betrag. Dies beispielsweise wenn es um die Gewinnung von Interessenten im Bereich Krankenversicherung geht.

Pay-per-Sale (PpS): Kommt es durch den Klick auf das Werbemittel und der daraus resultierenden Weiterleitung auf die Seite des Advertisers zu einem konkreten Kaufabschluss, so erhält der Publisher eine hierfür vorher festgelegte Provision. Diese wird meist mit ein paar Prozent vom Kaufpreis berechnet.

Onlinemarketing

Performance-Marketing:

Performance-Marketing ist keine eigene Disziplin des Onlinemarketings. Vielmehr ist Performance-Marketing ein Bestandteil aller bisher aufgeführten Disziplinen. Auch Suchmaschinen-Marketing, eMail-Marketing und Affiliate-Marketing sind Werkzeuge des Performace-Marketings. Deshalb sind die vorangegangenen Themen auch unter dem Aspekt des Performance-Marketings zu betrachten; ebenso die folgenden. Ob Bannerwerbung, Newsletter oder Kooperationen, letztlich lässt sich jedes Online-Marketing-Instrument im Performance Marketing einsetzen.

Der Ansatz des Performance-Marketings besteht darin, dass die Methodik des Direktmarketings in der Onlinewelt angewendet wird. Performance gleich Leistung. Daraus ergibt sich, was zählt sind tatsächlich messbare Reaktionen oder Transaktionen mit dem Kunden oder Interessenten.

Die Intention, all die Elemente in der Kundenansprache zu optimieren, die nicht im gewünschten Maße funktionieren, lässt sich in der Onlinewelt schneller und konkreter umsetzen. Die Kundenreaktionen können besser gemessen und Änderungen schneller durchgeführt werden.

Henry Ford hat sich in seinem berühmten Zitat darüber beklagt, dass die Hälfte seines Werbebudgets zum Fenster hinausgeworfen sei. Sein Dilemma war, er wusste nicht welche die effektive und welche die nutzlose Hälfte war. Herr Ford hätte heute seine Freude, der Return of Investment (ROI) von Kommunikationsmaßnahmen ist ein zentrales Thema im Controlling. Es werden messbare und objektiv nachvollziehbare Daten erwartet und auch geliefert.

Beim Performance-Marketing geht es darum, die vorgegebenen Kommunikationsziele effizient zu erreichen und auf dem Weg durch fortlaufende Kontrolle die verschiedenen Parameter erfolgsorientiert korrigieren oder eliminieren zu können. Performance-Marketing zielt auf messbare Rückmeldungen der Kommunikationsmaßnahmen. Kein Geld soll zuviel ausgegeben werden, jeder in Kommunikationsmaßnahmen investierte Euro muss sich rentieren. In der Praxis ist das kein realistisch erreichbares Ziel, aber unnötigen Ausgaben und der unnötige Zeit- und Arbeitsaufwand können minimert werden.

Merkmale des Performance-Marketings sind Messbarkeit, Modularität und Optimierbarkeit. Messbarkeit dadurch, dass die Reaktionen der Zielgruppe eindeutig, sofort und vollständig beobachtbar und objektiv messbar ist. Beispielsweise durch eine Kaufentscheidung. Weiter werden die Maßnahmenn in viele kleine Module aufgesplittet, diese sind jeweils individuell buchbar und beurteilbar. Durch die permanente Kontrolle können fortlaufend verschiedene Parameter wie Anzeigentexte, Gestaltung, Click-Gebote etc. optimiert und die Effizenz der Maßnahme noch während der Laufzeit korrigiert und verbessert werden.

DER ROTSTIFT 2013

Onlinemarketing

Ermöglicht wird die Umsetzung der Methoden aus dem Direktmarketing im Internet durch die sehr gute Messbarkeit von Online-Massnahmen und dadurch, dass beispielsweise während der Kampagnenlaufzeit noch korrigierende Maßnahmen vorgenommen werden können. Sei es durch eine Anpassung der Werbemittel, Botschaften, Zielseiten oder der Streuung. Wenn Sie beispielsweise ein Anzeige in einem Fachmagazin geschaltet haben und Sie merken nach den ersten Reaktionen, dass die Inhalte nicht verständlich sind, so ist es für diese Ausgabe zu spät. Bei einer Bannerwerbung jedoch können Sie innerhalb kürzester Zeit das Werbemittel austauschen und so die Maßnahme optimieren.

Onlinemarketing

Produktportale und Preissuchmaschinen:

Es ist für alle Konsumenten eine tolle Sache, man möchte ein bestimmtes Produkt kaufen, weiß schon sehr genau welches Fabrikat und welches Model, was nun noch fehlt ist die Ermittlung der Preise bei verschiedenen Anbietern. Musste man vor dem Internetzeitalter noch mühsam in verschiedenen Geschäften nachfragen, so reicht heute der Besuch einer Preissuchmaschine. Mit ein paar wenigen Klicks hat man den Preis für das gewünschte Produkt von oftmals mehreren hundert potentiellen Lieferanten recherchiert.

Für Sie als Unternehmen kann es sehr ärgerlich sein, wenn sich der potentielle Kunden auf Ihren Internetseiten über das Produkt informiert, Sie unter Umständen über Ihren Kundenservice Fragen dazu beantworten und das Produkt dann wegen der Suche in einer Preissuchmaschine bei einem Mitbewerber gekauft wird.

Dagegen wehren können Sie sich nicht. Deshalb müssen Sie Produktportale und Preissuchmaschinen in Ihre Marketingaktivitäten einbeziehen. Selbstverständlich unter Berücksichtigung der kalkulatorischen Möglichkeiten. Es ist Ihnen nicht gedient, wenn Sie bei allen Preissuchmaschinen auf dem ersten Platz sind, aber bei jeder Bestellung zu diesem Preis draufzahlen. Es sei denn, Sie haben dies als Werbung in Ihren Etat berücksichtigt.

Den Begriff Produktportale kann man in der Zwischenzeit übrigens weitgehend streichen. Deren Geschäftsmodelle haben sich meist komplett verändert. Waren sie zu Beginn noch echte Informationsportale, so haben sie in der Zwischenzeit erkannt, dass sie mit Hilfe des Affiliate-Marketings ein Vielfaches an Umsatz generieren können als mit dem reinen Verkauf von Banner-Werbeplätzen. Sie unterscheiden sich im Nutzen für Sie als Unternehmer durch nichts von den Preissuchmaschinen.

Um mit Ihren Produkten auf diesen Seiten gelistet zu sein, müssen Sie sich dort anmelden. Die Abrechnung erfolgt üblicherweise nach der Pay-per-Click-Methode. Das heißt, nur wenn ein Besucher über die Preissuchmaschine oder das Produktportal auf Ihre Seite gelangt, bezahlen Sie an den Betreiber. Die Klickkosten liegen in der Regel bei 10 bis 25 Cent. Bei Spezial-Vergleichsseiten können diese aber auch bei einem Euro oder mehr liegen. Manche Portalbetreiber berechnen eine monatliche Grundgebühr. Die Einzelheiten erfahren Sie auf den Seiten der Portale.

Onlinemarketing

Bekannte Preissuchmaschinen in Deutschland:	
solute GmbH	▶ www.billiger.de
comparado GmbH	▶ www.preis.de
German Price Comparison LtD.	▶ www.geizkragen.de
guenstiger.de GmbH	▶ www.guenstiger.de
Idealo Internet GmbH	▶ www.idealo.de
preis24.de GmbH	▶ www.preis24.de
Schaeppchenjagd.de GmbH	▶ www.schnaeppchenjagd.de
shopping.de GmbH	▶ www.preisvergleich.de
ValueClick Deutschland GmbH	▶ www.pricerunner.de

Bekannte Produktportale in Deutschland:	
yatego GmbH	▶ www.yatego.de
dooyoo GmbH	▶ www.dooyoo.de
Kelkoo Deutschland GmbH	▶ www.kelkoo.de
Shopping Guide GmbH	▶ www.ciao.de
Shopzilla International, USA	▶ www.shopzilla.de
Yopi GmbH	▶ www.yopi.de

Im Internet finden Sie noch zahlreiche weitere Preissuchmaschinen und Produktportale. Diese Liste erhebt keinen Anspruch auf Vollständigkeit.

Onlinemarketing

Online-Kooperationen:

Ob Online oder Offline, Marketingkooperationen haben das Ziel gemeinsam mehr zu erreichen, als man alleine schaffen könnte, gegenseitige Synergieeffekte zu nutzen, die Kosten zu senken und sich neue Märkte und Zielgruppen zu erschließen. Wenn zwei Unternehmen mit sich nicht konkurrierenden Produkten dieselben Kunden ansprechen wollen, sollten sie über eine Kooperation nachdenken.

Für werbungtreibende Unternehmen sind die Ziele in erster Linie die Steigerung von Umsatz und Reichweite, sowie die Senkung von Akquisekosten. Dies wird dadurch erreicht, dass der Kooperationspartner die Produkte mit in sein Sortiment aufnimmt, seinen Kunden zugänglich macht und in die sowieso laufenden Kommunikationsmaßnahmen mit einbezieht. Jeder Verkauf an einen Kunden des Kooperationspartners der nicht bei einem selbst gekauft hätte, ist eine Umsatzsteigerung ohne werblichen Mehraufwand.

Der Kooperationspartner strebt ebenfalls eine Umsatzsteigerung an, möchte sein Angebot erweitern und die Nutzer enger an sich binden. Mehr Umsatz macht er beispielsweise durch Provisionszahlungen durch die Produkte des Partners, was gleichzeitig eine Produkterweiterung bedeutet. Und die Kunden, die ein Produkt bei ihm finden, welches er ohne Kooperation nicht im Programm hätte, sind enger an ihn gebunden, da sie das positive Gefühl bekommen, das zu finden, was sie suchen.

Die Möglichkeiten von Kooperationen sind vielfältig. Ein Beispiel über das Sie eventuell zu diesem ROTSTIFT gekommen sind, ist die Kooperation zwischen WerbeCheck und einem Verlag. Der Verlag hat den ROTSTIFT in sein Lieferprogramm aufgenommen und erhält für jedes verkaufte Exemplar eine Provision. WerbeCheck steigert seine Reichweite und legt aktionsweise jeder Lieferung das Lieferprogramm von diesem Verlag bei. So erweitern beide Seiten ohne Mehrkosten den Kreis der potentiellen Kunden.

Online-Kooperationen sind aber weit mehr, als der tatsächliche Verkauf von Produkten auf Provisionsbasis. Eine Vorgehensweise die sehr effektiv ist und Ihnen bekannt sein dürfte, ist beispielsweise das gegenseitige bewerben mit Flyern in Produktauslieferungen. Sicher haben Sie schon einmal bei Amazon bestellt. Dort liegen jeder Lieferung Flyer von Kooperationspartnern bei. Der Druck von Flyer kostet sehr wenig, das Porto ist sowieso schon bezahlt und man erreicht gegenseitig Kunden, an die man sonst keine Informationsaussendung vornehmen würde.

Auch Content kann über Kooperationen ausgetauscht werden. Hier ist dann in erster Linie nicht die Umsatzsteigerung im Vordergrund, sondern die Reduktion von Kosten und die Userbindung.

Der Klassiker unter Kooperationen sind Verlinkungen. Dies mit dem Hintergrund der Verbesserung der Positionen bei den Suchmaschinen.

Onlinemarketing

Sehr viel weiter gehen Kooperationen bei denen verschiedene Händler auf einer Plattform aktiv sind, der Kunde ohne die Seite verlassen zu müssen, also ohne Mediabruch, sich seinen Warenkorb zusammen zu stellen und diesen zentral nur einmal bezahlt. Im Hintergrund werden dann die Bestellungen unter den Kooperationspartnern entsprechend aufgeteilt, oder aber sie gehen noch einen Schritt weiter und wickeln auch die komplette Bestellungen zusammen ab. Das heißt dann, mehrere Shops, eine Shoppingplattform, eine Anmelde- und Bezahlvorgang für den Kunden und ein Sammelpäckchen vor der Haustüre.

Sinnvoll sind solche Kooperationen in erster Linie für sich ergänzende Branchen bei der eine echte Win-Win-Situation entsteht. Mit Kanibalisierungseffekten ist keinem gedient und die Kooperation wird nicht lange halten.

Welches sind die Grundlagen für erfolgreiche Kooperationen?

- Der wichtigste Grundsatz muss sein, Kooperationen dürfen nicht 1:1 aufgerechnet werden. Selbstverständlich müssen beide Seiten von der Zusammenarbeit profitieren, Sie werden es aber nie schaffen, ein auf Cent und Euro exaktes Gleichgewicht herzustellen. Dies muss Ihnen bewusst sein, sonst werden Sie keine Freude an der Partnerschaft haben.

- Die kooperierenden Seiten müssen thematisch zueinander passen. Wenn ein Reiseanbieter auf seinen Seiten in Kooperation die Vermarktung von flugplatznahen Parkplätzen anbietet, dann macht das Sinn und bietet auch dem User einen Nutzen. Aber es wird sich wohl selten ein Trashmetall-Fan davon überzeugen lassen, einen Standardtanzkurs zu belegen. Die Ausnahme bestätigt die Regel, aber der Platz wäre mit anderen Kooperationen sinnvoller genutzt.

- Suchen Sie sich Ihre Kooperationspartner sehr sorgfältig aus und gehen Sie nicht auf jedes Angebot ein. Die Anbahnung, Ausarbeitung und Implementierung von Kooperationen kostet Zeit und damit Geld. Achten Sie deshalb in erster Linie auf die Qualität Ihrer Partner und wenden Sie nicht das Gießkannenprinzip nach dem Motto "Viel hilft viel" an.

- Bedenken Sie die technische Umsetzung. Kann das was Sie sich vorstellen auch technisch funktionieren, stimmen Schnittstellen überein, oder wie groß ist der Aufwand um die Übereinstimmung zu schaffen? Ist dann der Nutzen noch in einem gesunden Verhältnis zum Aufwand? Aber nicht nur die technische Umsetzung sollten Sie bedenken. Stellen Sie sicher, dass die Kopperation von beiden Seiten bewältigt werden kann. Sei es vom Zeitaufwand her, oder beispielsweise auch Aufgaben im Bereich Logistik müssen aufeinander abgestimmt werden können.

Onlinemarketing

❗ Seien Sie kulant und jederzeit gesprächsbereit mit Ihrem Kooperationspartner.
Vereinbaren Sie zu Beginn der Kooperation einen Stichtag, beispielsweise nach sechs Monaten, an dem die Kooperation von beiden Seiten offen und ehrlich bewertet wird.
Räumen Sie beiden Parteien das Recht auf Korrekturen und Nachbesserungen ein.
Beispielsweise beim Thema Provisionshöhe oder Platzierung der Werbemittel.

❗ Und zu guter Letzt, die Chemie zwischen den Kooperationspartnern muss stimmen. Es werden im Laufe einer Zusammenarbeit immer mal Störungen und Komplikationen auftreten. Wenn Sie sich gut verstehen, so werden Sie diese Schwierigkeiten besser, schneller und zufriedenstellender lösen und damit einfach mehr Spaß und Erfolg mit Ihren Kooperationen haben.

Onlinemarketing

Social Media-Marketing:

Twittern Sie, oder haben Sie ein Facebook-Profil? Wenn bis jetzt noch nicht, dann sicher in naher Zukunft.

Das sogenannte Web 2.0 verändert unsere Kommunikation und damit auch das Marketing. Bisher haben Unternehmen dem Konsumenten weitgehend vorgegeben, wann und wie sie über ihre Produkte kommunizieren. Lob und Kritik blieb in der engsten sozialen Zelle stecken. Sicher nicht zu verachten, auch im kleinen Kreis kann Mundpropaganda zu positiven oder negativen Effekten führen. Mit den heutigen Kommunikationsmitteln kann der Konsument jedoch viel schneller und einer viel größeren Empfängerschaft mitteilen, was er von Ihren Produkten oder Ihrem Verhalten ihm gegenüber hält. Virales Marketing hat mit Social Media eine neue Dimension erreicht.

Jeff Jarvis bloggte über ein Problem mit dem Computerhersteller DELL und in kürzester Zeit brach eine böse Lawine der Kritik über das Unternehmen ein. DELL nutzte nach etwas Zeit des Nachdenkens die Gunst der Stunde und änderte seine Serviceeinstellung grundlegend. Dies wiederum wurde dann ebenfalls von der Bloggerszene registriert, dieses Mal positiv.

Unterschätzen oder belächeln Sie die Macht des Web 2.0 nicht. Sie sind ein Teil davon, ob Sie möchten, oder nicht. Es wird über Sie und Ihre Produkte gesprochen. Deshalb ist es sinnvoll, auch selbst daran teilzunehmen.

Zudem, das Social Web ist ein hervorragendes Instrument der Markt- und Meinungsforschung. Hier erfahren Sie, was der Konsument wirklich über Sie und Ihre Produkte denkt. Und dies ohne große Vorbereitung, ohne Briefing, ohne eventuell verzerrenden Vorgaben und zu äußerst niedrigen Kosten.

Social Media-Marketing ist günstig! Sie müssen keine Medialeistung bezahlen, benötigen niemanden für die Entwurfsarbeiten und Produktionskosten fallen auch nicht an. Diese Leistung erbringen Ihnen Ihre Kunden, gratis. Was Sie an Aufwand haben, das sind Personalkosten. Je nach Intensität und Unternehmensgröße können Sie die Aufgaben aber zusätzlich auf befähigte Personen verteilen und somit auch diese Kosten im angemessen Rahmen halten.

Wie gehen Sie vor? Im ersten Schritt finden Sie heraus, wo über Sie und Ihre Mitbewerber geredet wird. Beobachten Sie die Szenerie, wie wird über Sie gesprochen. Gibt es Kritikpunkte dann erarbeiten Sie eine Lösung und kommunizieren Sie diese. Lesen Sie positive Meinungen über sich, dann sagen Sie Danke. Aber vergessen Sie nicht, das Web 2.0 ist sensibel. Seien Sie ehrlich, offen und behalten Sie Nerven. Es wird Ihnen sicher unberechtigte Kritik begegnen. Gehen Sie nicht in Angriff über, auch wenn es Ihnen manches Mal schwer fallen wird. Fordern Sie zur Kommunikation auf, nehmen Sie Kritik ernst.

Onlinemarketing

Social Media-Marketing bedeutet aber nicht, dass Sie nur reagieren. Agieren Sie. Möglichkeiten gibt es viele. So können Sie beispielsweise Neuigkeiten aus Ihrem Unternehmen bloggen und twittern. Viele Unternehmen machen dies in der Zwischenzeit sehr konsequent. Oder nutzen Sie Videoplattformen wie YouTube. Dort können Unternehmen eigene Kanäle einrichten. Neben unterhaltsamen Filmen aus und über Ihr Unternehmen können Sie Ihren Kunden auch einen echten Nutzen bieten. Produzieren und verkaufen Sie technische Geräte? Dann stellen Sie doch verfilmte Bedienungsanleitungen ein. Oder sind Sie eine überregionaler Wohnbaugesellschaft? Dann veröffentlichen Sie einen Film darüber, wie man die Heizkostenabrechnung verstehen kann. Dies nur beispielhaft. Für jedes Unternehmen finden sich Themen die es wert sind, veröffentlicht zu werden. Treffen Sie den richtigen Ton, dann wird Ihr Video beachtet, es wird verlinkt, empfohlen, es wird über Sie gesprochen. Und denken Sie nicht an ausufernde Kosten. Es gibt diverse Anbieter, die sich auf die Produktion von solchen Unternehmensfilmen für Videoplattformen spezialisiert haben und auf Grund der hohen Zahl an Produktionen einen fairen Preis anbieten können. Zudem bedenken Sie, es bedarf keiner Highend-Produktion um im Web 2.0 zu bestehen. Ehrlichkeit und Authentizität sind wichtiger als ein perfekt ausgeleuchtetes und nachbearbeitetes Set.

Domain-Marketing:

Eine 1A-Lage in der Fussgängerzone verbunden mit einem attraktiven Angebot ist schon ein Garant für ein erfolgreiches Geschäft in der Offlinewelt. Nicht anders ist es im Internet, nur kann hier eine 1A-Lage nicht geographisch zugeordnet werden. Glücklich, wer sich bei Zeiten kurze, griffige Domains gesichert hat, am Besten noch der eigene Firmenname oder Produktname ohne Zusätze wie -gmbH oder -online. Zugegeben, es ist schwierig an solche Domains zu kommen, aber nicht unmöglich, manches Mal auch teuer. Investieren Sie in gute Domains. Sie sind ein wichtiger Baustein in der Kommunikation mit Ihren Kunden und Interessenten. Auch wenn eine Suchmaschine bei vielen Usern als Startseite auf dem Bildschirm erscheint, bei der Suche nach Unternehmen oder Produkten geben User oftmals einfach den gesuchten Namen oder Begriff in Verbindung mit .de ein.

Selbstverständlich kann mittels Suchmaschinenoptimierung und Suchmaschinenwerbung der Nachteil einer langen und wenig einprägsamen Domain minimiert werden, aber das kostet Geld und Zeit. Und Sie erhalten die Besucher nicht, die einfach mal Ihren Namen mit einer Toplevel-Endung wie .de eingeben.

Domain-Marketing ist die Suche nach dem passenden Namen. Ist er vergeben, versuchen Sie ihn zu kaufen. Domain-Marketing bedeutet aber auch, dass Sie sich ein großes Domain-Portfolio mit den Namen und Bezeichnungen Ihrer Produkte oder Dienstleistungen zulegen.

Onlinemarketing

Wenn Sie beispielsweise Kosmetikartikel produzieren, dann registrieren Sie jede Produktgattung, Produktbezeichnung und den Produktnamen als Domain. Immer vorausgesetzt, diese sind noch verfügbar. Denken Sie auch an verschiedene Toplevels, an Vertipper-Domains und an Domains für bestimmte Werberaktionen. Bei Kosten von wenigen Cent im Monat für eine Domain ist es kein großes Investment, sich auch hundert oder mehr Domains zu sichern. Besser Sie tun es, als dass es ein Mitbewerber macht.

Online-Pressearbeit:

Pressearbeit ist ein strategischer Wettbewerbsfaktor, der außer von Großunternehmen von vielen Firmen unterschätzt, nicht ernst genommen und vernachlässigt wird. Oftmals herrscht der Gedanke, dass Aussendungen an die Presseorgane vertane Mühe sind, da sie sowieso nicht berücksichtigt werden. Dies ist falsch, denn ein großer Teil dessen was wir täglich in den Medien lesen, hören und sehen, basiert ursprünglich auf einer Pressemitteilung. Und dort geht es nicht immer nur um bekannte Großunternehmen.

Um den Medien jedoch überhaupt erst die Chance zu geben, über Ihre Aktivitäten berichten zu können, müssen Sie diese Informationen liefern. Pressearbeit ist eine Bringschuld der Unternehmen, keine Holschuld der Medien.

Das Internet erleichtert die Pressearbeit erheblich und beschleunigt sie. Zudem sind sie nicht mehr komplett vom Wohlwollen der Redakteure in den Verlagen abhängig. In Presseportalen wie beispielsweise openPR.de können Sie oder Ihre Agentur Pressemitteilungen einstellen. Halten Sie sich an die grundlegenden Regeln einer Pressemitteilung, so wird diese auch veröffentlicht. Auch Google scannt dieses Presseportal. Ist Ihre Pressemitteilung in openPR.de veröffentlicht, so taucht sie wenige Stunden später auch unter den Google-News auf. Neben openPR.de finden Sie über die Suchmaschinen noch zahlreiche weitere Portale dieser Art. Die Veröffentlichung auf kostenlosen Presseportalen bietet gerade kleineren Unternehmen die Möglichkeit, von einer weitreichenden Medienpräsenz zu profitieren, die sie sich sonst nicht leisten könnten.

Nur wenige Redakteure haben die Zeit, auf diesen Portalen nach Neuigkeiten für ihre Arbeit zu suchen. Dennoch sollten Sie Ihre Pressemitteilungen dort veröffentlichen. Über die Presseportale gelangen Ihre Meldungen in die bekannten Suchmaschinen und somit zu Ihren Kunden. Die Fütterung von Portalen dieser Art hilft Ihnen, mehr Besucher auf Ihre Seiten zu bringen. In aller Regel versehen Sie Ihre Pressemitteilungen auf den Presseportalen mit Links zu den beschriebenen Neuigkeiten. Dies wiederum stärkt auf Dauer Ihre Position in den Suchma-

Onlinemarketing

schinen. Auch wenn Links in Portalen oftmals mit einem "noFollow" versehen sind - was angeblich Suchmaschinen davon abhalten soll diesen Link zu bewerten - so zeigt die Praxis sehr wohl, dass Links aus Presseportalen zur Gewichtung von Internetseiten beitragen. Selbstverständlich sollte sein, dass Sie die Portale sorgfältig auswählen.

Neben den Veröffentlichungen Ihrer Pressemitteilungen im Internet auf Presseportalen dürfen Sie einen wichtigen weiteren Baustein der Online-Pressearbeit nicht vernachlässigen. Stellen Sie der Presse alle Informationen auch auf Ihrer Internetseite zur Verfügung. Pressemitteilungen die über das normale veröffentlichte Material hinausgeht, Informationen über Ihr Unternehmen und Ihre Produkte und Bildmaterial. Oftmals ist Ihre Internetseite für den recherchierenden Redakteur die erste Anlaufstelle um Informationen zu erhalten. Nennen Sie einen Ansprechpartner mit eMail-Adresse und ganz wichtig, mit Telefonnummer. Redakteure stehen unter Zeitdruck und das Telefon ist der ihr bester Freund. Haben sie einen Frage, stecken sie mitten in der Arbeit zu einem Artikel, dann werden sie zuerst zum Hörer greifen um die Fragen schnell und direkt zu klären. Langwierige Kommunikation per eMail stört den Arbeitsablauf. Im schlechtesten Fall wird Ihr Mitbewerber im Artikel genannt, und nicht Sie.

Wenn Sie Ihren Pressebereich sauber pflegen, dann erhalten Sie über die Jahre ein großes Archiv mit viel Text über Ihr Unternehmen und Ihre Produkte. Und Sie wissen ja, Suchmaschinen lieben Text. Löschen Sie deshalb alte Pressemitteilungen und Unternehmensinformationen nicht aus dem Pressebereich Ihrer Internetseite.

Onlinemarketing

Wichtige Presseportale für Ihre PR-Arbeit:	
news aktuell GmbH	▸ www.presseportal.de
Stern Consulting GmbH	▸ www.businessportal.24.com
Proferimus UG (haftungsbeschränkt)	▸ www.dailynet.de
Siegrid Lewohn Internet- und Pressedienste	▸ www.fair-news.de
LayerMedia, Inc.	▸ www.firmenpresse.de
ADENION GmbH	▸ www.inar.de
AHVV Verlags GmbH	▸ www.live-pr.com
unn | UNITED NEWS NETWORK GmbH	▸ www.livepr.de
Jeppesen net AG	▸ www.news4press.com
TENNEMANN media GmbH	▸ www.nordpr.de
Affective Internet Services	▸ www.offenes-presseportal.de
Art2Digital InterMedia	▸ www.online-artikel.de
CK Vergleich GmbH	▸ www.online-presse.com
openPR UG (haftungsbeschränkt) & Co. KG	▸ www.openpr.de
Richter Marcel	▸ www.openpresse.de
novo per motio KG	▸ www.perspektive-mittelstand.de
Gregor Ermtraud	▸ www.portalderwirtschaft.de
AHVV Verlags GmbH	▸ www.pr-inside.com
Marktplatz Mittelstand GmbH & Co. KG	▸ www.pr-newsticker.de
PR-Media GmbH	▸ www.pr-presse.de
klickfaktor GmbH & Co. KG	▸ www.prcenter.de
HighText Verlag Graf und Treplin OHG	▸ www.press1.de
oak media GmbH	▸ www.pressbot.net
Harald Haase	▸ www.presse-artikel.org
Sebastian Karpp	▸ www.presseanzeiger.de
Stern Consulting GmbH	▸ www.presseecho.de
(sil:ben)media	▸ www.pressekat.de
Thomas Narres	▸ www.pressemitteilung.ws
NIKU Media AG	▸ www.prpress.de
digi.ch GmbH	▸ www.ptext.de
Patrick Erb - uncover-it media	▸ www.public20.de
Andreas Votteler	▸ www.trendkraft.de

Im Internet finden Sie noch zahlreiche weitere Presseportale.

Onlinemarketing

Web-Controlling:

Die Analyse und Messung in Echtzeit von Onlineaktivitäten ist die Basis für das Performance Marketing. Nur dadurch können beispielsweise Kampagnen während der Laufzeit korrigiert und optimiert werden.

Mittels Web-Controlling ist es möglich, Online-Marketing-Aktivitäten sehr genau hinsichtlich betriebswirtschaftlich relevanter Informationen zu analysieren. Der Erfolg eines Banners oder anderer Online-Werbemittel werden nicht nur bezüglich der generierten Klicks gemessen, sondern können auch in Bezug auf die erzielten Umsätze exakt bewertet werden. Die Conversion-Rate oder Response-Rate ist die Basis für die Ermittlung des Return-on-Investment. Auch bei Besuchern die über eine Suchmaschine auf die Website gelangen, lassen sich die eingegebenen Suchworte filtern und diese können hinsichtlich der daraufhin bestellten Waren auf Erfolg analysiert werden.

Neben der technischen Herkunft eines Besuchers, lassen sich über die IP-Adresse zusätzlich auch Geodaten ermitteln. Die regionale Herkunft des Besuchers lässt sich sehr genau bestimmen, was notwendig bei der Buchung von Werbemitteln nach der Targeting-Methode ist. Wenn Sie beispielsweise in einer Kampagne nur regionale Kunden umwerben möchten, dann müssen Sie natürlich auch wissen, wann ein Kunde aus der gewünschten Region online ist.

Fragen Sie sich warum tut ein User dies und das auf meiner Seite, warum aber kommt er nicht auf diese oder jene Seite? Web-Controlling ermöglicht die Optimierung Ihrer Internetseiten. Mittels der Zuordnung der einzelnen Seitenaufrufe zu einem Besucher können die Klickpfade und jeweilige Verweildauer des Besuchers ermittelt werden. Durch die Analyse dieser ist es möglich, die Intension seines Besuches und beispielsweise seine Interessensschwerpunkte heraus zu finden. In Onlineshops können zudem die Abbruchquoten und die Konversionsraten zwischen den einzelnen Bestellschritten bestimmt werden. Auf diese Weise sind die kritischen Punkte der Website lokalisierbar, was notwendig ist, um Schwachstellen zu reduzieren. Beispielsweise haben Sie zahlreiche Kunden die zielstrebig einen Artikel betrachten, diesen in den Warenkorb legen, einen Kunden-Account anlegen und dann zwischen Warenkorb und Zahlung hin und her springen. Dann ist es gut möglich, dass der User mit den angebotenen Zahlungsarten Schwierigkeiten hat.

Voraussetzung für die Ermittlung dieser Daten ist ein Trackingtool auf Echtzeitbasis, oftmals mittels Pixeltechnik. Nicht geeignet ist die Methode der Logfile-Auswertung wie sie zu Beginn des Online-Zeitalters Standard war. Hierbei wird auf dem Internetserver die Aktivität in einem Logfile gespeichert und zu einem späteren Zeitpunkt ausgewertet.

Web-Controlling ermöglicht es Ihnen auch wiederkehrende Besucher zu erkennen. Ein wichtiger Punkt um die Effektivität Ihrer Werbemaßnahmen zu messen. Besucher die über eine Suchmaschine oder ein Werbebanner auf eine Website gelangen, werden in der Regel nicht schon beim ersten Besuch einen Kauf tätigen. Besonders bei der Suchmaschinen-Recherche werden sie verschiedene Anbieter besuchen um Informationen zu sammeln. Der eigentliche Kauf wird dann zu einem anderen Zeitpunkt vorgenommen. Stunden, Tage oder Wochen später. Um als Betreiber der Website auch diesen Erfolg einem bestimmten Suchwort oder einem Werbemittel zuordnen zu können, werden Cookies verwendet die den Benutzer bei einem weiteren Besuch identifizieren. So ist es möglich, auch Folgebesuche und -käufe einer bestimmten Online-Maßnahme zuzuordnen. Ohne diese Technik wäre auch das Affiliate-Marketing nicht auf einer fairen Basis möglich. Beispielsweise kommt ein Interessent über die Seite eines Publishers auf die Seite eines Advertisers. Er kauft nicht sofort, kennt nun aber die Seite des Anbieters, sprich des Advertisers und kommt beim nächsten Besuch direkt auf die Seite um den Kauf zu tätigen. Den ursprünglichen Kontakt hergestellt hat der Publisher. Ohne Cookie-Technik würde er nicht die ihm zustehende Provision erhalten.

Weiterführende Literatur:

Jeder Punkt der hier in diesem Kapitel behandelt wurde ist es Wert, um sich detaillierter darüber zu informieren. Wir möchten Ihnen besonders die folgenden Veröffentlichungen nahe legen.

Diese Bücher sollten Sie unbedingt lesen:			
Das große Online Marketing Praxisbuch	André Alpar, Dominik Wojcik	Data-Becker	ISBN 978-3815829806
Google+ für Unternehmen	I. Palme, T. Gallinaro	Data-Becker	ISBN 978-3815831076
Social Media Marketing	Tamara Weinberg	O'Reilly	ISBN 978-3897215825
Landing Pages	Tim Ash	mitp-Verlag	ISBN 978-3826655142
Geheimnis SEO	Dirk Schiff	bhv-Verlag	ISBN 978-3826675829
Performance Marketing	Thomas Eisinger u.w. (Hrsg.)	BusinessVillage	ISBN 978-3869800080
Mobile Marketing	Cindy Krum	Addison-Wesley	ISBN 978-3827331106
Web Analytics: Metriken auswerten...	Marco Hassler	mitp-Verlag	ISBN 978-3826691225
PR im Social Web	M.-C. Schindler, T. Liller	O'Reilly	ISBN 978-3897215634
Was würde Google tun	Jeff Jarvis	Heyne	ISBN 978-3453155374
The Long Tail	Chris Anderson	Carl Hanser Verlag	ISBN 978-3446409903
Follow me!	A. Grabs, K.-P. Bannour	Galileo Computing	ISBN 978-3836218627
Erfolgreiche Websites	E. Düweke, S. Rabsch	Galileo Computing	ISBN 978-3836216524
Ratgeber Domain-Namen	F. Huber, F. Hitzelberger	Books on Demand	ISBN 978-3839173893

Stand: September 2012

Suchmaschinenmarketing

Der Begriff "Suchmaschinenmarketing"

Vor wenigen Jahren noch gänzlich unbeachtet, ist Suchmaschinenmarketing heute eines der Top-Schlagwörter in der Werbebranche. Vielfach strapaziert, angeführt um neue Kunden zu gewinnen, ein neues Betätigungsfeld zu erschließen. Wenn man die Entwicklung der Internetauftritte von Werbeagenturen in den letzten Jahren kontinuierlich beobachtet, stellt man fest, dass vielfach selbst Werbeagenturen, die bisher keine Onlineprojekte realisierten, sich nun als Suchmaschinenmarketing-Spezialagenturen positionieren.

Zu Recht, was die Marktchancen und das Umsatzpotenzial anbelangt; oftmals aber zu Unrecht, was die vorhandenen Qualifikationen und das im Hause vorhandene Know How betrifft.

Die Vielzahl an Anbietern macht es Ihnen als Unternehmen sehr schwer, einen geeigneten Partner zu finden, wenn Sie über Suchmaschinen mehr Besucher auf Ihre Seiten leiten wollen. Denn darum geht es beim Suchmaschinenmarketing: mit welchen Maßnahmen und mit welcher Vorgehensweise generieren Sie über die Suchmaschinen qualifizierte Besucher für Ihre Onlineauftritte.

Zwei grundsätzlich verschiedene Instrumente:

1.) **Suchmaschinenoptimierung**
Ihre Internetseite wird so optimiert, dass sie bei Suchanfragen in den Suchergebnissen auf den ersten Plätzen landet. Je nach Suchbegriff und bereits vorhandener Optimierung Ihrer Seite kann diese Vorgehensweise recht lange dauern.

2.) **Suchmaschinenwerbung**
Sie buchen bei den Suchmaschinen bezahlte Anzeigen, die themenrelevant zu den Suchanfragen erscheinen. Bezahlt werden die Anzeigen bei einem Klick. Die Position hängt pauschal gesagt, davon ab, wie viel Sie bereit sind pro Klick zu bezahlen.

Oftmals werden diese beiden Instrumente bewusst oder unbewusst vertauscht. Wenn Sie eine Agentur mit der Suchmaschinenoptimierung beauftragen, aber nur die Schaltung von AdWords™-Anzeigen bekommen, dann haben Sie nicht das erhalten, was Sie eigentlich wollten.

Google™, AdWords™, AdSense™ und PageRank™ sind geschützte Marken der Google Inc., USA. Yahoo! ist eine geschützte Marke der Yahoo! Inc., USA. Alle genannten und aufgeführten Marken und Warenzeichen sind eingetragene Marken und Warenzeichen ihrer jeweiligen Inhaber.

DER ROTSTIFT 2013

Suchmaschinenmarketing

Suchmaschinenoptimierung oder Suchmaschinenwerbung?

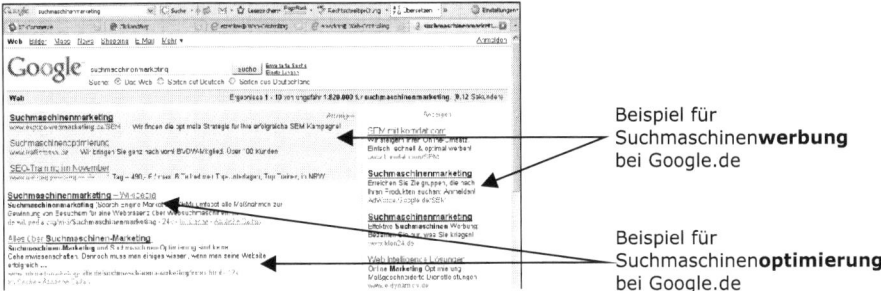

Beispiel für Suchmaschine**nwerbung** bei Google.de

Beispiel für Suchmaschine**noptimierung** bei Google.de

Es gibt viele Meinungen darüber, aber keine gesicherten und durch seriöse Untersuchungen gestützten Zahlen, welche User bei welchen Suchanfragen für welches Themengebiet in den Suchergebnissen klicken und welche die bezahlten Anzeigen nutzen.

Wer welche Vorgehensweise für die Bessere hält ist naheliegend simpel; wer bezahlte Anzeigen für Kunden schaltet propagiert diese, wer sich auf die Optimierung in den Suchergebnissen spezialisiert hat, führt allerlei Argumente gegen die Nutzung von Suchmaschinenwerbung an.

Die Wahrheit liegt wie so oft in der Mitte. Wenn Sie als Unternehmen für ein neues Produkt, für eine Veranstaltung, für eine Sonderaktion etc. schnell in den Suchmaschinen auf der ersten Suchmaschinenseite gelistet sein möchten, dann führt kein Weg an Suchmaschinenwerbung vorbei. Hiermit können Sie die gewünschte Position garantiert erreichen, vorausgesetzt natürlich, dass Sie das entsprechend notwendige Budget zur Verfügung stellen können und möchten.

Langfristig ist es unabdingbar, dass Sie Ihre Internetauftritt auch für die Suchergebnisse in den Suchmaschinen optimieren. Unsere Erfahrung zeigt, dass erstens weitaus mehr Besucher über die Positionen in den Suchergebnissen kommen als über bezahlte Anzeigen und zweitens die Verweildauer dieser Besucher doppelt so hoch ist.

Schätzungen gehen zudem davon aus, dass in der Zwischenzeit schon circa 30 - 35% aller Klicks auf bezahlte Anzeigen in den Suchmaschinen keine echten Besucher sind. Vielfach handelt es sich um Klickmissbrauch um etwa das Tagesbudget von Mitbewerbern zu erschöpfen, so dass deren Anzeigen nicht mehr erscheinen. Weiterer Klickbetrug entsteht dadurch, dass beispielsweise Google AdWords[TM] über das AdSense[TM] -Programm auch auf fremden Seiten dargestellt werden können und die Betreiber dieser Seiten für jeden Klick auf eine Anzeige auf ihrer Seite einen Anteil des Erlöses von Google bezahlt bekommen. Leider

---

Google[TM], AdWords[TM], AdSense[TM] und PageRank[TM] sind geschützte Marken der Google Inc., USA. Yahoo! ist eine geschützte Marke der Yahoo! Inc., USA. Alle genannten und aufgeführten Marken und Warenzeichen sind eingetragene Marken und Warenzeichen ihrer jeweiligen Inhaber.

Suchmaschinenmarketing

nutzen unseriöse Seitenbetreiber dieses Model, um mit Eigenklicks ihren Umsatz zu steigern. Für Sie als Inserent bedeutet dies, Sie bezahlen den Klick an Google™, einen ernsthaft interessierten Besucher erhalten Sie dadurch aber nicht.

Nicht viel anders dürfte sich das mit Werbeanzeigen in sozialen Netzwerken verhalten. Das amerikanische Unternehmen „Limited Run" stellte durch eigene Untersuchungen angeblich im Sommer 2012 fest, dass etwa 80% aller Klicks auf ihre Facebook-Anzeigen nicht von echten Usern, sondern von Robots erfolgten.

| Sofort notwendige Top-Position | ⟶ | Suchmaschinenwerbung |
| Langfristig beabsichtigte Top-Position | ⟶ | Suchmaschinenoptimierung |

Wie auch in der klassischen Werbung sollte dauerhaft im Alltag ein Mix der beiden Vorgehensweise praktiziert werden. Sprich, lassen Sie Ihre Internetseiten auf die wichtigsten Keywords für die Suchmaschinen optimieren, so dass Sie hier Top-Positionen belegen und bewerben Sie besondere Anlässe und Aktionen mit Anzeigen in den Suchmaschinen.

Google™, AdWords™, AdSense™ und PageRank™ sind geschützte Marken der Google Inc., USA. Yahoo! ist eine geschützte Marke der Yahoo! Inc., USA. Alle genannten und aufgeführten Marken und Warenzeichen sind eingetragene Marken und Warenzeichen ihrer jeweiligen Inhaber.

 DER ROTSTIFT 2013

Suchmaschinenmarketing

Suchmaschinenwerbung

Bei der Suchmaschinenwerbung beauftragen Sie den Betreiber, dass Ihre Anzeige passend zu der Suchanfrage des Users eingeblendet wird. Für die Einblendung bezahlen Sie nichts, wenn aber ein User auf Ihre Anzeige klickt, somit auf Ihre Internetseite kommt, wird vom zuvor von Ihnen festgelegten Tageswerbebudget abgebucht. Je nach Themengebiet und Popularität können dies je Klick wenige Cent bis zu mehreren Euros sein. Wenn Ihr Tagesbudget aufgebraucht ist, wird Ihre Anzeige an diesem Tag nicht mehr angezeigt.

Im Grunde gibt es in Deutschland im Bereich Suchmaschinenwerbung zwei relevante Netzwerke, in denen Sie Ihre Anzeigen schalten können: Google und Yahoo! Search Marketing (früher bekannt unter dem Namen Overture).

Schalten Sie Ihre Anzeigen bei Google, so erscheinen diese bei Google und - wenn Sie das möchten - auch bei Partnern des Google AdSense-Programmes. Auch bei Yahoo! können Sie Anzeigen in deren Werbenetzwerk schalten.

Im erweiterten Bereich der allgemeinen Onlinewerbung gibt es natürlich noch zahlreiche weitere Werbenetzwerke.

Im Prinzip können Sie die Schaltung Ihrer Anzeigen selbst vornehmen. Dazu melden Sie sich einfach bei Google oder Yahoo! an, bearbeiten mit dem Online-Tool Ihre Anzeigen und schon sind Sie innerhalb kürzester Zeit online.

Allerdings, Sie können ja auch Ihre klassischen Anzeigen in Magazinen oder Tageszeitungen selbst buchen. Nur, machen Sie das? In aller Regel eher nicht.

Wie in der klassischen Werbung, so erfordert auch die Schaltung von Suchmaschinenwerbung spezielles Know How. Es ist nicht damit getan, ein eher intuitives Tagesbudget festzulegen, ein paar Schlüsselworte auszusuchen und dann eine Online-Kampagne zu starten.

Seriöse Agenturen legen mit Ihnen gemeinsam zu Beginn der Tätigkeit, wie auch im klassischen Werbebereich, erst einmal die Rahmenbedingungen einer Kampagne fest. Welche Produkte, Dienstleistungen oder sonstige Kommunikationsziele sollen erreicht werden, welches sind die relevanten Suchbegriffe, auf welchem Bereich Ihrer Internetseite sollen die Besucher mit welchem Suchbegriff landen und wie ist das Wettbewerbumfeld für diese Suchbegriffe. Daraus resultierend kann Ihnen eine erfahrene Agentur schon sehr gut ableiten, wie viel Sie pro Klick auf welchen Positionen bezahlen müssen und Sie können danach budgetieren.

Google™, AdWords™, AdSense™ und PageRank™ sind geschützte Marken der Google Inc., USA. Yahoo! ist eine geschützte Marke der Yahoo! Inc., USA. Alle genannten und aufgeführten Marken und Warenzeichen sind eingetragene Marken und Warenzeichen ihrer jeweiligen Inhaber.

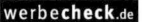

Suchmaschinenmarketing

Neben der Schaltung der Anzeigen übernimmt die Agentur auch die textliche Ausgestaltung der Anzeigen. Hier ist es wichtig, auf die Erfahrung von Spezialisten zu setzen. Anzeigen in Suchmaschinen sind meist reine Textanzeigen und Sie haben eine nur geringe Anzahl von Wörtern zur Verfügung. Schnell und wesentlich so auf den Punkt zu kommen, dass ein User genau dann Ihre Anzeige klickt, wenn das Thema für ihn relevant ist - das ist ein wesentlicher Faktor für den Erfolg Ihrer Kampagne. Gerade zu Beginn einer werblichen Aktivität in Suchmaschinen wird häufig der Fehler gemacht, sehr reißerische Anzeigen zu schalten. Dies mag Ihnen viel Traffic auf Ihren Seiten bringen, aber ob Sie damit Ihre Kommunikationsziele erreichen ist eher ungewiss. Die Anzeige muss zum Suchbegriff und zum User passen.

Wie wird die Schaltung von Suchmaschinenwerbung abgerechnet?

Da dieses Thema noch sehr jung ist, finden sich unzählige Abrechnungsmodelle. Was nicht funktioniert, ist das bekannte Model mit AE-Provision, da - bis auf wenige Ausnahmen - die Agenturen für die Schaltung von Anzeigen bei Google und Yahoo! von den Suchmaschinenbetreibern keine Agenturprovision erhalten. Deshalb hat nahezu jede Agentur hat sein eigenes Abrechnungsverfahren entwickelt. Im Grunde basieren diese aber meist auf diesen drei Grundgedanken:

1.) Abrechnung per Aufschlag prozentual zum Werbebudget
2.) Abrechnung per Klickaufschlag
3.) Abrechnung per Betreuungspauschale (Flatrate)

Bei der ersten Variante sind wir sehr nahe am klassischen AE-Verfahren. Wenn Sie in der Offlinewelt für 10.000 € Anzeigen schalten, erhält die Agentur vereinfacht dargestellt davon 15% Provision. Diese ergeben sich aus einer vom Verlag reduziert an die Agentur gestellten Rechnung. Suchmaschinen berechnen hingegen den Agenturen 100% und die Agentur schlägt in der Rechnung an Sie diese Provision oben auf.

Welcher Aufschlag ist gerechtfertigt? Die ehemals 15% AE-Provision verbleiben heute sowieso meist nicht komplett bei der Agentur, eine AE-Rückvergütung ist vielfach Grundlage der Mediaaufträge. Je nach Ausarbeitung des Vertrages und der sonstigen Vergütungen für die Kreation sind 0 - 10% im klassischen Bereich anzutreffen. Bei kompletter Rückvergütung der AE-Provision wird die Tätigkeit dann meist über Pauschalhonorare abgegolten.

Google™, AdWords™, AdSense™ und PageRank™ sind geschützte Marken der Google Inc., USA. Yahoo! ist eine geschützte Marke der Yahoo! Inc., USA. Alle genannten und aufgeführten Marken und Warenzeichen sind eingetragene Marken und Warenzeichen ihrer jeweiligen Inhaber.

 DER ROTSTIFT 2013

Suchmaschinenmarketing

Ob sich diese Prozentsätze auch im Bereich der Suchmaschinenwerbung durchsetzen muss die Zukunft zeigen. Bisher rechnen viele Agenturen auf dieser Basis ab. Wenn Ihnen als Kunde eine Agentur anbietet, für einen 10prozentigen Aufschlag die Ausarbeitung und Schaltung zu übernehmen, ist dies sicher für beide Seiten eine akzeptable Lösung. Grundlage für solch eine Vereinbarung ist ein Werbebudget, welches sich mit den Werbebudgets in der Offlinewelt vergleichen lässt. Sollten Sie allerdings, beispielsweise für eine Sonderaktion, eine einmalige Online-Kampagne mit wenigen hundert Euro Budget planen, dann können Sie bei 10% Provision von keiner Agentur eine seriöse und damit aufwändige Arbeit erwarten. Hier ist dann eine Abrechnung nach Stundensätzen vorzuziehen; Sie können 70 Euro je Stunde ansetzen.

Eine für alle Beteiligten klare und transparente Abrechnungsvariante ist die **Entlohnung per Klickaufschlag**. Bei dieser Variante bezahlen Sie den regulären Preis der Anzeigenschaltung zuzüglich eines festgelegten Aufschlages je Klick. Dieser Aufschlag ist unabhängig von der eigentlichen Klickvergütung immer gleich.

Üblich sind derzeit Aufschläge von **6 - 10 Cent je Klick**.

Stärken und Schwächen gibt es auch bei diesem Abrechnungsmodel. Es kann ein Qualitätsmerkmal einer Agentur sein, denn diese verdient nur dann etwas mit Ihrem Auftrag, wenn die Kampagne so gut ausgearbeitet ist, dass die User darauf klicken. Darin liegt aber auch eine Gefahr. Dann, wenn die Agentur die Anzeigen so ausarbeitet und mit weiteren Keywords über das eigentliche Ziel hinaus streut. Dann klicken zwar viele User, allerdings auch viele, die gar nicht nach Ihrem Angebot gesucht haben. Deshalb sollten Sie bei diesem Abrechnungsmodel immer kontrollieren, ob die Kampagne und die verwendeten Keywords Ihren Vorstellungen entsprechen. Lassen Sie sich bei unklaren Texten und Keywords diese Vorgehensweise von der Agentur erklären. Eventuell ist es genau der Pluspunkt den eine Agentur auszeichnet, vielleicht soll aber auch nur der Verdienst etwas optimiert werden.

Die **Abrechnung per Betreuungspauschale**, neudeutsch auch Flatrate genannt, kennen Sie aus dem klassischen Werbebereich. Sie unterteilt sich wiederum in zwei Modelle, Abrechnung nach Stundenaufwand und Abrechnung nach Höhe des Werbebudgets.

Bei der Abrechnung nach Stundenaufwand wird vorher überschlagen, welcher Aufwand zur Bearbeitung notwendig sein wird und danach ein monatlich fester Betrag festgesetzt. Dieser gilt, unabhängig ob Sie in einem Monat werblich mehr oder weniger aktiv sind. Es kann sein, dass Sie in einem sehr aktiven Monat mit der Pauschale sehr gut fahren, in einem schwächeren Monat hat die Agentur Vorteile. Idealerweise gleicht sich das unter Strich aus und beide Seiten haben den Vorteil, dass sie mit fixen Zahlen kalkulieren können. Für solch eine aufwandsbasierende Betreuungspauschale sollte zunächst eine Laufzeit von sechs Monaten festgesetzt

Google™, AdWords™, AdSense™ und PageRank™ sind geschützte Marken der Google Inc., USA. Yahoo! ist eine geschützte Marke der Yahoo! Inc., USA. Alle genannten und aufgeführten Marken und Warenzeichen sind eingetragene Marken und Warenzeichen ihrer jeweiligen Inhaber.

Suchmaschinenmarketing

werden und dann an Hand der Erfahrungswerte neu kalkuliert werden. Basis dieser Abrechnungsvariante ist ein gegenseitiges Vertrauen von Agentur und Kunde. Bezüglich der Stundensätze empfehlen wir als kalkulatorische Grundlage 70 € je Stunde.

Die Betreuungspauschale basierend auf dem Werbebudget ist sehr nahe an der ersten Abrechnungsvariante mit dem prozentualen Aufschlag auf das Werbebudget. Mit dem Unterschied, dass hier kleine Budgets besser prozentual abgerechnet werden können, nicht jeden Monat neu kalkuliert wird und auf beiden Seiten mit fixen Zahlen gerechnet werden kann.

Grundlagen dieser Abrechnungsvariante:

Budget Suchmaschinenwerbung monatlich	500 €	2.000 €	5.000 €
Agenturhonorar pauschal, monatlich	30 %	15 %	10 %

Budget Suchmaschinenwerbung monatlich	10.000 €	20.000 €	50.000 €
Agenturhonorar pauschal, monatlich	8 %	6 %	4 %

Bei höheren monatlichen Werbudgets kann keine weitere Absenkung des prozentualen Anteils erfolgen.

Oftmals werden Einrichtungspauschalen berechnet, wobei wir diese nur bei den niedrigeren Budgets bis 2.000 Euro im Monat für gerechtfertigt halten. Sie sollten sich dann im Rahmen zwischen 200 € und 500 € bewegen.

Google™, AdWords™, AdSense™ und PageRank™ sind geschützte Marken der Google Inc., USA. Yahoo! ist eine geschützte Marke der Yahoo! Inc., USA. Alle genannten und aufgeführten Marken und Warenzeichen sind eingetragene Marken und Warenzeichen ihrer jeweiligen Inhaber.

 DER ROTSTIFT 2013

Suchmaschinenmarketing

Suchmaschinenoptimierung

Eine Anmerkung vorab: Beim Thema Suchmaschinenoptimierung beziehen wir uns ausschließlich auf Google. Andere Suchmaschinen haben in Deutschland keinen relevant großen Marktanteil und die Erfahrung der letzten Jahre hat gezeigt, was bei Google im Bereich der Suchmaschinenoptimierung funktioniert, das funktioniert auch bei Yahoo!, BING und Co.

Wenn man die Entwicklung des Themas in den letzten Jahren verfolgt hat, dann gewinnt man den Eindruck, dass es in der Zwischenzeit, überspitzt formuliert, mehr Suchmaschinenoptimierer als Internetseiten gibt. Das Angebot ist unüberschaubar groß und jeder Suchmaschinenoptimierer ist - natürlich - für Ihren Auftrag der Beste. Das macht es für Sie als potenziellen Auftraggeber sehr schwer, den richtigen Partner zu finden.

Wie finden Sie also den richtigen Partner?

Ein Dilemma, die in der Branche bekannten, weit überdurchschnittlich guten und erfolgreichen Optimierer, sozusagen die Champions League der Branche, optimieren eigene Seiten und fast gar nicht für externe Kunden. Tröstlich allerdings, dass für zahlreiche Suchbegriffe die Champions League nicht benötigt wird und Sie auch mit Hilfe von sehr guten und seriös arbeitenden Suchmaschinenoptimierer in der Regel Ihre Ziele erreichen können.

Die Suchmaschinenoptimierung unterteilt sich im Wesentlichen in die Onpage- und Offpage-Optimierung:

> **Onpage-Optimierung:** damit ist gemeint, dass Ihre Internetseiten als Ausgangsbasis jeglicher Tätigkeit für die Suchmaschinen optimiert sind. Stichworte wie "SuMa-freundliche URL", "Standard-Domain", "schlanker Quellcode" und "Titel- und Description-Tags" gehören in diesen Bereich.
>
> **Offpage-Optimierung:** dies ist der Bereich, der um Ihre Seite herum passiert. Schlagwörter für diesen Bereich sind beispielsweise "Linkpopularität", "IP-Popularität" und "Backlinks".

Eine gute Onpage-Optimierung sollten Sie heute von allen seriösen Internetagenturen im Rahmen der eigentlichen Erstellung Ihrer Internetseiten erwarten können. Dies gehört einfach zur Basis, zum handwerklichen Können.

Den Unterschied macht die Offpage-Optimierung. Je nach dem wie hart umkämpft ein Keyword ist und wie schnell Sie mit welchen und mit wievielen Begriffen bei Google auf den ersten Plätzen landen möchten, benötigt der Optimierer ein eigenes Netzwerk, mit dem er Ihre Seiten stützen und pushen kann.

Google™, AdWords™, AdSense™ und PageRank™ sind geschützte Marken der Google Inc., USA. Yahoo! ist eine geschützte Marke der Yahoo! Inc., USA. Alle genannten und aufgeführten Marken und Warenzeichen sind eingetragene Marken und Warenzeichen ihrer jeweiligen Inhaber.

Suchmaschinenmarketing

Sehr vereinfacht gesagt ist der Grundgedanke von Google, dass Seiten dann hoch eingestuft werden, wenn viele andere Seiten auf diese verlinken. Bei der Offpage-Optimierung müssen Sie von möglichst vielen ebenfalls gut gewerteten Seiten einen Link auf Ihre Seite bekommen. Diese Links sollten dann noch mit den relevanten Suchbegriffen versehen und von möglichst vielen unterschiedlichen IP-Adressen aus verschiedenen C-Class-Netzen kommen.

Die Anforderungen an Suchmaschinenoptimierer wurden durch diverse Änderungen seitens Google im Frühjahr und Sommer 2012 verschärft. Nach den so genannten Pinguin- und Pandaupdates führt simples Linksammeln nicht mehr zum gewünschten Erfolg.

Daraus ergibt sich, dass der eigentliche Wert eines Optimierers das Netzwerk ist, auf das er zugreifen kann. Und darin liegt das eingangs erwähnte Szenario, dass die Top-Optimierer nur sehr selten für externe Kunden optimieren. Es gibt mit Affiliate-Programmen, Textlinkverkauf und dem Einsatz von AdSense zahlreiche Möglichkeiten mit einer Seite Geld zu verdienen - auch ohne eigene Produkte.

Nehmen wir ein Beispiel, Sie produzieren Fertighäuser. Um mit dem Keyword "Fertighaus" auf Platz 1 zu stehen sind Sie bereit, dem Optimierer 2.000 € im Monat für seine Tätigkeit zu bezahlen.

Da Suchmaschinenoptimierer meist Einzelkämpfer und Freiberufler sind, halten Sie 2000 € im Monat für ein stattliches Honorar, zumal er ja mehrere Kunden betreut. Sie werden allerdings keinen Optimierer finden, der Sie für diese Summe innerhalb eines Jahres auf Platz 1 bei Google bringt. Denn, in diesem Zeitraum kann er ein Eigenprojekt erstellen, dieses optimieren und ein Vielfaches von Ihrem Honorar an Einnahmen erzielen. Optimierer, die diesen Auftrag zu diesem Honorar annehmen, werden Sie eher nicht auf Platz 1 bringen.

Dies ist das Dilemma, vor dem viele Unternehmen stehen, wenn sie ihre Seiten optimieren wollen. Ein Ausweg ist oftmals nur die Suchmaschinenwerbung.

Glücklicherweise besteht die Online-Welt aber nicht nur aus sehr hart umkämpften Keywords und nicht immer muss ein Einzel-Keyword das Objekt der Optimierung sein. Gerade bei Kombinationen in Verbindung mit Regionen oder Städten in denen Sie tätig sind, ist es erheblich leichter auf die vorderen Plätze zu kommen. Zumal immer mehr User Suchwortkombinationen eingeben. Wer beispielsweise einen Architekt in Stuttgart sucht, der ist schlecht beraten, wenn er bei Google nur nach "Architekt" sucht. Besser zum Ziel kommt er mit der Suche nach "Architekt Stuttgart". Und glücklicherweise für alle Architekten in Stuttgart ist es kein Ding der Unmöglichkeit, mit dieser Suchkombination auf die erste Seite zu gelangen.

Google™, AdWords™, AdSense™ und PageRank™ sind geschützte Marken der Google Inc., USA. Yahoo! ist eine geschützte Marke der Yahoo! Inc., USA. Alle genannten und aufgeführten Marken und Warenzeichen sind eingetragene Marken und Warenzeichen ihrer jeweiligen Inhaber.

 **DER ROTSTIFT 2013**

Suchmaschinenmarketing

Wieviel kostet eine Suchmaschinenoptimierung?

Bei der Betrachtung der Kosten sind extrem schwierige Suchbegriffe wie beispielsweise "Krankenversicherung", "Aktienfonds", "Last Minute" etc. ausgenommen. Bei Begriffen dieser Kategorie sind Kosten von mehreren hunderttausend Euro normal. Die Honorarbetrachtung hier bezieht sich auf gängige Begriffe im normalen Schwierigkeitsbereich.

Es gibt im Wesentlichen zwei Abrechnungsmodelle: pauschal und nach Erfolg. Beide basieren auf Ihren Überlegungen, welchen wirtschaftlichen Vorteil haben Sie mit welchen Top-Platzierungen bei welchen Keywords und was ist Ihnen das an Honorar für einen externen Berater wert.

Auch wenn es für Sie weniger greifbar ist, wir empfehlen Ihnen die Abrechnung mit pauschalen Honoraren. Hier sind Sie bei der Mehrzahl der seriösen Anbieter langfristig besser aufgestellt. Bei erfolgsbasierenden Abrechnungen kann es Ihnen passieren, dass der Optimierer Ihre Keywords extrem pusht, Sie zwar schnell einen Erfolg haben, aber Ihre Seite dann von Google abgestraft wird und Sie für längere Zeit keinen Fuß mehr in die ersten hundert Seiten bekommen. Oder noch schlimmer, dass Ihre Seite "verbrennt" und komplett aus dem Suchmaschinenindex geworfen wird. Prominentes Beispiel hierfür war BMW; deren Optimierer wählte eine derart aggressive Vorgehensweise, dass BMW tatsächlich aus dem Index flog. BMW konnte mit Google eine Einigung erzielen, aber nicht jedes Unternehmen hat diese Macht. Die Mehrzahl der Unternehmen würde nicht einmal in die Nähe eines kompetenten Google-Verantwortlichen kommen, mit dem man über eine Wiederaufnahme verhandeln könnte.

Wenn Sie mit einem Suchmaschinenoptimierer einen Pauschalsatz aushandeln, müssen Sie mit einem Monatssatz von 500 € für einfacherer und bis zu 3.500 € für komplexere Aufgaben mit Nutzung des Linknetzwerkes des Optimierers kalkulieren.

Der Großteil der Aufgaben im Bereich Offpage-Optimierung kann mit einem Monatsbudget in Höhe von 1.000 bis 1.500 € realisiert werden.

Darin nicht enthalten sind die Kosten für eine eventuell anfallende Onpage-Optimierung, diese werden auf Basis der sonstigen Rotstift-Honorare für Webdesign kalkuliert.

Google™, AdWords™, AdSense™ und PageRank™ sind geschützte Marken der Google Inc., USA. Yahoo! ist eine geschützte Marke der Yahoo! Inc., USA. Alle genannten und aufgeführten Marken und Warenzeichen sind eingetragene Marken und Warenzeichen ihrer jeweiligen Inhaber.

Suchmaschinenmarketing

Das wichtigste Auswahlkriterium: Die Referenzen!

Wenn Sie bei Google nach Suchmaschinenoptimierung suchen, wird Ihnen seitenweise versprochen "Wir bringen Sie auf Platz 1". Nehmen Sie die Anbieter beim Wort und lassen Sie sich zeigen, welche Projekte mit welchen Keywords sie nach vorne gebracht haben. Danach können Sie schon einmal die überwiegende Mehrzahl aussortieren, die Liste der potenziellen Partner wird schon übersichtlicher. Lassen Sie diese Agenturen eine Analyse Ihrer Seite und ein Angebot erstellen und wählen Sie dann Ihren Suchmaschinenoptimierer.

Achten Sie auf die Aktualität der Referenzen! Diese sollten besonders aus dem Zeitraum nach dem Mai 2012 sein. Durch diverse Google-Updates vor diesem Datum funktioniert die Arbeitsweise zahlreicher Suchmaschinenoptimierer nicht mehr.

Google™, AdWords™, AdSense™ und PageRank™ sind geschützte Marken der Google Inc., USA. Yahoo! ist eine geschützte Marke der Yahoo! Inc., USA. Alle genannten und aufgeführten Marken und Warenzeichen sind eingetragene Marken und Warenzeichen ihrer jeweiligen Inhaber.

Suchmaschinenmarketing

Ein paar Fragen zum Thema Suchmaschinenoptimierung

Sollen wir externe Links kaufen?
Um mit Ihren Suchbegriffen nach vorne zu kommen, benötigen Sie Backlinks. Darauf basiert der Linkverkauf. Bei Google gut gelistete Seiten mit einem hohen Pagerank verkaufen oftmals Links von ihren Seiten. Google sieht das nicht gerne und versucht besonders aktive Linkverkäufer abzustrafen. In der Vergangenheit zeigte Google immer wieder sehr deutlich, was sie von solchen Methoden hält und hat massenweise linkverkaufende Seiten abgestraft. Aber, wenn Sie keine sonstigen Möglichkeiten haben an Backlinks zu gelangen, ist der Zukauf eine Notwendigkeit. Allerdings sollten Sie nur bei Seiten kaufen, die schon einige Zeit (einige Jahre) im Netz sind, über einen sauberen Inhalt verfügt und nicht mehr als 10 - 15 ausgehende Links auf der Seite hat, wo Ihr Link untergebracht werden soll.

Vermeiden Sie Footerlinks und achten Sie auf Themenverwandschaft!
Sie kennen diese Links auf vielen Seiten ganz unten. Da wird unabhängig vom eigentlichen Inhalt der Seite auf alle möglichen themenfremde Seiten verlinkt. Diese Footerlinks als meist gekaufte Links zu erkennen, war für Google eine leichte Aufgabe. Bei der letzten Rochade wurden solche Links drastisch abgewertet. Deshalb sollten Sie beim Linkkauf darauf achten, dass Ihre Links nicht am Seitenende stehen. Auch ein alleinstehendes Keyword mit dem Link auf Ihre Seite ist nicht optimal. Besser ist es, den Link in ein textliches Umfeld zu setzen. Und ganz wichtig, variieren Sie mit den Linktexten! Google straft ganz seit dem Pinguin-Update offensichtlich Seiten ab, die zu viel mit identischen Linktexten arbeiten.

Was ist der Google Pagerank?
Wenn Sie die Google Toolbar installiert haben, sehen Sie beim Aufruf einer Seite einen grünen Balken. Das ist der Pagerank einer Seite. Der Pagerank ist eine Bewertungsskala von Google, sie reicht von 0 bis 10. Bisher war ein Pagerank von 5 ganz ordentlich und nicht besonders schwer zu erreichen. Schwierig wurde es in den Regionen 7 und 8. Nach den Massenabwertungen in den letzten Jahren können Sie davon ausgehen, dass sich alles um zwei Punkte nach unten verschoben hat. Ein 3er ist nun ganz ordentlich, ab 5 wird es schwierig. Aber selbst wenn Sie einen Pagerank von 8 haben, dies bedeutet nicht, dass bei den für Sie wichtigen Suchbegriffen nicht auch eine Seite mit einem Pagerank von nur 3 oder 4 vor Ihnen stehen kann.

Bringen auch Links mit weniger als Pagerank 5 etwas?
Pagerank ist eines der Beschäftigungstools für Suchmaschinenoptimierer schlechthin. Wenn der sichtbare Pagerank alle paar Monate aktualisiert wird, laufen die Server der Suchmaschinenforen heiß. Wer bekommt warum welchen Pagerank, warum ist wer mit welcher Backlinkzahl gestiegen oder gefallen. Unsere Erfahrung zeigt, natürlich ist ein sauberer Pagerank 8-Link viel wert. Diese guten 8er sind aber nur sehr schwer zu bekommen. Die 8er-Links, welche Sie bei eBay kaufen können sind meist von Google bereits identifiziert und vererben keinen Pagerank mehr, oder sie sind beim nächsten Pagerank-Update nur noch ein 3er oder 4er. Deshalb

Google™, AdWords™, AdSense™ und PageRank™ sind geschützte Marken der Google Inc., USA. Yahoo! ist eine geschützte Marke der Yahoo! Inc., USA. Alle genannten und aufgeführten Marken und Warenzeichen sind eingetragene Marken und Warenzeichen ihrer jeweiligen Inhaber.

Suchmaschinenmarketing

unser Tipp: wenn Sie Links kaufen, dann bemühen Sie sich um eine Vielzahl von 4er-, 5er- und 6er-Links von möglichst vielen verschiedenen Domains und IP-Adressen und achten Sie auf ein passendes thematisches Umfeld.

Wo kauft man Links und wieviel kosten diese?

Ein Marktplatz für Linkverkäufe ist, wie sollte es auch anders sein, ebay. Dort allerdings ist der Kauf von guten Links eher schon Glückssache. Neben den paar wenigen seriösen Linkverkäufern tummeln sich eine Vielzahl von Schwarzen Schafen.

Die Preise bei eBay können Sie tagesaktuell selbst prüfen. Geben Sie als Suchbegriffe "Backlink", "Textlink", "Linkaufbau" oder "Pagerank" ein. **Aber Achtung:** ein Link von einer Pagerank 9-Seite für 99,- € im Monat kann zu diesem Preis kein Qualitätslink sein; Links dieser Art schaden Ihnen mehr, als sie nutzen. Zumal seriöse und vererbungsstarke PR9-Seiten in der Regel überhaupt keine Links verkaufen.

Eine Übersicht der Linkpreise:

PR 3 / Monat:	2 €	bis	20 €	üblich:	5 €
PR 4 / Monat:	5 €	bis	60 €	üblich:	10 €
PR 5 / Monat:	10 €	bis	150 €	üblich:	20 €
PR 6 / Monat:	20 €	bis	180 €	üblich:	40 €
PR 7 / Monat:	40 €	bis	200 €	üblich:	80 €
PR 8 / Monat:	200 €	bis	250 €	üblich:	250 €

Wenn Sie es sich einfach machen möchten, dann empfehlen wir Ihnen den Linkkauf im Paket. 30 Links mit Pagerank von 3 bis 6, auf 30 verschiedenen IP-Adressen erhalten Sie beispielsweise für ca. 150 € im Monat. Achten Sie beim Kauf eines solchen Paketes darauf, dass mehrere verschiedene Linktexte verwendet werden, variieren Sie mit den Suchbegriffen.

Sollten Sie an hochwertigen Links interessiert sind, dann sollten Sie sich das Portal teliad.de anschauen. Unserer Erfahrung nach erhalten Sie dort seriöse Angebote. Die Preise sind daher auch etwas höher als bei eBay. Teliad ist seit Jahren am Markt aktiv und bietet eine Vielzahl an verschiedenen Angeboten um eine Seite mit externen Links zu versorgen.

Im Falle, dass Sie sich nicht selbst um den Linkkauf kümmern möchten, dann bieten sich Agenturen wie Linkunit.de an. Diese übernehmen nach Ihren Vorgaben und nach Ihrem Budget den Linkaufbau. Weitere Portale und Unternehmen dieser Art finden Sie im Netz einfach mit der Suche nach „Linkaufbau" oder „Linkbuilding".

Google™, AdWords™, AdSense™ und PageRank™ sind geschützte Marken der Google Inc., USA. Yahoo! ist eine geschützte Marke der Yahoo! Inc., USA. Alle genannten und aufgeführten Marken und Warenzeichen sind eingetragene Marken und Warenzeichen ihrer jeweiligen Inhaber.

 DER ROTSTIFT 2013

Künstlersozialabgabe – Die große Unbekannte

Was haben Banken, Maschinenbauer und Werbeagenturen mit der Künstlersozialabgabe zu tun?

von

Andreas Frank, BDW
Werbekaufmann
Marketing- & Kommunikationswirt (WfA)

13. Auflage, Version 2013

Nutzungshinweise:

Diese journalistisch aufbereitete Zusammenfassung informiert Sie in verständlicher, nichtjuristischen Sprache über das Thema Künstlersozialabgabe.

Sie ist eine redaktionelle Übersicht der derzeitigen Situation und eine Darstellung von Grundlagenwissen, keine Beratungsleistung im Sinne der Rechts- oder Steuerberatung.

Sie ersetzt im Bedarfsfall keine juristische Beratung. Benötigen Sie rechts- oder steuerberatende Hilfe, so kontaktieren Sie bitte einen Rechtsanwalt oder Steuerberater.

Alle Inhalte wurden sorgfältig recherchiert, die Angaben sind jedoch ohne Gewähr. Eine Haftung für eventuelle Fehler oder Fehlinterpretationen werden vom Autor und Herausgeber nicht übernommen.

Künstlersozialabgabe

Inhaltsverzeichnis

	Kapitel	ab Seite
Nutzungshinweise	15/001	397
Ratloses Schulterzucken	15/003	399
Key-Facts für Schnellleser	15/003	399
Schlechte Nachrichten für Unternehmer	15/005	402
Selbständige Künstler oder Publizisten	15/006	403
Was ist eine künstlerische Tätigkeit	15/008	404
Die Bedeutung der Rechtsform bei Auftragnehmern	15/008	405
Eine Faustregel	15/010	406
Was ist die Künstlersozialkasse	15/011	407
Keine willkürliche Abgabehöhe	15/013	409
Der Abgabesatz	15/014	410
Steigende Ausgaben der Künstlersozialkasse	15/015	411
Die Anmeldung	15/016	412
Wie werden die Abgaben bezahlt	15/017	413
Aufzeichnungspflicht	15/018	414
Anmerkungen	15/019	415
Hinweis	15/019	415
Anhang	15/019	415

DER ROTSTIFT 2013

Künstlersozialabgabe

Wenn man Unternehmen, Institutionen, Gemeinden oder Vereine nach der Künstlersozialkasse (KSK) fragt, erhält man meistens nur ein ratloses Schulterzucken zur Antwort.

Wer künstlerische oder publizistische Leistungen von beispielsweise selbständigen Designern, Grafikern, Textern oder Fotografen für seine werblichen Aktivitäten verwendet, ist ein so genannter Verwerter und muss eine Abgabe an die Künstlersozialkasse leisten. Bemessungsgrundlage sind das an den selbständigen Künstler oder Publizisten bezahlte Honorar und die Nebenkosten (ausgenommen Reisekosten).

Das Problem, die meisten Verwerter wissen nichts von ihrer Abgabepflicht!

Die gravierenden Folgen der Tatsache, dass Unwissenheit nicht vor Strafe schützt, bekommen in letzter Zeit aber immer mehr unwissentlich abgabepflichtige Unternehmen zu spüren. Die Künstlersozialkasse sucht in Zeiten leerer Kassen verstärkt systematisch nach abgabepflichtigen Betrieben und Einrichtungen. Wer sich, auch aus Unwissenheit, nicht selbst bei der KSK meldet, riskiert neben eventuell anfallenden Nachzahlungen zudem noch ein Bußgeld.

Mit diesem Skript werden in erster Linie werbetreibende Unternehmen und Angehörige der werbeausführenden Unternehmen angesprochen. Die Künstlersozialabgabe betrifft aber auch oftmals Städte, Gemeinden und Vereine. Die hier veröffentlichten grundlegende Informationen sind auch für diese gültig. Einzelfallprüfungen müssen aber generell von einem Rechtsanwalt oder Steuerberater vorgenommen werden.

Key-Facts für Schnellleser:

- Das Künstlersozialversicherungsgesetz trat am 01.01.1983 in Kraft.

- Die Künstlersozialkasse finanziert Künstlern und Publizisten 50% ihrer Kranken-, Pflege- und Rentenversicherungsbeiträge.

- Die Künstlersozialkasse finanziert sich aus einem Bundeszuschuss und aus Pflichtabgaben der so genannten Verwerter.

- Verwerter im Sinne der Künstlersozialkasse sind Firmen, Institutionen, Verbände, Vereine und Gemeinden, die regelmäßig die Dienste von Künstlern und Publizisten in Anspruch nehmen.

Künstlersozialabgabe

- Wer freie Mitarbeiter im künstlerischen, gestalterischen oder publizistischen Bereich regelmäßig beauftragt, ist abgabepflichtig.

- „Regelmäßig" ist in diesem Zusammenhang sehr eng gefasst. Einmal im Jahr bedeutet schon eine Regelmäßigkeit.

- „Künstler und Publizisten" ist in diesem Zusammenhang sehr weit gefasst. Selbst die vorbereitende Planung einer Werbemaßnahme durch einen Werbeberater stellt schon eine abgabepflichtige Tätigkeit dar.

- Auch für Tätigkeiten von Künstlern und Publizisten, die dieser Tätigkeit nur gelegentlich oder nebenberuflich nachgehen, müssen Abgaben bezahlt werden.

- Die Abgabepflicht besteht unabhängig davon, ob der Künstler oder Publizist selbst nach dem Künstlersozialversicherungsgesetz (KSVG) versichert ist.

- Es besteht für Sie mit Firmensitz in Deutschland bezüglich der Abgabepflicht kein Unterschied, wo der Künstler oder Publizist seinen Wohnsitz hat. Wenn Sie beispielsweise für ein Fotoshooting einen Fotografen mit Wohnsitz im Ausland beauftragen, müssen Sie auch auf das ihm bezahlte Honorar in Deutschland Künstlersozialabgaben leisten.

- Der Abgabesatz errechnet sich für jedes Jahr aus den eingehenden Beträgen der Verwerter und den zu leistenden Zahlungen der Künstlersozialkasse neu. Er wird bis zum 30.09. eines jeden Jahres für das nachfolgende Jahr durch die Künstlersozialabgabe-Verordnung festgesetzt.

- Der **Abgabesatz** für das Jahr **2011**: **3,9%**
  Der **Abgabesatz** für das Jahr **2012**: **3,9%**
  Der **Abgabesatz** für das Jahr **2013**: **4,1%**

- Zur Bemessungsgrundlage der zu leistenden Abgaben gehören alle an den Künstler oder Publizisten bezahlten Entgelte wie Gagen, Honorare, Ausfallhonorare für nicht verwertete Leistungen, Nebenkosten wie Material und nichtkünstlerische Nebenleistungen, sowie auch alle Auslagen wie Telefon- oder Frachtkosten.

- Nicht zur Bemessungsgrundlage gehören Reisekosten und die so genannte „Übungsleiterpauschale", die öffentlich-rechtliche Institutionen, anerkannte gemeinnützige, mildtätige und kirchliche Einrichtungen an nebenberuflich tätige Ausbilder, Übungsleiter, Chorleiter und Dirigenten bezahlen.

Künstlersozialabgabe

- Als Gesellschafter oder geschäftsführender Gesellschafter einer im künstlerischen oder publizistischen Bereich tätigen juristischen Person, gehören auch Ihre Gewinnanteile und Vergütungen zur Bemessungsgrundlage!

- Auch die an Moderatoren und Künstler bezahlten Honorare für Auftritte im Rahmen von Firmenveranstaltungen sind abgabepflichtig, sofern es sich nicht um eine private firmeninterne Veranstaltung handelt, zu der Dritte keinen Zugang haben.

- Der Einsatz von selbständigen Künstlern und Publizisten muss ordnungsgemäß dokumentiert werden, was einen nicht unerheblichen zusätzlichen Verwaltungsaufwand bedeutet.

- Die Anmeldung als Verwerter bei der Künstlersozialkasse muss selbständig erfolgen. Wer der Meldepflicht nicht nachkommt kann mit einem Bußgeld von bis zu 50.000 Euro belegt werden.

- Bei einer nachträglichen Feststellung der Abgabepflicht werden für die **letzten fünf Jahre** Abgaben fällig.

- Zur Vereinfachung der Errechnung der fälligen Abgaben und der Aufzeichnungspflicht gibt es für einige Wirtschaftsbereiche so genannte Ausgleichsvereinigungen (AV). Im Bedarfsfall können auch neue Ausgleichsvereinigungen gegründet werden.

- Zum 15.06.2007 trat die dritte Novelle des KSV-Gesetzes in Kraft. Wichtigste Änderung für Verwerter: Künftig übernimmt die Deutsche Rentenversicherung die Prüfung der Künstlersozialabgabe bei den Arbeitgebern. Bisher wurde diese Aufgabe von der Künstlersozialkasse wahrgenommen. Es ist dadurch mit einer weiteren Verschärfung der Kontrollen zu rechnen.

Künstlersozialabgabe

Warum die Künstlersozialkasse viele Unternehmen unvorbereitet und hart trifft

Angenehme Überraschungen sehen anders aus. Was vielen Unternehmen derzeit auf den Schreibtisch flattert, ist oftmals ein Schock – die Nachricht, dass Beiträge in die Künstlersozialversicherung nachzuzahlen sind. Hohe Nachzahlungen kommen bei einem Nachberechnungszeitraum von bis zu fünf Jahren schnell zusammen.

Wenn Sie in einer Werbe- oder Internetagentur arbeiten, dann haben Sie eventuell schon von der Künstlersozialkasse gehört. In anderen Branchen ist diese eher eine große Unbekannte. Eine gefährliche und oft liquiditätsstrapazierende Unbekannte.

Nehmen wir einmal an, Sie sind Geschäftsführer eines Maschinenbauunternehmens. „Warum soll ich mich mit der Künstlersozialkasse beschäftigen, das betrifft uns als Maschinenbauer sowieso nicht", werden Sie denken.

Achtung, potenzieller Fallstrick!

Wie verkaufen Sie Ihre Maschinen? Lassen Sie regelmäßig Prospekte erstellen, werden von Ihren Produkten Fotos angefertigt, sind Sie auf Messen und im Internet vertreten?

Wenn Sie diese Kommunikations- und Werbemittel von externen Dienstleistern anfertigen lassen, dann sind Sie mit sehr hoher Wahrscheinlichkeit abgabepflichtig im Sinne des Künstlersozialversicherungsgesetzes (KSVG).

Warum? Sie sind mit dem Einsatz der Werbemittel ein Verwerter einer künstlerischen Leistung. Ein Verwerter deshalb, weil Sie die bezogenen Leistungen publizieren, in den Umlauf bringen, damit für sich werben und für sich eine Öffentlichkeit herstellen.

Aber, abgabepflichtig ist nicht nur die direkte Werbung in Form von beispielsweise Anzeigen, Plakate, Prospekte, Fernsehwerbung, Messestände, Autobeschriftungen. **Auch indirekte Werbung**, also Maßnahmen die Sie beispielsweise im eigenen Unternehmen treffen um Ihrem Unternehmen allgemein ein positives Image zu verschaffen, können auf abgabepflichtigen Leistungen von freien Mitarbeitern, Beratern und Agenturen basieren.

Ein Beispiel:

Sie lassen sich von einem freien Werbeberater eine Konzeption für ein neues Corporate Design erstellen, keine tatsächliche Umsetzung in Form von Logo, Briefpapier, Visitenkarten und Prospekten. Auch auf dieses Honorar müssen Sie die Künstlersozialabgabe leisten.

DER ROTSTIFT 2013

Künstlersozialabgabe

Selbständige Künstler oder Publizisten?

Künstlersozialabgaben müssen Sie auf Leistungen von selbständigen Künstlern und Publizisten im Sinne des KSVG bezahlen.

Deshalb: es ist wichtig zu wissen, unter welche Rechtsform die beauftragte Person oder das beauftragte Unternehmen Ihren Auftrag bearbeitet!

Wenn Ihr Lieferant, beispielsweise eine Werbeagentur, ein Grafiker, Texter oder Fotograf, eine Gesellschaft bürgerlichen Rechts oder selbständiger Künstler im Sinne des KSVG (Künstlersozialversicherungsgesetz) ist, müssen Sie auf seine Leistungen 3,9 % (in 2012) Abgaben an die Künstlersozialkasse leisten!

Wenn aber beispielsweise die beauftragte Werbeagentur eine juristische Person des privaten oder öffentlichen Rechts ist (Bsp. GmbH, UG, AG. e.V., öffentliche Körperschaft), müssen Sie für deren künstlerischen Leistungen **keine** Künstlersozialabgabe bezahlen.

Achtung:

Gesellschaften bürgerlichen Rechts (GbR), Offene Handelsgesellschaften (OHG) und Kommanditgesellschaften (KG) sind Personengesellschaften, keine juristische Personen! Bei Auftragsvergaben an eine GbR, OHG oder KG müssen deshalb Künstlersozialabgaben bezahlt werden.

Achtung:

Eine GmbH & Co. KG ist zwar eine Personengesellschaft und keine juristische Person des privaten Rechts, da aber der Vollhafter einer GmbH & Co. KG keine natürliche Person ist, sind Aufträge an Unternehmen mit dieser Rechtsform nicht abgabepflichtig.

Künstlersozialabgabe

Was ist unter "künstlerischer Tätigkeit" zu verstehen?

Lassen Sie sich nicht von den Worten „künstlerische Leistungen" zu der Annahme verleiten, Ihre empfangenen Leistungen wären ja nicht künstlerisch. Künstlerisch im Sinne der Künstlersozialkasse ist so ziemlich alles, was Grafiker, Fotografen, Texter, Werbeberater, Autoren, Regisseure, Moderatoren etc. für Sie tun und erarbeiten. Auch Tätigkeiten die lediglich der Vorbereitung einer künstlerischen, publizistischen Ausführung zuarbeiten, sind abgabepflichtig.

Beispiel für die Abgabelast:

Nehmen wir einmal an, Sie bezahlen an Ihre Werbeagentur im Jahr 2013, und diese ist eine GbR, im Jahr 75.000 Euro Gestaltungshonorar, dann sind Sie mit 3.075,- Euro bei der Künstlersozialkasse in der Pflicht!

Und wenn Sie dies, ob mit Absicht oder aus Unwissenheit, nicht bei der KSK anmelden, laufen Sie Gefahr, bei einer Betriebsprüfung nicht nur Nachzahlungen, sondern auch noch ein Bußgeld bezahlen zu müssen.

Ist Ihr Auftragnehmer wie oben schon aufgeführt, jedoch eine juristische Person, müssen Sie keine Abgaben an die KSK leisten.

Deshalb diese große Bedeutung, dass Sie unbedingt wissen müssen, unter welcher Rechtsform Ihre Auftragnehmer für Sie arbeiten.

Der Grund, warum für die Zusammenarbeit mit einer juristischen Person keine Künstlersozialabgabe gezahlt werden muss, ist im Grunde ganz einfach: die GmbH führt ja ihrerseits bereits die Sozialabgaben ihrer angestellten Grafiker, Fotografen, etc. ab.

Arbeitet diese Agentur mit der Rechtsform einer juristischen Person wiederum für diesen Auftrag von Ihnen mit freien Mitarbeitern zusammen, integriert deren gestalterischen und künstlerischen Leistungen in die Erarbeitung des Auftrages, so muss die Agentur für das bezahlte Honorar an den Freien Mitarbeiter die Künstlersozialabgabe an die KSK leisten, nicht Sie.

Künstlersozialabgabe

Arbeiten Sie mit einer Agentur zusammen, die eine juristische Person ist, diese aber für den Auftrag wiederum Aufträge an einen freien Künstler in Ihrem Namen vergibt, so wird auch dieses Honorar zur Bemessungsgrundlage hinzugezogen.

Ein Beispiel (Abgabesatz 4,1 % in 2013):

Sie erteilen der Werbemann GmbH einen Auftrag für Ihre nächste Messe einen Imagefilm zu produzieren. Das Honorar beträgt 35.000 Euro netto. Für das Drehbuch engagiert die Werbemann GmbH in Rücksprache mit Ihnen, den freien Drehbuchautor Hans Dampf. Dieser stellt die Rechnung über sein Honorar in Höhe von 8.000 Euro netto direkt an Sie. Dann müssen Sie für die 35.000 Euro an die Werbemann GmbH keine Künstlersozialabgaben bezahlen, für die 8.000 Euro an den freien Autor werden aber 328 Euro Abgabe fällig.

Erteilen Sie aber der Werbemann GmbH den Gesamtauftrag inklusive Drehbuchhonorar über 43.000 Euro, so müssen Sie keine Künstlersozialabgabe entrichten. Die Werbemann GmbH wiederum muss die 328 Euro entrichten, wenn sie dem Drehbuchautor ein Honorar von 8.000 Euro bezahlt.

Erteilen Sie diesen Gesamtauftrag über 43.000 Euro der Werbe & Mann GbR, so müssen Sie 1.763 Euro an die Künstlersozialkasse bezahlen.

Erteilen Sie für dieses Projekt getrennte Aufträge über 35.000 Euro an die Werbe & Mann GbR und über 8.000 Euro an den Drehbuchautor Hans Dampf, so werden 1.435 Euro aus der Agenturrechnung und 328 Euro aus der Autorenrechnung fällig. Gesamt also wieder die 1.763 Euro.

Achtung:

Ein häufig verbreiteter Irrglaube ist auch, dass Sie als Verwerter nur dann in die Künstlersozialkasse einbezahlen müssen, wenn auch Ihr Lieferant bei der KSK gemeldet und von dieser Leistungen bezieht. Dies ist falsch!

Für Ihre eventuelle Abgabepflicht ist es nicht relevant, ob der Lieferant bei der KSK gemeldet ist, oder nicht!

Künstlersozialabgabe

Das ist ganz leicht damit erklärbar, dass es für die KSK keine Rolle spielt, ob Ihr Werbelieferant freiberuflich oder gewerblich tätig ist. Ein Gewerbetreibender kann keine Zuschüsse zur Renten-, Kranken- und Pflegeversicherung von der Künstlersozialkasse erhalten, dies ist den freien Künstlern und Publizisten vorbehalten. Dennoch sind für Sie seine Leistungen abgabepflichtig.

Kompliziert?
Hier eine stark vereinfachte Faustregel:

Wann immer Ihr Lieferant selbständig eine künstlerische Leistung im Sinne des Künstlersozialversicherungsgesetz erbringt, Sie diese nutzen (verwerten) und Ihr Lieferant keine juristische Person ist, müssen Sie Abgaben an die Künstlersozialkasse leisten.

Kennzeichen für eine selbständige Tätigkeit sind das eigene unternehmerische Risiko des Auftragnehmers, die freie Verfügung über seine eigene Arbeitskraft und die im Wesentlichen frei gestaltete Tätigkeit und Arbeitszeit.

Künstlersozialabgabe

Was ist die Künstlersozialkasse

Basis der Künstlersozialkasse ist das Künstlersozialversicherungsgesetz (KSVG).

Die Kunst als eine Stütze der Gesellschaft hat in Deutschland einen sehr hohen Stellenwert. Im krassen Widerspruch zur gesellschaftlichen Bedeutung der kreativ Schaffenden stehen jedoch sehr häufig deren Einkünfte, die eine geregelte Versorgung und Vorsorge oftmals nicht zulassen.

Zum Schutz eines unserer Rohstoffe, der kreativen Schaffenskraft, hat sich der Gesetzgeber Mitte der siebziger Jahre des vorhergehenden Jahrhunderts dieser Problematik angenommen. Um die soziale Absicherung der Kunstschaffenden in Deutschland zu erhöhen, wurde das am 01.01.1983 in Kraft getretene Künstlersozialversicherungsgesetz (KSVG) erarbeitet.

Dieses Gesetz ermöglicht es freischaffenden Künstlern und Publizisten, eine Art Arbeitgeberanteil für die Renten- und Krankenversicherung vom Staat zu erhalten, so wie ihn jeder Festangestellte auch von seinem Arbeitgeber bekommt. 1995, nach Einführung der Pflegeversicherung, wurde auch diese in das System integriert.

Der Staat (Bund) tritt sozusagen als Arbeitgeber für Künstler und Publizisten auf und übernimmt 50% der zu leistenden Zahlungen.

Die Künstlersozialkasse ist keine Versicherung

Daraus ergibt sich auch, dass die Künstlersozialkasse keine Versicherung und kein Versicherungsträger ist.

Sie ist eine Behörde, die mit der Durchführung der Vereinnahmung der Künstlersozialabgaben und Teilbeiträgen der Versicherten beauftragt ist, um anschließend diese gesammelt mit dem staatlichen Zuschuss als Gesamtversicherungsbeitrag an die für den jeweiligen Versicherten zuständige Krankenkasse weiterzuleiten. Diese behält ihren Beitragsanteil und die Pflegeversicherungszahlungen ein und leitet den Rest als Zahlung in die Rentenversicherung an die BfA weiter.

Künstlersozialabgabe

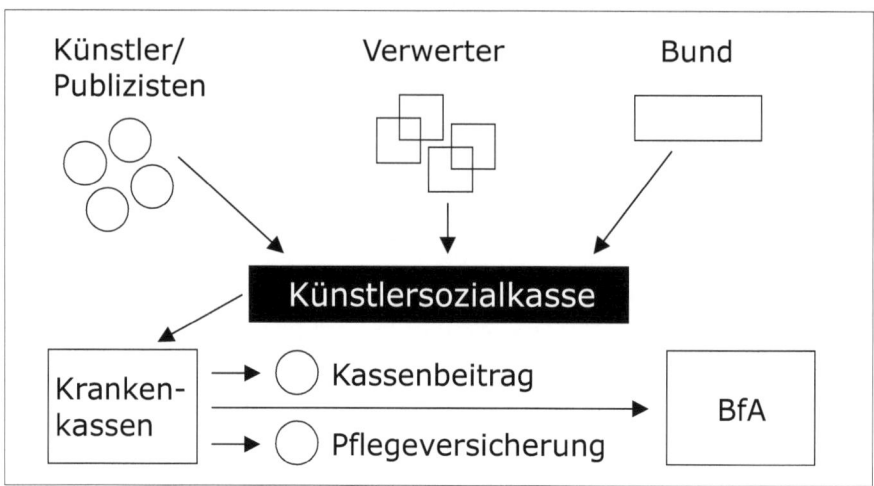

Die Zuschüsse in Höhe von 50% trägt der Bund, weshalb dieser auf der Suche nach Möglichkeiten der Finanzierung die Künstlersozialabgabe an die Künstlersozialkasse einführte. Der Grundgedanke war, dass alle die von einer kreativen, künstlerischen Leistung profitieren, die so genannten Verwerter, einen Teil ihres Nutzens in Geldform in diese Kasse einbezahlen müssen.

Der interne Verteilungsschlüssel für diesen 50% Zuschuss wurde mit 40/60 festgelegt. Dies bedeutet, der Bund zahlt aus seinem Haushalt 40% der Zuschüsse und die restlichen 60% der Zuschüsse müssen über die Künstlersozialabgabe generiert werden.

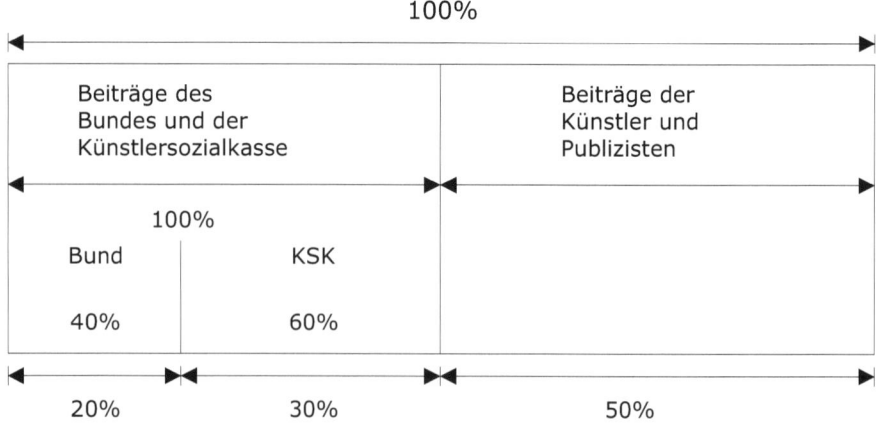

Künstlersozialabgabe

Der tatsächliche Bedarf bestimmt die Abgabenhöhe

Aus diesem Verteilungsschlüssel ergibt sich auch der Abgabesatz (Vomhundertsatz) der zu zahlenden Abgabe:

Es ist kein willkürlich festgelegter Prozentsatz, mit dem Gelder erst einmal generiert werden um dann zu schauen, wie man diese verteilt. Der Abgabesatz der Künstlersozialkasse richtet sich nach dem tatsächlichen Bedarf.

Einfach ausgedrückt, je mehr Verwerter in die Künstlersozialkasse einzahlen, umso niedriger wird der Abgabesatz für jeden einzelnen Beitragszahler.

Soweit der Grundgedanke der Künstlersozialkasse.

Warum steigt der Finanzbedarf der Künstlersozialkasse

Auf Grund der derzeit schwierigen Wirtschaftssituation versuchen aber immer mehr Kreative sich sozusagen in den Schoss der Künstlersozialkasse zu flüchten, um 50% ihrer Ausgaben für die Renten-, Kranken- und Pflegeversicherung einzusparen. Diese Mehraufwendungen der Künstlersozialkasse müssen mit höheren Einnahmen kompensiert werden, weshalb derzeit systematisch und intensiv nach neuen Beitragszahlern gefahndet wird.

Künstlersozialabgabe

Seit dem Jahr 2000 gibt es nur noch einen Abgabesatz

Bis ins Jahr 2000 hab es vier verschiedene Abgabesätze (Vomhundertsätze). Der weit gefasste Begriff Kunst wurde für die Verwertung in die Bereiche Wort, Darstellende Kunst, Bildende Kunst und Musik aufgeteilt.

Für die abgabepflichtigen Unternehmen bedeutete dies einen enormen Abrechnungsaufwand. Eine Werbeagentur musste beispielsweise separat errechnen, wie viel Abgabe sie bei der Produktion eines Fernsehspots für den freischaffenden Musiker leisten muss, wie viel für den freischaffenden Grafiker und wie viel für die Schauspieler.

Zudem gab es innerhalb der einzelnen Klassen sehr große Schwankungen in den Sätzen. Im Bereich Bildende Kunst lag der Satz beispielsweise 1994 bei 0,0%, 1995 bei 2,1% und 1996 bei 6,9%. 1999 fiel er dann wieder auf 1,6 %.

Um diese für alle Beteiligten aufwändige und kostenintensive differenzierte Meldungen zu vereinfachen, wird seit dem Jahr 2000 für alle vier Bereiche ein einheitlicher Abgabesatz festgelegt.

	1992	1993	1994	1995	1996	1997	1998	1999
Wort	0,0	0,6	0,0	0,8	3,0	3,8	3,8	3,8
darstellende Kunst	3,4	4,8	0,3	0,3	0,7	5,1	2,3	1,0
bildende Kunst	2,0	3,6	0,0	2,1	6,9	5,9	6,2	1,6
Musik	0,0	0,0	0,0	0,0	1,1	2,6	1,6	1,6

	2000	2001	2002	2003	2004	2005	2006	2007	2008	2009	2010	2011	2012	2013
Wort														
darstellende Kunst	4,0	3,9	3,8	3,8	4,3	5,8	5,5	5,1	4,9	4,4	3,9	3,9	3,9	4,1
bildende Kunst														
Musik														

Für das Jahr 2013 wurde ein Abgabesatz (Vomhundertsatz) in Höhe von **4,1 %** festgelegt.

DER ROTSTIFT 2013

Künstlersozialabgabe

Steigende Ausgaben der Künstlersozialkasse

Dieses Problem hat die Künstlersozialkasse. Die Ausgaben zu reduzieren oder auf dem gleichen Niveau zu halten, wäre nur über eine soziale Ungerechtigkeit zu erreichen, dem rigorosen Abweisen der Anträge auf Aufnahme in die Künstlersozialkasse. Ganz abgesehen davon, dass eine Prozessflut vorprogrammiert wäre, würde dies doch im krassen Widerspruch zum Urgedanken der Künstlersozialkasse stehen.

Also müssen neue Beitragszahler sozusagen akquiriert werden und die bestehenden Beitragszahler genauer kontrolliert werden.

Offiziell wird man solche eine Aussage sicher nicht bekommen, die verschärften Maßnahmen derzeit lassen aber diese Vermutung aufkommen.

Und genau darin liegt die Gefahr für die Unternehmen. Sie werden durch Unwissenheit kalt erwischt und wundern sich, warum sie in angespannter wirtschaftlicher Lage noch eine weitere Abgabenlast zu tragen haben.

Allerdings, falsch ist ja die Vorgehensweise der Künstlersozialkasse nicht! Wer Verwerter im Sinne des Künstlersozialversicherungsgesetzes ist, der sollte auch seinen Teil in Form der Abgabe zum Solidarsystem beitragen.

Es geht deshalb hier nicht darum zu ergründen, wie man eventuell die Abgaben vermeiden könnte, sondern zu beleuchten, was die Künstlersozialkasse ist und wer potenziell abgabepflichtig ist.

Wundern Sie sich also nicht, wenn Sie von der Künstlersozialkasse einen Fragebogen auf den Tisch bekommen. Die Künstlersozialkasse möchte wissen, ob Sie abgabepflichtig sind. Die Meldungen über solche Fragebögen häufen sich, so dass durchaus von einer systematischen Durchkämmung ausgegangen werden kann.

Bevor Sie einen Fragebogen von der Künstlersozialkasse bekommen, ist es zu überlegen, ob Sie sich nicht selbst die Frage stellen, ob Sie abgabepflichtig sind und sich bei der KSK anmelden.

Künstlersozialabgabe

Dies ist zudem nach dem Gesetz auch Ihre Pflicht und im § 27 Abs. 1 KSVG geregelt. Manche Unternehmen denken sich, sie würden bei der großen Anzahl von Verwertern nicht erfasst. Ein gefährliches Spiel, den es droht zusätzlich zu den Nachzahlungen aus den letzten fünf Jahren auch noch ein Bußgeld von bis zu 50.000 Euro.

Derzeit sind ca. 150.000 (Stand 08/2011, Quelle: kuenstlersozialkasse.de) abgabepflichtigen Verwerter erfasst. In Anbetracht der vielfach höheren Anzahl von Unternehmen, Institutionen, Vereinen und Gemeinden in Deutschland – die zu einem großen Teil potentiell abgabepflichtig sind – hat sich demnach erst ein geringer Teil der KSK angeschlossen.

Die Anmeldung - wie und wo

Der erste Schritt, um erst einmal festzustellen, ob Sie überhaupt "dem Grunde nach" abgabepflichtig sind. Dazu melden Sie sich bei der Künstlersozialkasse an. Die Künstlersozialkasse prüft Ihre grundsätzliche Abgabepflicht und erstellt Ihnen gegebenenfalls einen Bescheid. Dieser Feststellungsbescheid sagt aber noch nichts über die Höhe der zu leistenden Abgaben aus.

Wenn Sie "dem Grunde nach" abgabepflichtig sind, müssen Sie der Künstlersozialkasse im "Meldebogen für zur Künstlersozialabgabe Verpflichtete" die Summen der für künstlerische und publizistische Leistungen bezahlten Entgelte melden. Daraus resultiert dann ein Bescheid über die "Abgabepflicht der Höhe nach".

Zur Überprüfung, ob bei Ihnen eine Nachzahlungspflicht aus den letzten fünf Jahren besteht, müssen Sie der Künstlersozialkasse im Meldebogen auch die bezahlten Künstler- und Publizistenhonorare der letzten Jahre mitteilen. Ist das Unternehmen eine Neugründung innerhalb dieser Zeit, so müssen Unterlagen eingereicht werden, aus der das genaue Gründungsdatum hervorgeht.

Künstlersozialabgabe

Wie werden die Abgaben bezahlt

Sie haben sich bei der Künstlersozialkasse als abgabepflichtiger Verwerter gemeldet. Nun müssen Sie zukünftig jährlich die Künstler- und Publizistenhonorare melden, Aufzeichnungen über diese Zahlungen führen, und auf Verlangen der Künstlersozialkasse darüber Auskunft geben und die Unterlagen zur Prüfung vorlegen.

Außerdem müssen Sie ab dem zweiten Jahr monatliche Vorauszahlungen leisten. Sie melden jeweils bis zum 31. März des laufenden Jahres die bezahlten Honorare des Vorjahres. Für den Zeitraum vom März des laufenden Jahres bis zum Februar des kommenden Jahres müssen Sie nun 1/12 der für das vorangegangene Jahr geschuldeten Künstlersozialabgabe als Vorauszahlung leisten. Nach der Feststellung der exakten Abgabe, die nach Ablauf des Kalenderjahres von der Künstlersozialkasse erstellt wird, werden überbezahlte Beträge erstattet, oder sind Fehlbeträge auszugleichen.

Beispiel:

Für das Jahr 2011 haben Sie als Berechnungsgrundlage 60.000 Euro an die Künstlersozialkasse gemeldet. Für das Jahr 2011 galt ein Abgabesatz von 3,9 %, für 2012 ist der Satz 3,9 %. Die gemeldeten 60.000 Euro werden durch die 12 Monate dividiert, und diese 5.000 Euro mit dem für das Jahr 2012 geltenden Abgabesatz (Vomhundertsatz) in Höhe von 3,9 % multipliziert. Die daraus resultierenden 195 Euro sind die zu leistende monatliche Vorauszahlung für die Zeit von März 2012 bis Februar 2013.

Künstlersozialabgabe

Aufzeichnungspflicht

Nach der Feststellung durch die Künstlersozialkasse, dass Sie dem Grund nach abgabepflichtig sind, haben Sie die Pflicht einer ordnungsgemäßen und überprüfbaren Aufzeichnung über die an Künstler und Publizisten gezahlten Entgelte, die zur Bemessungsgrundlage herangezogen werden.

Das Zustandekommen Ihrer Meldungen, sowie die Berechnungen und Zahlungen an die Künstler müssen aus den Aufzeichnungen hervorgehen. So ist jedes an einen Künstler oder Publizisten gezahlte Entgelt fortlaufend nach dem Tag der Auszahlungen zu dokumentieren. Dabei ist auch der Entgeltempfänger namentlich zu nennen. Die Aufzeichnungen müssen in sich nachvollziehbar sein. Das heißt, wenn Sie für einen Auftrag mehrere Entgelte bezahlen, muss dies in der Dokumentation ersichtlich sein. Ebenso muss eine Verbindung zu den einen Auftrag betreffenden Belegen wie Abrechnungen, Quittungen, Vertragsunterlagen, Aussagen über die Art der künstlerischen oder publizistischen Leistungen hergestellt werden können.

Der Aufzeichnungspflicht kann durch das Anlegen von speziellen Unterkonten in der Buchführung, oder durch das Führen von separaten Listen nachgekommen werden.

Für Kontrollen und Prüfungen durch die Künstlersozialkasse müssen Sie diese Aufzeichnungen bis mindestens fünf Jahre nach Ablauf des Kalenderjahres, in dem die Zahlungen geleistet worden sind, aufbewahrt werden.

Beispiel:

Sie zahlen einem Grafiker im Januar 2012 und im Juli 2012 zusammen 12.000 Euro Honorar für die Gestaltung einer Imagebroschüre. Die Aufbewahrungsfrist beginnt damit am 01.01.2013 und endet mit Ablauf des 31.12.2017.

Künstlersozialabgabe

Anmerkung

Die Künstlersozialabgabe habe ich im Jahr 2004 als einer der ersten Berater in der Werbebranche zum Thema gemacht und viel Unverständnis dafür geerntet.

Die Künstlersozialabgabe wollte einfach niemand ernst nehmen!

Vielfach habe ich bei meinen Gesprächen über dieses Thema in ungläubige Augen geschaut. Warum soll ein Maschinenbauunternehmer, der so auf den ersten Blick überhaupt gar nichts mit Künstlern zu tun hat, eine Künstlersozialabgabe bezahlen. Wer jedoch die Hintergründe kennt, der kann vielleicht etwas Verständnis dafür aufbringen.

Aber egal ob bei einem Abgabepflichtigen das Verständnis vorhanden ist, oder nicht – Fakt ist erst einmal die Abgabepflicht für unzählige Unternehmen, die von einer Künstlersozialabgabe noch nie etwas gehört haben. Und besser sie wissen jetzt, was auf sie zukommen kann, können unter Umständen entsprechende Rückstellungen und Rücklagen für diese Zahlungen bilden, wie wenn eines Tages die Damen und Herren der Künstlersozialversicherung unangemeldet bei ihnen im Büro stehen.

Hinweis:

Wenn Sie einmal etwas im Internetangebot des Bundessozialgerichts (www.bundessozialgericht.de) nach dem Thema Künstlersozialkasse suchen, so werden Sie schnell feststellen, dass diese Abgabe ein häufiger Klagegrund ist.

Deshalb:

Ob Sie im Einzelfall ein Verwerter, und damit abgabepflichtig sind, sollten Sie auf jeden Fall mit Ihrem Rechtsanwalt und Steuerberater besprechen!

Anhang:

Den kompletten Gesetzestext finden Sie unter www.kuenstlersozialkasse.de. Im Bereich „Gesetze und Verordnungen" können Sie das Künstlersozialversicherungsgesetz (KSVG) als PDF-Datei downloaden.

AGENTUREN UND FREELANCER IM PORTRAIT

Das Anbieterverzeichnis zum ROTSTIFT 2013

AUSGABE 3.0 2013

werbechecker.de

usgeber: WerbeCheck.de - Inh. Andreas Frank - Hermann-Weller-Strasse 13 - 73479 Ellwangen - www.WerbeCheck.de

werbechecker.de

Andreas Frank
Werbekaufmann
Marketing- & Kommunikationswirt (WfA)

Freier und unabhängiger Etatberater,
Autor und Herausgeber, Gutachter für
Wirtschaftswerbung (Honorierung und
Leistungsabgeltung)

Haben Sie Fragen, Anregungen
oder Kritik? Schreiben Sie mir,
ich freue mich auf Ihre Nachricht.
eMail: af@WerbeCheck.de

Blättern, inspirieren lassen, kontaktieren

Sehr geehrte Damen und Herren,

zum drittten Mal präsentieren sich im Anhang des ROTSTIFT 2013 Werbeagenturen und Freelancer.

Sie sind auf der Suche nach einer Werbeagentur, einem Grafiker, Webdesigner oder Fotografen? Dann blättern Sie doch durch dieses Anbieterverzeichnis und lassen sich inspirieren.

Einer oder mehrere Anbieter haben Ihr Interesse geweckt? Dann zögern Sie nicht und kontaktieren ihn. Alle in diesem Verzeichnis gelisteten Unternehmen freuen sich auf Ihren Anruf oder Ihre eMail.

Ich wünsche Ihnen viel Spaß
und eine erfolgreiche Zeit

Ihr

Andreas Frank
WerbeCheck.de

 Immer auf dem aktuellen Stand - werden Sie jetzt WerbeCheck-Fan:
www.facebook.de/werbecheck

P.S.: Schauen Sie doch auch immer wieder mal auf WerbeChecker.de vorbei, dort werden sich zukünftig zahlreiche Werbedienstleister präsentieren.

werbechecker.de

420   neocano Kommunikationsberatung

422   pulsschlag network GmbH

424   Werbeagentur.de

426   DoctorAdd - schnelle Hilfe bei Fragen zu Ihrer Werbung

428   IMAGO Medien

Die Premium-Profile finden Sie auf den nachfolgenden Seiten.
Weitere Profile sind im Rotstift-Anhang und als Download unter WerbeChecker.de.

neocano
Kommunikationsberatung
Maik Ilchmann

Anschrift:
Zu den Eichen 17
D-40474 Düsseldorf

Telefon:
0211 - 46 88 45 20

Telefax:
0211 - 46 88 45 21

eMail:
hello@neocano.de

Internet:
www.neocano.de

WE ♥ BRANDS

KOMMUNIKATION ZWISCHEN
MARKEN UND KUNDEN.

→ STRATEGIEBASIERT
→ CROSSMEDIAL
→ FOKUSSIERT

neocano.de

pulsschlag network GmbH

Anschrift:
Franzstrasse 45
D-50226 Frechen

Telefon:
02234 - 430 11 60

Telefax:
02234 - 430 11 57

eMail:
info@pulsschlag-network.de

Internet:
www.pulsschlag-network.de

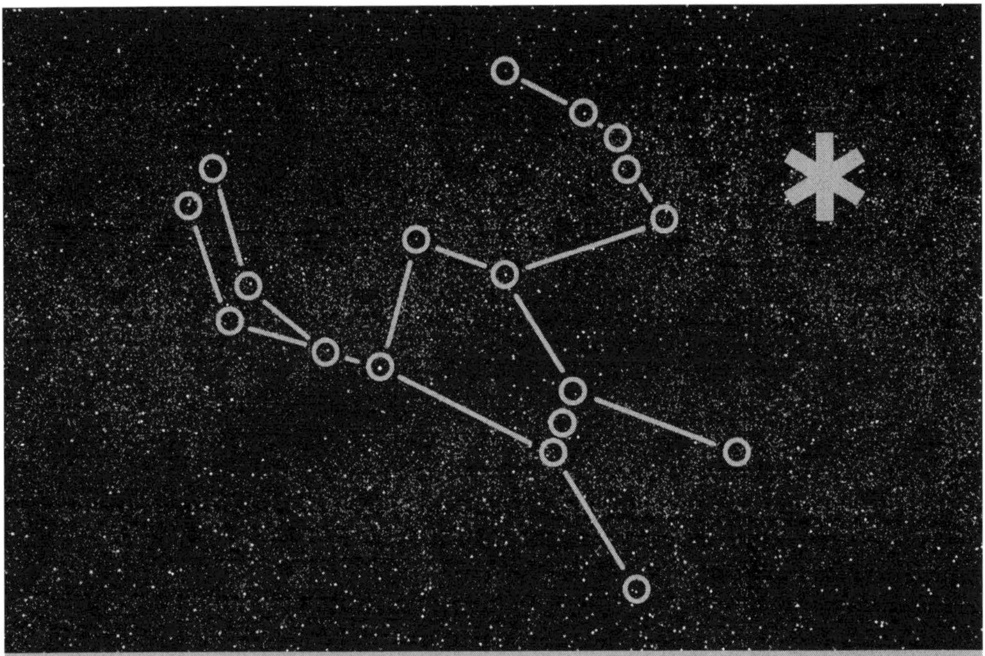

* Suchen Sie nicht länger vergebens
nach Ihrer perfekten Agentur ...

... vertrauen Sie lieber direkt auf pulsschlag network,
dem Spezialistennetzwerk für Werbung & Marketing!

Als unser Kunde profitieren Sie nicht nur vom Know-how einer einzigen Agentur, sondern von dem vieler Spezialisten und deren Erfahrungen in den unterschiedlichsten Branchen und Projekten.
Angefangen von der Entwicklung der individuell richtigen Werbestrategie über die aufmerksamkeitsstarke Konzeption bis hin zur effizienten und zeitnahen Umsetzung entlang aller Kommunikationsaufgaben.

pulsschlag network – mehr als Agentur!
www.pulsschlag-network.de

pulsschlag.network
Spezialisten für Kommunikation & Marketing

Werbeagentur.de
ECOMARS GmbH

Anschrift:
Max-Ernst-Strasse 2
D-50354 Hürth

Telefon:
02233 - 94 69 8-0

Telefax:
02233 - 94 69 8-20

eMail:
info@werbeagentur.de

Internet:
www.werbeagentur.de

→ Sekretariat Frau Müller!

Hallo Frau Müller,

wir brauchen dringend noch in dieser Woche eine vernünftige Agentur, die uns tatsächlich (!) kommunikativ unterstützt und das Unternehmen versteht (... oder es zumindest versucht). Ich gebe die Aufgabe vertrauensvoll in Ihre Hände: Sie schaffen das schon!

PS.: Verwenden Sie bitte nicht wieder etliche Stunden darauf, die Agenturen einzeln anzuschreiben. werbeagentur.de vermittelt uns je nach Anforderung zielgenau eine Auswahl passender Agenturen: kostenlos!

MfG, der Chef

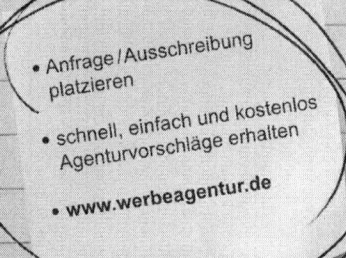

- Anfrage / Ausschreibung platzieren
- schnell, einfach und kostenlos Agenturvorschläge erhalten
- www.werbeagentur.de

WERBEAGENTUR.DE

DoctorAdd
Schnelle Hilfe bei Fragen zu Ihrer Werbung
von Andreas Frank

Anschrift:
Hermann-Weller-Strasse 13
73479 Ellwangen

Telefon:
07961 - 560 550

Telefax:
07961 560 551

eMail:
ErsteHilfe@DoctorAdd.de

Internet:
www.DoctorAdd.de

DoctorADD.de

Schnelle & kompetente Hilfe bei Fragen zu Ihrer Werbung

Sie arbeiten erfolgreich und zufrieden mit einer Werbeagentur, einem Grafiker, Webdesigner, Fotografen, Texter, Suchmaschinenoptimierer oder Freelancer zusammen und möchten aber ein paar Fragen, z.B. über Ihre werblichen Aktivitäten oder die Preisgestaltung, von einem unabhängigen und neutralen Experten beantwortet haben?

Als Agentur oder Freelancer sind Sie mit Fragen von Ihren Kunden konfrontiert, zu denen Sie schnell eine zweite Meinung eines Kollegen haben möchten? Oder aber sitzen Sie gerade über der Angebotskalkulation für einen Kunden und sind sich noch etwas unsicher, ob denn der Preis marktgerecht ist? Der Doctor-Add hilft sehr gerne auch Kollegen.

Wenn es schnell gehen muss, dann sollte es unkompliziert sein:

① Frage stellen

② Preis festlegen

③ Hilfe erhalten

Ihre Vorteile:
- kompetente Beantwortung Ihrer Fragen schon ab 20 €
- unabhängig, neutral & fair
- seriöse & diskrete Beratung
- unkompliziert auf Rechnung
- Antwort innerhalb von 24h
- Zufriedenheits-Garantie

▶ Stellen Sie jetzt Ihre Frage an den DoctorADD ◀

Ihre Agentur argumentiert eine höhere Rechnung mit einem gesteigerten Aufwand, ist dieses Honorar marktgerecht? Ihre Anzeigenkampagne hat einfach nicht den gewünschten Erfolg gebracht, was müssen Sie ändern, um mehr Response zu erhalten? Für eine App sollen Sie verschiedene Versionen für iPhone und Android erstellen lassen, ist das wirklich notwendig? Ihre Messebesucher fühlen sich wohl, aber konkrete Kontakte knüpfen Sie keine, was ist zu tun? Ihr SEO-Berater schlägt Ihnen den Linkkauf vor, aber Sie haben Angst vor einer Abstrafung Ihrer Internetseite im Ranking durch die Suchmaschinen. Welche Links aus welchen Quellen können Sie ohne Bedenken kaufen?

Welche Frage Sie auch immer haben, wenden Sie sich jetzt gleich an den DoctorAdd.

Übrigens, fair geht vor! Sollte der DoctorADD Ihre Frage nicht kompetent beantworten können, so erhalten Sie ganz ehrlich Auskunft darüber.

DoctorAdd führt selbst keine werblichen Aufträge aus und vermittelt auch keine Aufträge an Werbeagenturen und Freelancer. Doctor-Add ist Ihre objektive zweite Meinung bei allen Fragen rund um die Werbung. Gerne steht er auch Kollegen aus der Agenturszene mit Rat zur Seite.

IMAGO Medien
Roland Hasenmüller

Anschrift:
Dr.-Adolf-Schneider-Strasse 2
D-73479 Ellwangen

Telefon:
07961 - 56 10 78

Telefax:
07961 - 56 10 79

eMail:
info@imago-medien.de

Internet:
www.imago-medien.de

Werbeagentur

D-01099	MedienTeam Dresden GmbH
D-01139	NARCISS & TAURUS
D-01662	AZ-Service GbR
D-04315	siriusmedia GmbH
D-08606	matrix agentur für werbung & marketing
D-10179	CTI New Media GmbH
D-13125	durchgedacht Zwischenraum für Kommunikation
D-20355	fraujansen kommunikation GmbH
D-30989	Faktor Werbeagentur
D-37073	Domino Werbeagentur GmbH
D-39104	megalearn MEDIENGESTALTUNG
D-39104	Improma GmbH - Kreation. Film. Grafik
D-39576	SAHNERAUM Design
D-40211	Flügel und Winkler GmbH
D-40474	neocano Kommunikationsberatung
D-41061	Alldesign
D-41363	that worx GmbH
D-42017	freundbild
D-44536	Interemotion Werbeagentur GmbH
D-44628	DARVIN TAYLOR Markenkommunikation GmbH
D-44866	CREATIVETWO.NET
D-48163	geno kom Agenturgruppe
D-48455	Pauling Werbeagentur GmbH
D-49076	artventura - deutsch dænisches marketingdesign GbR
D-50226	pulsschlag network GmbH
D-50354	necom Werbeagentur GmbH
D-50354	Werbeagentur.de
D-51149	netlop Internetmarketing GbR
D-52159	kreidler media
D-58453	meap GmbH
D-60389	Wortfamilie GbR
D-60488	Die G2 Werbeagentur GmbH
D-64293	Die Ideenschupser GbR
D-64342	agentur stilEcht GmbH
D-64683	SCORE 4U
D-65779	vaya/marketing
D-68161	SQUARE Werbeagentur GmbH
D-70174	BRANDWACHE
D-70176	Jane Fox Werbeagentur
D-71638	woidesign

Die Profile dieser Dienstleister finden Sie im Anbietervereichnis auf der beiliegenden CD und als Download unter WerbeChecker.de.

D-72657	SONNENFROH Werbeagentur
D-73312	what-a-cushion e.K.
D-73479	DoctorAdd - schnelle Hilfe bei Fragen zu Ihrer Werbung
D-74232	Westend7
D-76676	ImageDesign
D-78048	ce Christoph Erles Werbeagentur
D-78462	DIE CREW AM BODENSEE Werbeagentur GmbH
D-80469	Threeview GmbH
D-82065	KOMMUNIFAKTUR
D-86159	Schützsack & Uhl Werbeagentur GmbH
D-87527	ask-4 marketing & more
D-88045	BÖSCHE Design und Marketing GmbH
D-88214	fsb/welfenburg GmbH
D-89077	´pyrus Werbeagentur
D-89250	Werbeagentur Graphic-Design GmbH
D-90443	ALLACI GmbH
D-94559	brains^3 GmbH & Co. KG
D-95448	visuelle.design
D-95704	CATzz design - Werbeagentur
D-96317	ArtStudioDESIGN.Werbeagentur
A-2500	Jeitler & Partner Werbeagenten GmbH & Co KG
A-9020	MARS™ the advertising group

B2B-Werbeagentur

D-01139	NARCISS & TAURUS
D-30177	Ahlers Heinel Werbeagentur GmbH
D-34117	fact3 marketing & communication e.K.
D-34599	Medienagentur Hallenberger
D-40474	neocano Kommunikationsberatung
D-49074	Die Drei! Werbeagentur GmbH & Co. KG
D-20354	Werbeagentur.de
D-51429	Industrialaffairs
D-60389	Wortfamilie GbR
D-71063	dieleutefürkommunikation die zielgruppenAGentur Aktiengesellschaft
D-73479	DoctorAdd - schnelle Hilfe bei Fragen zu Ihrer Werbung
D-78462	DIE CREW AM BODENSEE Werbeagentur GmbH
D-80687	R&R/COM Werbung und Kommunikation GmbH & Co. KG
D-82205	ecoMI UG
A-1170	interlink marketing e.U.

Die Profile dieser Dienstleister finden Sie im Anbietervereichnis auf der beiliegenden CD und als Download unter WerbeChecker.de.

Grafik / Gestaltung

D-04155	Stift & Pixel
D-04229	farbmodul.de
D-21337	grafikdesign | buero-im-norden.de
D-42549	blindchimpansee
D-44892	DBSIGN
D-47807	judith kröning grafikdesign
D-50354	Werbeagentur.de
D-50674	nulabor
D-72336	upnormal kreativ
D-73479	DoctorAdd - schnelle Hilfe bei Fragen zu Ihrer Werbung
D-74243	Studio2 Informationsdesign
D-81241	WERK 16
D-82178	KreativeSatzArt
D-82216	SEM - Scheibner Marketing
D-92637	EXPULS
D-97082	PIXELMONK IDEENSCHMIEDE
A-1200	COMICFACTORY e.U.
CH-5722	Sarbach Grafikdesign

Fotografie

D-50354	Werbeagentur.de
D-70794	Hermann Foto+Design
D-73479	DoctorAdd - schnelle Hilfe bei Fragen zu Ihrer Werbung
D-73479	IMAGO Medien
D-87527	creap.de | people photography
D-89077	yksart Studio für 360° Produktfotografie

Text / Konzeption

D-10117	Identität und Sprache Günter Peters
D-39606	kühneideen | Tim Kühne
D-44135	Texter und Lektor Wolfgang Bergfeld
D-50354	Werbeagentur.de
D-70806	VOKAL
D-73479	DoctorAdd - schnelle Hilfe bei Fragen zu Ihrer Werbung
D-75172	LinguaServe GbR
D-90762	Das Texthaus
A-1010	FUCHSUNDFREUDE

Die Profile dieser Dienstleister finden Sie im Anbietervereichnis auf der beiliegenden CD und als Download unter WerbeChecker.de.

Unternehmensberatung

D-44357	Rhein Ruhr-MOE-Consulting GbR
D-45141	allroundmarketing
D-50354	Werbeagentur.de
D-73479	DoctorAdd - schnelle Hilfe bei Fragen zu Ihrer Werbung

Internetagentur

D-40231	edelmann communication GmbH & Co. KG
D-50354	Werbeagentur.de
D-50674	BIRCH COVE Digital GmbH
D-70199	d-mind
D-73479	DoctorAdd - schnelle Hilfe bei Fragen zu Ihrer Werbung
D-80639	kopfbezirk
D-82140	Webagentur Lapuco
D-93073	Onedrop Solutions GmbH & Co. KG

Designagentur

D-12557	cyanopolis GbR
D-27572	Braue // Brand Design Experts
D-44369	Herr und Frau Hasch GbR
D-45136	life42 . Gestaltungsbüro
D-50354	Werbeagentur.de
D-50674	beau bureau design
D-51069	3PUNKTDESIGN
D-58739	workroom consulting & design
D-64625	Siebel GmbH
D-70193	weiser-design.de
D-73479	DoctorAdd - schnelle Hilfe bei Fragen zu Ihrer Werbung
D-74388	DESIGNWORK
D-75242	Kenny Buck
D-84128	Rehbrand GmbH
D-85055	AGENTUR JUNGES BLUT
D-98527	RITTWEGER und TEAM

Die Profile dieser Dienstleister finden Sie im Anbietervereichnis auf der beiliegenden CD und als Download unter WerbeChecker.de.

PR / Öffentlichkeitsarbeit

D-22303	!Wir: Kommunikation und Unternehmensberatung GmbH
D-29225	TRENDKRAFT
D-50354	Werbeagentur.de
D-53721	atw:kommunikation GmbH
D-73479	DoctorAdd - schnelle Hilfe bei Fragen zu Ihrer Werbung

Film / Funk / Fernsehen

D-20097	Rüdiger Laube Kommunikation
D-50354	Werbeagentur.de
D-55129	Intervideo Filmproduktion GmbH
D-73479	DoctorAdd - schnelle Hilfe bei Fragen zu Ihrer Werbung

Events / Messen / Incentives

D-50354	Werbeagentur.de
D-73479	DoctorAdd - schnelle Hilfe bei Fragen zu Ihrer Werbung
A-1010	FUCHSUNDFREUDE

Mediaplanung / Mediaschaltung

D-45147	allroundmarketing
D-50354	Werbeagentur.de
D-73479	DoctorAdd - schnelle Hilfe bei Fragen zu Ihrer Werbung

Dialogmarketing-Agentur

D-01662	AZ-Service GbR
D-45147	allroundmarketing
D-50354	Werbeagentur.de
D-73479	DoctorAdd - schnelle Hilfe bei Fragen zu Ihrer Werbung

Die Profile dieser Dienstleister finden Sie im Anbietervereichnis auf der beiliegenden CD und als Download unter WerbeChecker.de.

Online-Marketing-Agentur / SEO / SEM

D-32584	Thoxan GmbH
D-50354	Werbeagentur.de
D-53757	SEOPT e. K.
D-73479	DoctorAdd - schnelle Hilfe bei Fragen zu Ihrer Werbung

E-Commerce / Online-Shop

D-44799	MetaSieve GmbH
D-50354	Werbeagentur.de
D-73479	DoctorAdd - schnelle Hilfe bei Fragen zu Ihrer Werbung
D-73770	WalterGestalter
D-89077	yksart Studio für 360° Produktfotografie

Social Media Marketing

D-20457	social markets GmbH
D-22763	Alexanderplatz Hamburg GmbH
D-40474	neocano Kommunikationsberatung
D-50354	Werbeagentur.de
D-73479	DoctorAdd - schnelle Hilfe bei Fragen zu Ihrer Werbung

Promotion-Agentur / Vkf-Agentur

D-01662	AZ-Service GbR
D-50354	Werbeagentur.de
D-73479	DoctorAdd - schnelle Hilfe bei Fragen zu Ihrer Werbung
D-80336	COMBERA GmbH
A-1010	FUCHSUNDFREUDE

Personalmarketing

D-50354	Werbeagentur.de
D-70565	KÖNIGSTEINER AGENTUR GmbH
D-73479	DoctorAdd - schnelle Hilfe bei Fragen zu Ihrer Werbung

Die Profile dieser Dienstleister finden Sie im Anbietervereichnis auf der beiliegenden CD und als Download unter WerbeChecker.de.

Druckerei / Werbetechnik

D-50354	Werbeagentur.de
D-57648	Schilderfabrik Cappi oHG
D-60386	Colour Connection GmbH
D-73479	DoctorAdd - schnelle Hilfe bei Fragen zu Ihrer Werbung

Die Profile dieser Dienstleister finden Sie im Anbietervereichnis auf der beiliegenden CD und als Download unter WerbeChecker.de.

Machen auch Sie mit!

Sehr gerne können auch Sie sich
im Anbieterverzeichnis präsentieren.

Einen Anmeldebogen erhalten Sie unter
www.WerbeChecker.de.

Wir freuen uns auf Ihre Teilnahme!

247 Praxistipps für Ihren Onlineshop

Sie haben einen Onlineshop, aber immer wieder tauchen Fragen auf, für deren Beantwortung Sie viel Zeit mit der Recherche im Internet aufwenden müssen? Und dann erhalten Sie auch noch auf eine Frage fünf verschiedene Antworten?

Was tun Sie beispielsweise, wenn Sie eine Nachnahmebestellung auf zwei Pakete verteilen müssen? Was sind denn die Unterschiede zwischen Widerruf und Rückgabe, was zwischen Garantie und Gewährleistung? Von welchen Branchen sollten Sie besser die Finger lassen, wenn Sie im Bereich eCommerce etwas machen wollen? Muss der Grundpreis auch im Warenkorb und im Checkout angezeigt werden? Wie weisen Sie dem Finanzamt die Ausfuhr von innergemeinschaftlichen Lieferungen nach? Was ist eine PCI-DSS-Zertifizierung? Wie können Sie Retouren reduzieren? Müssen Gratisbeigaben auch retouniert werden? Und wie gehen Sie mit Fakebestellungen und Identitätsdiebstahl um?

Mit diesen 247 Praxistipps sparen Sie sich Ärger, unnötige Fehler und viel Recherchezeit im Internet.

- kompaktes Wissen verständlich formuliert aufbereitet
- Probleme erkennen und lösen, bevor sie entstehen
- alle Informationen mehrfach von Experten geprüft
- ideal zum schnellen Nachschlagen zwischendurch
- handliches Format für unterwegs und den Schreibtisch

eBook und Taschenbuch erhältlich unter www.WerbeCheck.de
oder www.247tipps.de.

ISBN 978-3-00-039912-1

247tipps.de